新世纪土木工程系列教材

钢结构设计原理

主　编　刘　晓　侯东序

副主编　钮　鹏　王　浩　姜继红　王　兵

参　编　张晓范　回彦川　朱　江　郭　影　刘晓群

机械工业出版社

随着社会的进步和技术的发展，钢结构建（构）筑物越来越多地走进了人们的生活。为适应当前钢结构发展趋势，满足新工科背景下土木工程专业应用型人才培养的要求，本书按照高等学校土木工程学科专业指导委员会编制的《高等学校土木工程本科指导性专业规范》中针对"钢结构基本原理"课程的核心知识点要求，以《钢结构设计标准》（GB 50017—2017）为主要依据编写了本书。本书共 6 章，主要包括绪论、钢结构的材料、钢结构的连接、轴心受力构件设计、受弯构件设计、拉弯和压弯构件设计。书中配有二维码集成的重难点内容授课视频，章末配有思维导图、习题，书末附有部分习题的参考答案，以帮助学生学习和掌握相关知识。

本书可作为高等院校土木工程专业学生的教材，也可作为相关工程技术人员的参考书。

图书在版编目（CIP）数据

钢结构设计原理/刘晓，侯东序主编 .—北京：机械工业出版社，2022. 12

新世纪土木工程系列教材

ISBN 978-7-111-71964-9

Ⅰ.①钢…　Ⅱ.①刘…②侯…　Ⅲ.①钢结构-结构设计-高等学校-教材　Ⅳ.①TU391.04

中国国家版本馆 CIP 数据核字（2023）第 009155 号

机械工业出版社（北京市百万庄大街 22 号　邮政编码 100037）
策划编辑：马军平　　　　　　责任编辑：马军平　刘春晖
责任校对：梁　静　李　杉　　封面设计：张　静
责任印制：李　昂
河北鹏盛贤印刷有限公司印刷
2023 年 8 月第 1 版第 1 次印刷
184mm×260mm · 15 印张 · 370 千字
标准书号：ISBN 978-7-111-71964-9
定价：49. 80 元

电话服务　　　　　　　　　　网络服务
客服电话：010-88361066　　　机 工 官 网：www.cmpbook.com
　　　　　010-88379833　　　机 工 官 博：weibo.com/cmp1952
　　　　　010-68326294　　　金 书 网：www.golden-book.com
封底无防伪标均为盗版　　机工教育服务网：www.cmpedu.com

前　言

随着城市建设的不断发展，钢结构技术的不断革新，建筑形式日新月异。钢结构建筑属于可持续发展、易于装配的环保建筑，被我国住建部重点推广，因此应用范围不断扩展。此外，在教育部的发展规划要求大力推动应用型本科教育的背景下，作者特编写本书，希望学生能更快更好地提高钢结构的应用技能。

本书按照高等学校土木工程学科专业指导委员会编制的《高等学校土木工程本科指导性专业规范》中核心知识单元、知识点及推荐学时组织教材内容，并以 2017 版《钢结构设计标准》为主要依据，补充了现代钢结构设计要点涉及的原理知识。全书共 6 章，主要内容有绪论、钢结构的材料、钢结构的连接、轴心受力构件设计、受弯构件设计、拉弯和压弯构件设计。在以往钢结构教材中钢结构的连接内容独立存在，没有深入到构件设计中。本书将钢结构连接的计算原理提前，在介绍各构件设计时再一次将连接内容融入其中，有利于提高学生知识点融会贯通的能力，提高钢结构设计的应用技能。

为方便教学及自修，本书配有二维码集成的重难点内容授课视频，在章末还配有思维导图帮助学习者疏理本章学习内容。为了提高本书的知识性、趣味性，本书设置了拓展阅读模块，以激发学生学习钢结构的责任感，并树立远大抱负。

本书由沈阳大学辽宁省"钢结构设计原理"精品课程建设团队共同编写。编写分工为：第 1 章由刘晓主持编写；第 2 章和第 6 章由王浩主持编写；第 3 章和第 5 章由侯东序主持编写；第 4 章由钮鹏主持编写。姜继红、王兵、张晓范、回彦川、朱江、郭影及刘晓群参与了相关章节的编写工作。

由于本书编写团队水平有限，书中难免会有不足之处，恳请读者批评指正，以便再版时修改、完善。

编　者

重难点讲解视频二维码清单

名　　称	图　形	名　　称	图　形
延性破坏与非延性破坏		钢结构的承载能力	
单向拉伸试验曲线		屈服、屈曲与失稳	
焊缝缺陷和质量等级		加劲肋	
例3-2详解		例4-2详解	
例3-3详解		柱脚	
复杂力作用下焊缝计算		平面内与平面外	
螺栓破坏形态		截面塑性发展系数	
例3-7详解		局部应力与组合应力	
多重力作用下螺栓群计算		例5-2详解	
例3-10详解			

目　录

本章导读：

主要介绍钢结构的特点、应用范围、结构形式及钢结构的破坏形式。

本章重点：

钢结构的特点及破坏形式。

1.1　钢结构的特点

钢结构是以钢板和型钢为主要材料，通过连接而成的结构。与其他材料结构相比，钢结构具有轻质高强、美观、性能稳定等优点。

1.1.1　钢结构的优点

（1）钢结构强度高，材料好　与其他普通建筑材料相比，性能非常稳定，均匀性好，且具有良好的塑性和韧性。钢材具有较好的韧性和塑性，在一般情况下不会因超载突然发生破坏，并可以通过变形来调整内力，进行内力重分布，因此钢材适用于建造跨度大、承载重的结构，如图 1-1 所示。

图 1-1　跨度大、承载重的结构

钢材不易折断的韧性特点使钢结构适宜在动力荷载下工作，良好的能耗和延伸性能使钢结构具有优异的抗震性能，很适合建在抗震设防强震区的各类结构。

（2）钢结构的重量轻　与混凝土等普通建材相比，钢结构的密度虽然很大，但其强度却高很多，钢结构的质量密度和强度的比值为 $(1.7 \sim 3.7) \times 10^{-4}/m$，而钢筋混凝土的比值约为 $18 \times 10^{-4}/m$，因此钢结构的重量比较轻，约为钢筋混凝土结构的 1/3，尤其是冷弯薄壁型钢结构接近钢筋混凝土结构的 1/10，冷弯薄壁型钢结构如图 1-2 所示。

图 1-2　冷弯薄壁型钢结构

高度相同的情况下，钢结构建筑的自重约为钢筋混凝土结构建筑的 1/2~3/5，且同比与混凝土结构的建筑面积大约节省了 1/2，大大增加了建筑的使用面积。钢结构重量轻的特点也为其安装运输提供了便利条件，同时减轻了基础荷载，降低了地基及基础部分的造价等。

（3）钢结构通常是高质量的工厂化制造，施工工期短　钢结构所用的材料均为工厂制作，由钢板和各种钢材加工而成。工厂化制作使构件的制作准确度和精密度均比较高。工地快速的整体结构装配使施工周期大幅度缩短，湿作业减少，对施工环境的要求比较低，施工速度可提高到混凝土结构的 1.5 倍左右，从而降低了施工运营成本。钢结构采用灵活的螺栓连接、焊接或铆接，易于后期的拆装搬迁、维修与更换，提高了结构的整体耐久性能，适用于结构的加固、改建和拆迁。

（4）钢结构的密闭性好　钢结构焊接连接可以做到完全密闭，可以做一些容器或者储存罐等，如高压容器、大型油库、气柜油管、输油或输水压力管道等，如图 1-3 所示。

图 1-3　输油输气管道

（5）钢结构造型美观、轻盈灵巧　钢结构较大程度地超越了结构的束缚，可以构造出建筑的立面效果、简约的设计风格等，可以通过线性的构件组合出多种形式的空间新奇优美的形象，其强大的造型潜力是砌体结构所不能企及的，如图 1-4 所示。

（6）钢结构产业符合可持续发展的需要　发展绿色钢结构建筑，有助于建设资源节约型和环境友好型社会，人们一直在追求变革建筑的理念，实现建筑"环保、节能、工厂

图 1-4 优美的钢结构造型

化"，即"绿色建筑"的理想，钢结构恰恰为人们实现了这一追求和理想。建筑行业一直采用砌体结构和混凝土结构进行建设，而这些结构的建筑工业化水平低、用材档次低、寿命低，遇到城市化拆迁改造时，又将产生大量的建筑垃圾。而钢结构可回收利用，不管是在建造还是拆迁时，都可大大减少建筑垃圾，与相同建筑面积的混凝土相比，产生的建筑垃圾可减少 1/2 左右。同时，对于相同规模的建筑物，钢结构在建造过程中产生的有害气体排放量只相当于混凝土结构的 65% 左右。另外，报废的材料可以再次熔炼利用，这也有利于可持续发展。钢结构建筑物由于使用很少的砂、石、水泥等散料，在根本上避免了扬尘、废弃物堆积等问题，且减少施工噪声。钢结构建筑物与钢筋混凝土建筑物产生的建筑垃圾如图 1-5 所示。

a) 钢结构建筑物产生的建筑垃圾　　　　　　b) 钢筋混凝土建筑物产生的建筑垃圾

图 1-5 钢结构建筑物与钢筋混凝土建筑物产生的建筑垃圾

1.1.2 钢结构的缺点

（1）失稳和变形过大造成破坏　重量轻、截面面积小而薄是钢结构的优点，但也导致钢结构受压时难以充分发挥其强度。为保证结构的稳定承载力、减少构件使用期间的变形，设计时需要附加支撑。

（2）钢结构耐腐蚀性差　钢材容易腐蚀，对钢结构必须注意防护保护，并且维护费用较高。钢结构腐蚀问题的解决方法：①正负极保护法；②涂层法，即将构件表面的锈先除掉，再涂上油漆，形成一层保护膜，涂层法的优点是价格便宜；③耐候钢法等。

在施工的过程中应避免钢结构受潮、淋雨。钢结构因受潮、淋雨会发生腐蚀，如图 1-6 所示。

图 1-6　钢结构受潮、淋雨而发生腐蚀

（3）钢结构耐热但不耐火　钢结构在 ≥150℃ 的环境下性能开始下降，在 ≥600℃ 的环境下结构性能丧失。因此，《钢结构设计标准》（GB 50017—2017）（以下简称《标准》）规定，钢材表面温度超过 150℃ 后需加隔热保护，对须防火的结构应按照规范采取防护和保护措施。

（4）钢结构可能发生脆性断裂　钢结构是承重结构，虽然钢材是一种弹塑性材料，特别是低碳钢表现出良好的塑性。但在一定的条件下，如低温等，由于各种因素的复合影响，钢结构也会发生脆性断裂及厚板的层状撕裂。对此提供的防护措施有：根据使用环境不同合理选择钢材；合理设计、制作和安装；使用后期注意维修等。钢结构发生脆性断裂的情况如图 1-7 所示。

图 1-7　钢结构发生脆性断裂

1.2　钢结构的应用

钢结构是土木工程的主要结构形式之一，主要应用在工业和民用建筑中，如高层或超高层建筑、塔桅结构等高耸结构，场馆与厂房、桥梁等大跨结构，贮罐、管道等密闭容器设备，以及重型、动力、轻型结构及可拆卸结构等。

1.2.1 高层及超高层钢结构

第一个标志性的钢结构在1883年美国芝加哥建成的第一座钢框架的10层大楼美国保险公司大厦，高55m，是现代高层建筑的开端，如图1-8所示。

图1-8 美国保险公司大厦

美国芝加哥西尔斯大厦，110层，高443m，毁于"9·11"事件的原美国纽约世贸中心，双塔分别为110层，高417m，如图1-9所示。

图1-9 芝加哥西尔斯大厦及原纽约世贸中心大楼

我国在早期有一座伟大的桥——钱塘江大桥，1937年建成，是以茅以升先生为代表的老一代工程技术人员自主设计主持建造的十六孔大桥，如图1-10所示。

从20世纪80年代开始，在上海、深圳、北京等城市相继建成了十几幢高层大厦，在20世纪90年代又建成了深圳地王大厦（地上69层，高325m）、上海金茂大厦（地上88层，高420.5m）、上海环球金融中心（地上101层，高492m）等为代表的一批超高层钢结构建

图 1-10　钱塘江大桥

筑，其建筑高度、结构、施工速度和施工管理水平均已进入世界先进行列。深圳地王大厦、上海金茂大厦、上海环球金融中心如图 1-11 所示。

a) 深圳地王大厦　　　　　b) 上海金茂大厦　　　　　c) 上海环球金融中心

图 1-11　三座大厦外观

　　高层和超高层建筑的建造，促进了钢结构与混凝土结构的结合，如钢板与混凝土、型钢与混凝土组成的钢-混凝土组合结构等新形式的出现和建造技术的发展。

　　钢管混凝土就是把混凝土灌入钢管中并捣实以加大钢管的强度和刚度。混凝土的抗压强度高，但抗弯能力很弱，而钢材，特别是型钢的抗弯能力强，具有良好的弹塑性，但在受压时容易失稳而丧失轴向抗压能力。钢管混凝土在结构上能够将两者的优点结合在一起，使混凝土处于侧向受压状态，其抗压强度可成倍提高。同时，由于混凝土的存在，提高了钢管的刚度，两者共同发挥作用，从而大大地提高了承载能力。另外，由于钢管内混凝土的纵向压力使钢管处于三向受压的状态，阻止了钢管的局部失稳，使构件的承载力和变形能力大大提升，且施工速度较快。目前国内跨度最大的钢管混凝土拱桥——永和大桥（见图 1-12），位于水面上的桥拱跨度为 350m，拱高为 85m。

　　钢骨混凝土结构是以型钢或以钢筋焊接的骨架作钢骨的，用混凝土包裹钢骨组合成一个整体共同工作的结构，简称 SCR 组合结构。钢骨混凝土结构充分发挥了钢与混凝土两种材料的特点，与钢筋混凝土结构相比，具有刚度大，延性好，节省钢材的优点。因此，钢骨混凝土结构成为 20 世纪 90 年代以来高层和超高层建筑结构的主要结构形式之一。例如，马来西亚吉隆坡城市的双塔大厦就是钢骨混凝土结构，共 88 层，高 450m，如图 1-13 所示。

图 1-12 永和大桥

图 1-13 马来西亚吉隆坡双塔大厦

钢-混凝土组合结构是一种优于钢结构和钢筋混凝土结构的新型结构。它继承了钢结构和钢筋混凝土结构各自的优点，也克服了两者的缺点，可按照最佳几何尺寸组成最优的组合构件，使其具有构件刚度大，防火、防腐性能好，抗扭和抗倾覆的能力强，重量轻，延性好，增加净空高度和使用面积，缩短施工周期，节约模板等特点，从而大大拓宽了钢结构与钢筋混凝土结构的单独应用范围。

1.2.2 轻型钢结构住宅

轻型钢结构住宅没有准确定义，满足以下条件均可称为轻型钢结构建筑：①由冷弯薄壁型钢组成的结构；②由热轧轻型型钢，如工字钢、槽钢、H 型钢、L 型钢、T 型钢等组成的结构；③由焊接轻型型钢，如工字钢、槽钢、H 型钢、L 型钢、T 型钢等组成的结构；④由圆管、方管、矩形管组成的结构；⑤由薄钢板焊成的构件组成的结构；⑥由以上各种构件组成的结构。轻型钢结构住宅是以钢构件作为承重骨架，以轻型墙体材料作为维护构件所构成的居住类建筑。与传统住宅相比，轻钢结构住宅的优点有成本低、建造周期短、空间布局灵活等。其缺点也很明显，主要有房屋抗腐蚀性及耐高温差，在潮湿环境下极易腐蚀。建造中与建造完成的钢结构住宅如图 1-14 所示。

a)

b)

图 1-14 建造中与建造完成的钢结构住宅

1.2.3 大跨度空间钢结构

横向跨越 60m 以上空间的各类结构可称为大跨度空间结构。常用的大跨度空间结构形式包括折板结构、壳体结构、网架结构、悬索结构、充气结构、篷帐张力结构等。大跨度空间结构在体育场馆、游泳场馆、大型展览场馆、火车站候车大厅、机场机库、工业厂房、公路收费站棚等方面得到广泛应用。

郑州东站（见图 1-15a）建筑面积为 40 万 m^2，主站房最大平面尺寸为 239.8m×490.7m，为地上三层（局部四层），大跨度、大平面框架结构。天津体育馆（见图 1-15b）为直径 108m，挑檐 13.5m，总直径达到 135m 的球面网壳，其矢高为 35m，双层网壳厚 3m。各大中心城市积极兴建大型体育场馆，在结构设计、材料、施工技术和科研等领域内为空间钢结构技术的发展提供了重大机遇。

a) 郑州东站　　　　　　　　　　　　　b) 天津体育馆

图 1-15　郑州东站与天津体育馆

据不完全统计，从 1999 年开始的 10 多年内，60 多个形态各异的大规模会展中心建筑都选用了空间钢结构形式，如上海国际会议中心（见图 1-16a）、广州会展中心展览大厅、

a) 上海国际会议中心　　　　　　　　　b) 南京火车站

c) 北京大兴机场

图 1-16　上海国际会议中心、南京火车站和北京大兴机场

上海新国际展览中心和南京会展中心等。一些中等城市如西安、成都、郑州、兰州、乌鲁木齐、重庆等大型展览馆和会展中心建筑也在近年内落成，钢结构在这个领域市场潜力很大。此外南京火车站（见图 1-16b）、上海浦东机场航站楼、广州白云机场航站楼、深圳机场航站楼、北京大兴机场（见图 1-16c）等均采用空间钢结构建造。

　　以钢-混凝土上弦板代替钢上弦杆的组合网架结构是近十几年来发展起来的结构体系，它可以充分发挥混凝土受压、钢材受拉两种材料的强度优势，使结构的承重和维护作用合二为一。此组合网架结构既可以用于屋盖结构，也可以用于多层和高层建筑的楼层结构。其形式多样、跨度大、应用范围广，如徐州夹河煤矿大食堂屋盖平面是 21m×54m 的蜂窝形三角锥组合网架。

1.2.4　桥梁钢结构

　　钢桥的实践应用大致分以下三个方面：

　　（1）装配式钢便桥　装配式钢便桥是一种可以快速架设，主要用于各种车辆通过江河、沟谷等障碍，并可以在战时抢修、抗震救灾、水毁桥梁修复、危桥加固、临时栈桥及道路抢修时应急使用的制式桥梁。钢便桥作为一个临时结构实现了施工区域互通，是一项绿色经济的施工措施。装配式钢便桥如图 1-17 所示。

a)　　　　　　　　　　　　　　　　b)

图 1-17　装配式钢便桥

　　（2）大跨度钢结构桥梁　在近年来的桥梁建设中，大跨度的钢结构桥梁已普遍使用。如港珠澳大桥浅水区非通航孔桥（见图 1-18a）采用钢混连续梁桥的形式；2001 年建成的南京长江第二大桥南汊主桥（见图 1-18b），为双塔双索面扇形布置的斜拉桥；2004 年建成通车的刘江黄河大桥（见图 1-18c），全长 9848.16m，桥面为双向八车道高速公路。

　　（3）城市高架桥　在当前钢材产能的背景及国家鼓励推广使用钢结构桥梁的政策下，以板钢组合梁的装配式桥梁在城市高架桥建设中得到了广泛应用。如安徽省合肥市某 6km 长桥高架桥（见图 1-19），标准跨径为 30m，结构由四片钢梁与混凝土面板组成。这种装配式钢板高架桥施工速度快，施工期间仅占用一个车道，基本不影响城市道路的通行能力。装配式高架桥中钢梁、桥面板、桥墩均采用工厂预制，现场拼装，可维修替换性强，质量可以得到保证。

a) 港珠澳大桥

b) 南京长江第二大桥南汊主桥

c) 刘江黄河大桥

图 1-18　港珠澳大桥、南京长江第二大桥南汊主桥和刘江黄河大桥

图 1-19　安徽省合肥市某 6km 长桥高架桥

1.2.5　压力管道及容器

　　水工压力钢管是水电站建设高压引水管道的主要结构形式之一。伴随着"西气东输"和"西油东引"工程的建设，大量采用了高压输气（油）管线及中转站、终点站的大容器储油（气）罐、库、塔等容器金属设备。污水处理厂的沼气罐基本采用钢结构。"西气东输"管道与沼气罐如图 1-20 所示。

a)   b)

图 1-20 "西气东输"管道与沼气罐

1.2.6 特种钢结构

特种钢结构通常指特种造型结构。特种钢结构在空间造型上较普通钢结构复杂得多，施工难度大。常见的结构形式有塔桅钢结构、网架结构、索膜结构、筒仓结构、拱形波纹屋盖结构等。如徐州电视塔的塔楼采用直径 21m 的联方型单层全球网壳，并采用地面组装、整体提升到 99m 设计标高就位的施工安装方法，如图 1-21 所示。

图 1-21 徐州电视塔

1.3 钢结构的破坏形式

钢结构设计的目的是满足各种功能要求，应做到技术先进、经济合理、安全适用、确保质量。这些要求都必须在钢结构不发生破坏的情况下才能做到。因此设计者只有对钢结构可能发生的各种破坏形式有十分清楚的了解，才能采取有效的措施来防止任何一种破坏形式的发生。

钢材的破坏形式主要包括塑性破坏和脆性破坏，又分别称为延性破坏和非延性破坏。钢材具有良好的塑性性能，结构构件设计时应保证其为塑性破坏。

延性破坏与
非延性破坏

1.3.1　钢材的塑性破坏

　　塑性变形很大、经历时间又长的破坏称为塑性破坏，也称为延性破坏。塑性破坏是构件应力超过屈服点并达到抗拉强度后，构件产生明显的变形并断裂。它是钢材晶粒中对角面上的剪应力超过抵抗能力而引起晶粒相对滑移的结果。断口和作用力方向往往成 45°，断口呈纤维状，色泽灰暗而不反光，有时还能看到滑移痕迹。断口类型如图 1-22 所示。

　　钢材的塑性破坏的特点：有明显的变形和裂纹预兆，可以及时采取措施予以补救，危险性相对脆性破坏较小。属于这类性质的裂纹有受拉构件正截面裂纹、大偏心受弯构件正截面受拉区裂纹等。此种裂纹是否影响结构安全，应根据裂纹的位置、长度、宽度、深度及发展情况来定，如果裂纹已趋于稳定，且最大裂纹未超出规范规定的允许值，则属于允许出现的裂纹，可不用加固。

a) 纤维状断口　　　　　　　　　　b) 结晶状断口

图 1-22　断口类型

1.3.2　钢材的脆性破坏

　　钢材几乎不出现塑性变形的突然破坏称为脆性破坏（也称为脆性断裂）。脆性破坏在破坏前无明显变形，平均应力小，按材料力学计算的名义应力往往比屈服应力多。脆性破坏没有任何预兆，破坏断口平直并呈有光泽的晶粒状。从力学的观点来分析，脆性破坏是由于拉应力超过晶体抗拉能力而产生的。

　　钢材脆性破坏是突然发生的，危害性很大，应尽量避免。钢材脆性破坏时断口形式及断裂位置如图 1-23 所示。

断裂位置

图 1-23　钢材的脆性破坏

1938—1962 年，全世界共发生 40 余起焊接钢桥发生突然断裂的事故，如图 1-24 所示。这些事故按照传统力学的观点难以解释，设计中使荷载效应小于材料抗力设计值，并不能有效地防止脆性破坏的发生，表明脆性破坏是钢结构的一种特殊问题，需要对发生脆性破坏的钢结构进行更深入的探索，在设计、制造和使用钢结构时采取必要的措施以保证结构的安全。

图 1-24　焊接钢桥发生断裂事故

1.3.3　钢结构发生脆性破坏的原因

钢结构发生脆性破坏的原因有很多，主要有以下三个方面：

1) 钢材质量差。钢材的碳、磷、硫、氮等元素含量过高，会导致晶粒较粗，夹有杂物，韧性较差等缺点。图 1-25 所示为含碳、磷、硫、氮等杂质较多的钢材。

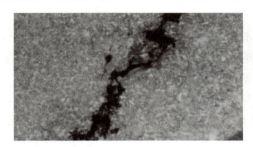

图 1-25　含碳、磷、硫、氮等杂质较多的钢材

2) 结构构件构造不当，如孔洞、缺口或截面改变急剧导致所受应力突然增加，或布置不当使应力集中严重。钢材应力集中所导致的断裂与钢材应力集中建模如图 1-26 所示。

a) 钢材应力集中所导致的断裂　　　　　b) 钢材应力集中建模

图 1-26　钢材应力集中所导致的断裂与钢材应力集中建模

3) 较大的动力荷载与较低温的环境下工作等，对厚度较厚的钢材影响更为严重。

钢结构中焊接结构是最容易出现脆性破坏的结构，发生脆性破坏事故往往比铆接结构更频繁，主要原因除了上述三个方面以外，还包括以下内容：

1）焊缝经常会或多或少存在缺陷，如裂纹、欠焊、夹渣和气孔等，这些缺陷能够成为脆性破坏的起源。

2）焊接后结构存在残余应力。残余应力未必是破坏的主因，但和其他因素结合在一起，可能导致开裂。

3）焊接结构的连接往往有较大的刚性，当焊接结构出现3条相互垂直的焊缝时，材料的塑性变形就很难发展。

4）焊接使结构形成连续的整体，一旦裂纹发展，就有可能一断到底，不像在铆接结构中裂纹常在接缝处终止。焊接钢结构如图 1-27 所示。

图 1-27　焊接钢结构

1.3.4　防止钢结构脆性破坏的方法

防止钢结构脆性破坏的关键是在设计、制造和使用钢结构时，要注意改善构造形式，降低应力集中程度；尽量避免和减少焊接残余应力及其他工艺引起的残余应力，选用冷脆转变温度低的钢材，尽量采用薄钢板；避免突然荷载和结构的损伤等。

防止钢结构脆性破坏应从以下五个方面采取措施：

（1）焊缝　原始裂纹尺寸的控制主要从保证施工质量和加强检验两方面来解决。焊缝质量不仅涉及裂纹，还涉及咬边、欠焊、夹渣和气孔等缺陷。外部裂纹可通过表观检测，内部裂纹可通过超声波探伤检测。

（2）应力　构件的实际应力不仅与荷载的大小有关，也与构造的形状及施焊的条件有关。几何形状或尺寸的突然变化造成的应力集中，使局部应力增大。不仅如此，在出现应力高峰时，还会出现双轴同号应力状态，甚至是三轴同号应力状态。因此，避免焊缝过于集中和避免截面突然变化都有利于防止钢结构发生脆性破坏。

（3）材料韧性　钢结构的材料应根据其所处的条件具备一定的韧性。钢材的韧性现阶段大多采用冲击韧性试验来确定。我国早期采用梅氏U形缺口，但V形缺口比U形缺口尖锐，更符合钢结构破坏的实际情况，因此现在多采用V形缺口冲击韧性试件。

（4）结构形式　优良的结构形式可以减小断裂的不良后果，把结构设计成超静定的，即有赘余构件，可以减少断裂造成的损失。如果结构为静定结构，但能使荷载多路径传递，也可以达到降低损失的效果。

（5）钢材选用　设计焊接结构，在选用钢材时应该从防止脆性破坏的角度加以考虑。

1.4　钢结构的发展趋势

钢结构与目前建筑领域普遍采用的钢筋混凝土结构相比，具有强度高、工程造价低、自重轻、施工周期短和可工厂化制作等优点。钢结构的政策也随着钢材的发展，从节约用钢、合理用钢向鼓励用钢方向转化，为钢结构建筑的发展提供了有力的保证，钢结构的应用也从重大工程、标志性建筑到普遍使用，使钢结构呈现出从未有过的兴旺景象。

1. 结构用钢的新发展

高性能、高强度钢、低屈服点钢和耐火钢的开发和应用。

我国新修订的《标准》中增列了性能优良的 Q460 钢，并已在实际工程中成功应用。图1-28 所示为 Q460 钢。

为适应建筑结构向高层和大跨发展，我国研发了建筑结构用钢板，专门用于高层建筑和其他重要建筑物及构筑物的厚板焊接截面构件。

我国有些企业已生产出屈服强度达到 $100N/mm^2$ 的低屈服点钢材，可用于抗震结构的耗能部件。图 1-29 所示为低屈服点钢材。

图 1-28　Q460 钢

图 1-29　低屈服点钢材

有的企业已开发出耐火钢，耐火钢即使加热到 600℃，也能保持常温 2/3 以上的强度。图 1-30 所示为耐火钢。

2. 新型结构体系的应用和发展

近年来，全国各地修建了大量的大跨空间结构，网架和网壳结构形式已在全国普及，如张弦桁架（见图 1-31）、悬挂结构也有很多应用实例；直接焊接钢管结构、变截面轻钢门式

图 1-30　耐火钢

图 1-31　张弦桁架

刚架、金属拱形波纹屋盖等轻钢结构也已遍地开花；钢结构高层建筑也在不少城市拔地而起；适合我国国情的钢-混凝土组合结构和混合结构也有了广泛应用；索膜结构的大跨度建筑、罩棚等也有了广泛应用。

3. 设计方法的新发展

目前大多数国家采用计算长度法计算钢结构的稳定问题，采用一阶分析求解结构内力。计算长度法的最大特点是，采用计算长度系数来考虑结构体系对被隔离出来的构件的影响，计算比较简单，对比较规则的结构也可给出较好的结果。但这种方法不能考虑二阶效应影响，不能精确考虑结构体系与构件之间的相互影响。

开展对整个结构体系进行二阶非弹性分析，即所谓高等分析，是一个正在发展和完善的新设计方法，而且是一种较精确的方法。

可以预期，近期这两种方法将并存，并获得共同的发展。今后，随着计算机技术的发展，高等分析设计法将逐渐成为主要的设计方法。

另外，目前我国采用的概率极限状态设计法还有待发展，有两个方面的原因：①计算的可靠度还只是构件或某一截面的可靠度，而不是结构体系的可靠度；②该方法还不适用于构件或连接的疲劳验算。

1.5　本课程的任务和特点

1. 本课程的主要任务

本课程主要介绍钢结构的材料特点、钢结构在各个领域的应用及发展状况、钢结构基本构件的受力性能及其设计原理、钢结构的脆性破坏和塑性破坏，以及钢结构的发展趋势，目的是使学生认识钢结构的特点、受力性能和应用的知识，掌握钢结构基本构件和连接的设计方法，为进行较复杂钢结构的设计和研究打下基础。

从钢结构的主要形式看，一般由杆件系统和索组成。分析它们的受力状态，可以将它们分为拉索、拉杆、压杆、受弯杆件、拉弯杆件、压弯杆件、拱和钢架等。这些杆件是组成各种结构形式的最基本的单元，因此成为钢结构的基本构件。

为了能够学习掌握钢结构各种结构形式的受力性能，必须掌握钢结构基本构件的工作性能及其设计分析的基本理论，这就是本课程的主要任务。

2. 学习本课程需要注意的特点

（1）钢结构的材料　认识钢材的破坏形式、钢材的主要性能特点和影响钢材性能的主要因素，熟悉建筑钢材的类别及钢材的选用。

（2）钢结构的应用　不仅要注意钢结构的结构方案、材料选择、截面形式选择、结构承载力计算和构造等方面，还应综合考虑安全、经济、适用和施工可行性等因素。必须经过分析比较才能做出合理的选择。

（3）钢结构的正常使用极限状态和破坏形式　了解正常使用极限状态的主要内容，掌握各类构件的刚度验算方法。在钢结构的破坏形式中主要注意钢结构产生破坏的原因，以及根据钢结构的破坏形式判断出属于何种破坏，应该如何采取有效措施防止任意一种破坏的发生。

（4）钢结构的发展趋势　在熟知钢结构的应用现状和钢结构的特点的基础之上，发展出具有更好性能的钢材，如在焊接方面，研制新型高效的焊接材料，研制焊接过程自动化、智能化和组装焊接一体化的焊接设备及专业的工艺设备等；在防火涂料方面，在钢结构表面涂防火材料可以提高钢结构耐火性能。

（5）材料力学知识是学习本课程的重要理论基础　钢材在冶炼和轧制过程中质量严格控制，因此钢材内部组织比较均匀，材质波动小接近各向同性，且在一定的应力幅度内材料为弹性材料，因此钢结构的实际受力与材料力学的计算结果比较符合。

（6）学会应用设计规范至关重要　为了贯彻国家技术经济政策，保证设计质量，达到设计方法上必要的统一化、标准化，国家制定了《标准》，对钢结构的设计方法与构造细节做出了具体规定。该标准反映了国内外钢结构的研究成果和工程经验，是理论与实践的高度总结，体现了该学科在当前一个时期的技术水平。

（7）结构构造知识和构造规定具有重要地位　钢结构重量轻的优点既是以钢材高强为基础，也取决于钢结构构件截面的宽翼薄壁特点，因此钢结构的承载极限状态常常不是以材料强度控制，而是以构件变形过大或失稳破坏为控制条件。这样在钢结构及其构件的设计过程中，根据结构和构件的形式和受力特点合理地进行加劲肋和各种缀材的敷设，对于钢结构的总体优化具有重要意义。因此，要充分重视对各类构件构造知识的学习。

本章思维导图

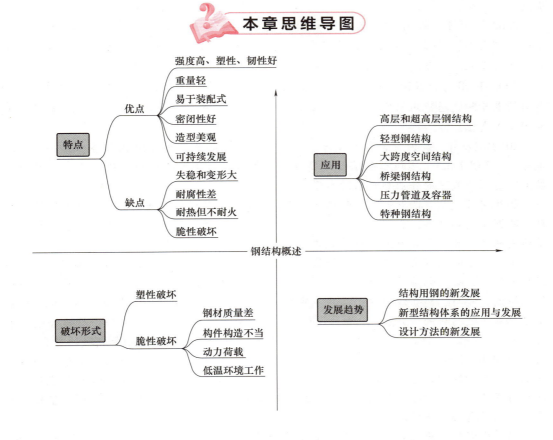

【拓展阅读】

国之重器，铸就强国

国之重器，承载着中华儿女的强国梦。过去几十年，我国无数次吹响大国重器的号角，激励着国人投身强国建设，同时向世界展示中国制造和新材料的强劲实力。

1954年7月，新中国生产的第一架飞机——"初教-5"在南昌首飞成功。洪都机械厂（今洪都集团）按国家"一五"计划，提前一年零两个月完成了试制任务并顺利转入成批生产，树立了我国航空工业从修理走向制造的里程碑。

20世纪70年代中期，中国工程院院士张立同成功制备出我国第一个无余量叶片，解决了航空发动机叶片变形难题，打破了我国用"60吨掐头去尾对虾"换苏联"一吨镍"的格局。

1981年9月，"风暴一号"运载火箭经过7min20s的飞行，首次把3颗卫星送入地球轨道，从此我国成为世界上第四个掌握"一箭多星"发射技术的国家。

1998年3月，我国自主独立研制的"歼-10"飞机在成都首飞成功，标志着我国战斗机实现了从第二代到第三代的历史性跨越，我国航空工业和空军力量建设从此迈向新的阶段。

2002年5月，我国自研的第一台具有完全自主知识产权、技术先进的航空发动机——"昆仑"涡喷发动机通过国家定型鉴定，标志着我国成为世界上第五个能独立研制航空发动机的国家。

2003年10月，我国第一艘载人飞船——"神舟五号"成功发射（见图1-32a）。天马新材的电子陶瓷基板用氧化铝，成功应用在发射器的芯片上，与我国第一位航天员杨利伟共同飞入太空。

2010年8月，我国首台自主设计、自主集成研制的作业型深海载人潜水器——"蛟龙号"（见图1-32b）3000m级海试取得成功，设计最大下潜深度为7000m级，是目前世界上下潜能力最深的作业型载人潜水器。

2020年7月，"北斗三号"全球卫星导航系统正式开通。继美国GPS、俄罗斯格洛纳斯、欧洲伽利略之后，我国北斗正式成为全球第四个自主航空系统。佳利电子基于微波陶瓷研发基础，开发了北斗卫星接收天线。

中国制造的光辉成就离不开材料基础。西部超导作为我国航空用钛合金棒材的主要研发生产基地，公司创造了两个"唯一"，即国内唯一超导线材商业化生产企业和全球唯一铌钛铸锭、棒材、超导线材生产及超导磁体制造全流程企业，弥补了我国新型战机、舰船制造急需关键材料的"短板"。历时3年，四方超轻参与制定了我国第一份镁锂合金国家标准——《镁锂合金铸锭》（GB/T 33141—2016），填补了我国镁锂合金领域的行业空白。2015年9月25日，我国成功地发射了"浦江一号"卫星，这颗卫星首次应用了我国自主研制与生产的镁锂合金。2019年6月18日，湖南世鑫新材生产的时速400km高速列车制动盘与闸片下线，打破了德国、日本等国家对我国高速列车制动盘的垄断，解决了我国高速列车制动盘国产化问题。

纵观我国新材料发展历史，那些不畏艰险的探索者，击破了国际上一道又一道封锁，从无到有，从有到精，不断填补了行业的空白，推动了我国新材料发展快速向前。

a) "神舟五号"

b) "蛟龙号"

图 1-32 "神舟五号"与"蛟龙号"

 习 题

简答题

1. 钢结构有哪些优缺点？

2. 结合钢结构的特点，分析钢结构的应用范围。

3. 钢结构的破坏形式主要有哪两种？表现特点分别是什么？

4. 查阅相关资料，简述钢结构近 200 年的发展历程。

5. 我国航天事业的快速发展，为什么离不开金属材料的强力支撑？

6. 查阅相关资料，简述我国自主研发的"蛟龙号"深海载人潜水器的设计深度、应用范围及在国际上的影响力。

本章导读：

主要介绍钢材的主要性能，钢结构用材的要求及影响因素，钢结构的破坏形式，钢材的类别及其选用。

本章重点：

钢材的主要性能，钢结构用材的影响因素及相应的破坏形式。

钢材是钢结构的原料，承重钢结构所用的钢材应具有屈服强度、抗拉强度，断后伸长率和硫、磷含量的合格保证，钢材对钢结构的服役性能起决定性作用。要建成性能优良的钢结构，要对钢材有深入的了解。结构钢材的选用应遵循技术可靠、经济合理的原则，综合考虑结构的重要性、荷载特征、结构形式、应力状态、连接方法、工作环境、钢材厚度和价格等因素。因此，钢结构对钢材的要求是多方面的。

2.1 钢结构对材料的要求

钢材在各行各业都有应用，由于各自的用途不同，所需钢材的性能各异。如有的机械要求所用钢材有较高的强度、耐磨性和韧性；石油化工设备要求所用钢材具有耐高温性能；加工器具要求所用钢材具有很高的强度和硬度等。虽然碳素钢和合金钢有上百种，但在建筑行业中符合钢结构用料的钢材只有少数几种。

建筑钢结构的实际工作环境复杂。因此，对其使用的钢材性能有以下要求：

（1）较高的强度　钢材的抗拉强度 f_u 和屈服强度（屈服点）f_y 比较高。屈服强度高可以减小构件截面，从而减轻结构自重，节约钢材，降低造价。

（2）较好的塑性和韧性　塑性好的钢材具有足够的应变能力，能使结构破坏前有较明显的变形。同时，塑性变形能调整局部应力峰值，使应力重分布而提高钢材延性。韧性好表示在动力荷载作用下破坏时要吸收比较多的能量，在低温寒冷地区和承受循环荷载作用下，需验算疲劳的钢结构有较强的抵抗脆性破坏的能力。

（3）良好的加工和焊接性能　将钢材制造成钢结构，需经过冷加工（剪切、钻孔、冷弯等）、热加工（气割、热弯等）和焊接等工序，不因这些加工而对强度、塑性及韧性带来明显的改变。

（4）专用的特种性能（耐候、耐火、Z 向性能） 根据结构的具体工作条件，钢结构或在有害介质作用下服役，这对钢结构有较高的防腐要求，对重要的钢结构还有较高的防火要求。高层建筑钢结构的钢板由于受到拉力而产生层状撕裂，故对厚度较大的钢构件有 Z 向性能要求。

2.2 钢材的主要性能

钢材的主要性能包括力学性能和工艺性能。力学性能指承受外力和作用的能力，工艺性能指经受冷加工、热加工和焊接时的性能表现。专用钢材另外附加其他特种性能，如耐火、耐候性能等。

2.2.1 强度

钢材在常温 $[(20\pm5)℃]$、静载条件下一次拉伸所表现的性能最具代表性。拉伸试验比较容易进行，采用标准的试验方法来测定各项性能指标。所以，钢材的主要强度指标和变形性能都是根据标准试件一次拉伸试验确定的。图 2-1a 所示为低碳钢（碳的质量分数 ≤ 0.25%）单向均匀拉伸试验的应力-应变（σ-ε）曲线（图 2-1b 为曲线的局部放大），从图中可以看出钢材受力阶段的力学性能。

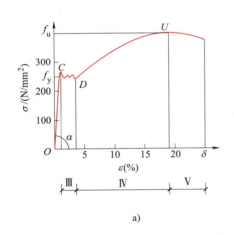
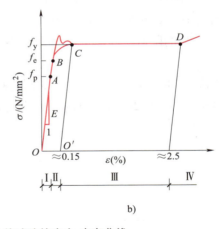

单向拉伸
试验曲线

图 2-1 低碳钢单向均匀拉伸试验的应力-应变曲线

（1）弹性阶段 OA 段处于弹性阶段，最大应力 f_p 为比例极限。OA 为斜直线时，荷载与伸长量成正比，符合胡克定律，即 $\sigma = E\varepsilon$。$E = \tan\alpha$，为直线的斜率，称为钢材的弹性模量。当 $\sigma > f_p$ 时，应力-应变关系呈非线性，若荷载卸至零，应变随之为零，不出现残余变形。弹性阶段（见图 2-1b 中区段 I）终点 B 对应的应力称为弹性极限 f_e，它常与 f_p 十分接近，一般可不加区分。

（2）弹塑性阶段 当 $\sigma > f_e$ 后，为弹塑性阶段（见图 2-1b 中区段 II），变形由弹性变形和塑性变形组成，即后者在卸荷后不会消失而成为残余变形。其后，曲线出现波动，直到 C

点。如在此时卸荷，将产生由 C 点沿平行于 OA 线向下的细实线至 O' 点，而不是沿原曲线回归 O 点。OO' 即残余变形。

AC 段为非线性，其斜率为切线模量 $E_t = d\sigma/d\varepsilon$。

（3）塑性阶段（屈服阶段）　σ 经弹塑性阶段后趋于平稳，但应变仍持续增大，这称为钢材受力的塑性流动阶段（见图 2-1 中区段Ⅲ），也就是屈服阶段。对应于 C 点的应力称为屈服强度 f_y。屈服阶段曲线的最高点和最低点对应的应力分别称为上屈服强度和下屈服强度。下屈服强度比较稳定，故通常取其值作为屈服点代表值。

（4）强化阶段　屈服阶段后，钢材内部组织经重新调整，又部分地恢复了继续承载能力，曲线有所上升，此称为钢材受力的强化阶段（见图 2-1a 中区段Ⅳ）。但在此阶段变形增长较快，直至曲线最高点 U，该点对应的应力即钢材能承受的最大拉应力，称为钢材的抗拉强度 f_u。

（5）缩颈阶段　当应力达到 f_u 时，试件局部出现横向收缩变细——缩颈，变形也随之剧增，荷载下降，直至断裂，此称为缩颈阶段（见图 2-1a 中区段Ⅴ）。

通过上述静力拉伸试验可见，有代表性的强度指标为比例极限 f_p、弹性极限 f_e、屈服强度 f_y 和抗拉强度 f_u。但钢材内常存在残余应力（因轧制、切割、焊接、冷弯、矫正等原因在钢材内部形成的初应力），在其影响下，f_e 和 f_p 很难区分，且两者与 f_y 也很接近，故通常可简化为 f_y 之前材料为完全弹性体，f_y 之后则为完全塑性体（忽略应变硬化作用），即其 σ-ε 曲线简化为图 2-2 所示的双直线。因此，当 $\sigma > f_y$ 时，由于钢材将暂时丧失继续承受荷载的能力，且同时产生不适于继续使用的过大变形，故钢结构设计时，应取屈服强度 f_y 作为承载能力极限状态强度计算的限值，即钢材强度的标准值 f_k，并据以确定钢材的（抗拉、抗压和抗弯）强度设计值 f。

没有明显屈服点和塑性平台的钢材（如制造高强度螺栓的经热处理高强度钢材），可以卸荷后试件残余应变 $\varepsilon = 0.2\%$ 所对应的应力为其屈服点，称为条件屈服点或屈服强度 $f_{0.2}$，如图 2-3 所示。

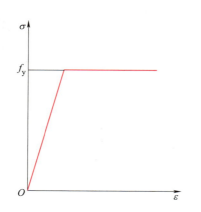

图 2-2　理想弹塑性材料的应力-应变曲线

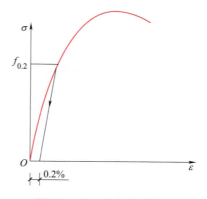

图 2-3　钢材的条件屈服点

抗拉强度 f_u 是钢材破坏前能承受的最大应力，但这时钢材产生了巨量塑性变形（约为弹性变形的 200 倍），所以其实用意义不大。然而它可直接反映钢材内部组织的优劣，同时可作为钢材的强度储备，故在要求 f_y 的同时，还应要求钢材具有一定的 f_u，即 f_y / f_u（屈强比）越小，强度储备越大，越安全。另外，当钢结构采用塑性设计时，《标准》强制性规定钢材应满足屈强比 $f_y/f_u \leqslant 0.85$。综上所述，屈服强度 f_y 和抗拉强度 f_u 是钢材强度的两项重要指标。

2.2.2　塑性

塑性指钢材破坏前产生塑性变形的能力，可由静力拉伸试验得到的力学性能指标伸长率 δ 和截面收缩率 Ψ 来衡量。δ 和 Ψ 数值越大，表明钢材塑性越好。

伸长率是断裂前试件的永久变形与原标定长度的百分比。取圆形试件直径 d 的 5 倍或 10 倍为标定长度，其相应的伸长率用 δ_5 或 δ_{10} 表示，伸长率代表材料断裂前具有的塑性变形能力。

截面收缩率 Ψ 是缩颈断口截面面积的缩减值与原截面面积的比值，以百分数表示。Ψ 可反映钢材在三向拉应力状态下的最大塑性变形能力，这对高层建筑结构用钢板考虑 Z 向（厚度方向）抗层状撕裂时更为重要。

屈服强度、抗拉强度和伸长率是钢材的三个重要力学性能指标。钢结构中所采用的钢材都应满足《标准》对这三项力学性能指标的要求。

2.2.3　Z 向性能

Z 向性能即钢板在厚度方向的抗层状撕裂性能，可用厚度方向的截面收缩率衡量。试验时，试件应取厚度方向，并采用摩擦焊将试件两端加长，以便于夹持。

根据《建筑结构用钢板》（GB/T 19879—2015）的规定，对于厚度方向性能的钢板分三种厚度方向性能级别，即 Z15、Z25 和 Z35，它们分别表示其 $\Psi_z \geqslant 15\%$、25% 和 35%。

2.2.4　冲击韧性

土木工程设计中，常遇到汽车、火车、厂房起重机等荷载。这些荷载称为动力（冲击）荷载。衡量钢材抗冲击性能的指标是钢材的韧性。韧性是钢材在塑性变形和断裂过程中吸收能量的能力。韧性指标用冲击韧性值表示，用冲击试验获得。

冲击试验一般采用截面 $10\text{mm} \times 10\text{mm}$、长 55mm 且中间开有 V 形缺口的试件，放在冲击试验机上用摆锤击断（见图 2-4），并得出其吸收（消耗）的冲击功 A_{kv}（单位为 J），以作为冲击韧性指标。A_{kv} 值越大，则钢材的韧性越好。

韧性值受温度影响，温度低于某值时将急剧降低。设计处于不同环境温度的重要结构，尤其是受动载作用的结构，要根据相应的环境温度对应提出常温〔$(20\pm5)℃$〕冲击韧性、$0℃$ 冲击韧性或负温（$-20℃$ 或 $-40℃$）冲击韧性的保证要求。

2.2.5　冷弯性能

冷弯性能指钢材在冷加工（在常温下加工）产生塑性变形时，对发生裂缝的抵抗能力。钢材的冷弯性能用冷弯试验来检验。冷弯试验是在材料试验机上进行，通过冷弯冲头加压（见图2-5）。当试件弯曲至180°时，检查试件弯曲部分的外面、里面和侧面，如无裂纹、断裂或分层，即认为试件冷弯性能合格。冷弯试验合格一方面表示材料塑性变形能力符合要求；另一方面表示钢材的冶金质量符合要求。因此，冷弯性能是判别钢材塑性变形能力及冶金质量的综合指标。

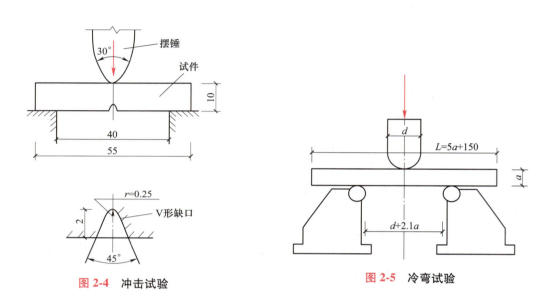

图2-4　冲击试验　　　　　　　　　　　图2-5　冷弯试验

2.2.6　焊接性能

焊接连接是钢结构最常用的连接形式，钢材焊接后在焊缝附近将产生热影响区，使钢材组织发生变化和产生很大的焊接应力。焊接性能好指焊接安全、可靠，不发生焊接裂缝，焊接接头和焊缝的冲击韧性及热影响区的延伸性（塑性）等力学性能都不低于母材。

钢材化学成分的碳含量对焊接难度的影响最大，高碳钢［碳的质量分数 $w(C) > 0.45\%$］属于难焊钢材。钢材中的其他合金元素［锰、铬、钼、钒、铜、镍等，其含量分别用 $w(Mn)$、$w(Cr)$ …表示］对焊接难度也有不同程度的影响，一般可采用国际焊接学会（IIW）的公式将其折算为碳当量 $w(CEV)$ 进行衡量，即

$$w(CEV) = w(C) + \frac{w(Mn)}{6} + \frac{1}{5}\big[w(Cr) + w(Mo) + w(V)\big] + \frac{1}{15}\big[w(Ni) + w(Cu)\big]$$

(2-1)

当 $w(CEV)$ 不超过0.38%时，钢材的焊接性能很好，Q235钢属于这一类。当 $w(CEV)$ 大于0.38%但未超过0.45%时，钢材淬硬倾向逐渐明显，焊接难度为一般等级，Q345钢属于此类，需要采取适当的预热措施并注意控制施焊工艺。其 $w(CEV)$ 甚至可达0.5%左右，故均属于较难焊钢材。因此，为了不致过大加剧焊接难度，钢材标准对低合金高强度结构钢的各种牌号，均按不同轧制和热处理工艺，根据板厚规定了 $w(CEV)$ 的限值。

综上所述，钢材焊接性能的优劣实际上指钢材在采用一定的焊接方法、焊接材料、焊接工艺参数及一定的结构形式等条件下，获得合格焊缝的难易程度。焊接性能稍差的钢材，要

求更为严格的工艺措施。

2.2.7 钢材的耐火性和耐腐蚀性能

1. 耐火性

对建筑钢材的耐火性能要求，在建筑结构中广泛使用的低碳钢，温度超过 350℃时，强度大幅度下降；500℃时，强度是原来的一半；600℃时，是原来强度的 1/7～1/6，强度几乎丧失，钢材的耐火极限在 15min 左右。因此，它不需要在钢中添加大量贵重的耐热性高的合金元素（如铬、钼），而只需添加少量较便宜的合金元素，即可具备一定的耐火性能。耐火钢一般是在低碳钢或低合金钢中添加 V（钒）、Ti（钛）、Nb（铌）合金元素，组成 Nb-V-Ti合金体系，或再加少量 Cr（铬）、Mo（钼）合金元素。

具有耐火性能的钢材，可根据防火要求的需要，不用或减薄防火涂料，故有良好的经济效果，且可加大使用空间。

2. 耐腐蚀性

对建筑钢材的耐腐蚀性能要求，不需要像对不锈钢那样的高要求，它只需满足在自然环境下可裸露使用（如输电铁塔等），其耐腐蚀性提高到普通钢材的 6～8 倍，即可获得良好的效果。

提高钢材耐腐蚀性主要依靠涂料。近年来一些耐大气腐蚀的钢材，在冶炼过程中加入铜、磷、铬、镍合金元素，在金属表面形成保护层来提高耐腐蚀性。

2.3 钢材性能的影响因素

钢材性能有很多影响因素，如化学成分、冶炼和浇铸方法、轧制技术和热处理方法、工作环境和受力状态等会影响钢材的力学性能，有些对塑性的发展有较明显的影响乃至发生脆性破坏。

2.3.1 化学成分

钢的基本元素是铁和少量的碳。碳素结构钢中纯铁约占 99%，其余是碳和硅、锰等有利元素，以及在冶炼过程中不易除尽的有害杂质元素硫、磷、氧、氮等。在低合金高强度结构钢中，除上述元素外，还含有少量改善钢性能的合金元素，一般低于 3%。在钢中碳和其他元素的含量尽管不大，但对钢的力学性能却有着决定性的影响。

碳是除纯铁外的最主要元素，其含量直接影响钢材的强度、塑性、韧性和焊接性能等。随着碳含量的增加，钢材的屈服强度和抗拉强度提高，而塑性和冲击韧性尤其是低温冲击韧性下降，冷弯性能、焊接性能和抗锈蚀性能也明显恶化，容易脆断。因此，钢结构采用的钢材碳含量宜小于 0.25%。

硅是作为强脱氧剂而加入钢中，以制成质量较优的镇静钢。适量的硅可提高钢的强度，而对塑性、冲击韧性、冷弯性能及焊接性能无明显不良影响。碳素结构钢中硅的质量分数不应大于 0.35%，低合金高强度结构钢中硅的质量分数一般不应大于 0.50%。

　　锰是一种较弱的脱氧剂。它明显提高钢材强度而不会过多降低塑性和韧性。但随着锰含量的增加，钢材的焊接性能将随之降低，锰的含量宜为 1.0%~1.7%。

　　硫与铁的化合物硫化铁一般散布于纯铁体的间层中，在高温（800~1200℃）时会熔化而使钢材出现裂纹，称为热脆。此外，硫还会降低钢的塑性、冲击韧性和抗锈蚀性能。因此，应严格控制钢材中硫含量，且质量等级越高，即钢材对韧性的要求越高，其含量控制越严格。碳素结构钢中硫的质量分数一般不应大于 0.045%，低合金高强度结构钢中硫的质量分数不应大于 0.020%，钢板中硫的质量分数不应大于 0.015%，若为 Z 向性能钢板，则更严格，其硫的质量分数为 0.01% 以下。

　　磷能提高钢的强度和抗锈蚀能力，但严重地降低钢的塑性、冲击韧性、冷弯性能和焊接性能，特别是在低温时使钢材变脆——冷脆。因此钢材中磷含量也要严格控制。同样，质量等级越高，控制越严。碳素结构钢中磷的质量分数一般不应超过 0.045%，高性能建筑结构用钢板，C 级中磷的含量不超过 0.025%，D 级中不超过 0.020%。

　　氧和氮也属于有害杂质。氧的影响与硫相似，使钢"热脆"。氮的影响则与磷相似，使钢"冷脆"。因此，氧和氮的含量也应严加控制，一般氧的质量分数应低于 0.05%，氮的质量分数应低于 0.008%。

　　钒、钛、铌等合金元素可以提高钢的韧性和耐候性。其中稀土有利于脱氧；硫改善钢的性能，提高其韧性，尤其是低温韧性，且提高耐热性。另外，铜能提高钢的耐腐蚀性能，但会降低其焊接性能。铝能很好地细化钢的晶粒，提高钢的韧性，故低合金高强度结构钢各牌号的高质量等级（C、D、E 级）均规定铝的质量分数不应小于 0.015%。

2.3.2　制作过程

1. 冶炼及浇铸方法

　　钢材的冶炼方法主要有平炉炼钢、氧气顶吹转炉炼钢、碱性侧吹转炉炼钢及电炉炼钢。其中，平炉炼钢生产效率低，碱性侧吹转炉炼钢生产的钢材质量较差，目前已基本被淘汰，而电炉冶炼的钢材一般不在建筑结构中使用。因此，在建筑钢结构中，主要使用氧气顶吹转炉生产的钢材。目前氧气顶吹转炉钢的质量，由于生产技术的提高，已不低于平炉钢的质量。同时，氧气顶吹转炉炼钢具有投资少、生产率高、原料适应性大等特点，目前已成为主流的炼钢方法。

　　冶炼这一冶金过程形成钢的化学成分与含量，并在很大程度上决定钢的金相组织结构，从而确定其牌号及相应的力学性能。

　　常见的浇铸方法有两种：一种是浇入铸模做成钢锭；另一种是浇入连续浇铸机做成钢坯。其中后者是近年来迅速发展的新技术，浇铸和脱氧同时进行。铸锭过程中因脱氧程度不同，最终成为镇静钢、半镇静钢与沸腾钢。镇静钢因浇铸时加入强脱氧剂，如硅，有时还加入铝或钛，保温时间得以加长，氧气杂质少且晶粒较细，偏析等缺陷不严重，所以钢材性能比沸腾钢好。

　　连续浇铸的镇静钢化学成分分布比较均匀，只有轻微的偏析现象。采用这种连续浇铸技术，既提高了产品质量，又降低了成本，现已成为主要的浇铸方法。

钢在冶炼及浇铸过程中常见的冶金缺陷有偏析、非金属夹杂、气泡及裂纹等。偏析指金属结晶后化学成分分布不匀；非金属夹杂指钢中含有如硫化物等杂质；气泡指浇铸时由 FeO 与 C 作用所生成的 CO 气体不能充分逸出而滞留在钢锭内形成的微小孔洞。这些缺陷都将影响钢的力学性能。

2. 轧制技术及热处理方法

钢材的轧制能使金属的晶粒变细，也能使气泡、裂纹等焊合，因而改善了钢材的力学性能。一方面，热轧 H 型钢翼缘和腹板厚度不同，屈服强度也有差别。另一方面，热轧钢材的性能和停轧温度有关。控制停轧温度的生产方式称为控轧。由于非金属杂物的存在，在轧制后会使钢材分层，这是一种缺陷。设计时应注意尽量避免垂直于板面受拉（包括约束应力），以防止层间撕裂。

钢材的热处理一般采用正火、淬火和回火。正火是将钢材加热至 900℃ 以上并保温一定时间，然后在空气中冷却。如果钢材在终止轧制时温度正好控制在 850～900℃ 范围内，可得到正火效果。淬火是将钢材加热至 900℃ 以上并保温一定时间后，放入水或油中快速冷却。淬火后钢材强度大幅提高，但塑性、韧性显著降低，故淬火后要及时回火，即将钢材加温至 500～600℃，经保温后在空气中冷却。采用淬火后回火的调质工艺处理，可显著提高钢材强度，且能保持一定的塑性和韧性。高强度螺栓用钢即采用了这种热处理方法。

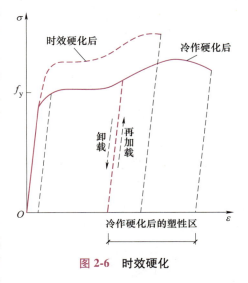

图 2-6 时效硬化

2.3.3 其他因素

1. 时效

冶炼时留在纯铁体中的少量氮和碳的固溶体，随着时间的增长将逐渐析出，并形成氮化物和碳化物，它们对纯铁体的塑性变形起着阻碍作用，从而使钢材的强度提高，塑性和韧性下降，这种现象称为时效硬化（见图 2-6）。发生时效的过程可以从几天到几十年。在交变荷载（振动荷载）、循环荷载和温度变化等情况下，容易引起时效。

2. 温度

钢材对温度相当敏感。当温度升高至约 100℃ 时，钢材的抗拉强度 f_u、屈服强度 f_y 及弹性模量 E 均降低，塑性增大，但数值不大（见图 2-7）。然而在 250℃ 左右时，f_u 有局部提高，f_y 也有所回升，同时塑性有所降低，材料转向脆性，即蓝脆现象。在蓝脆温度范围内进行热加工，则钢材易发生裂纹。当温度超过 250℃ 时，f_y 和 f_u 显著下降，伸长率 δ 却明显增大，产生徐变现象。当温度达 600℃ 时，强度接近为零。因此，当结构的表面长期受辐射热达 150℃ 以上，或可能受到炽热熔化金属的侵害时，应采用砖或耐热材料做成的隔热层加以防护。

在负温范围，f_y 与 f_u 都增高但塑性变形能力减小，因而材料转脆，对冲击韧性的影响十分突出。C_v 随温度变化的规律如图 2-8 所示，在右部（高能部分）与左部（低能部分），曲线比较平缓，温度带来的变化较小，而中间部分曲线较陡，破坏时需要的能量随温度而急剧变化，在 T_1 与 T_2 的温度转变区，材料由韧性破坏转到脆性破坏，T_0 称为转变温度，T_1 与 T_2 要根据实践经验由大量试验统计数据来确定。在结构设计中要求避免完全脆性破坏，所以结构所处温度应大于 T_1，而不要求一定大于 T_2，这是因为实际结构的缺陷不如冲击试件缺口那样严重，荷载的加荷速率也低于试件条件。

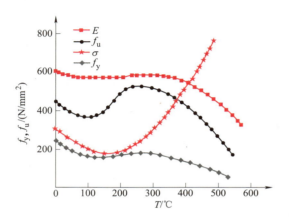

图 2-7　温度对钢材性能的影响

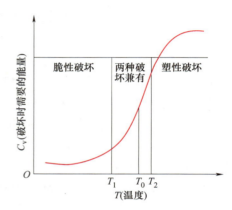

图 2-8　C_v 随温度 T 的变化

3. 应力集中

当截面完整性遭到破坏，如有裂纹（内部的或表面的）、孔洞、刻槽、凹角时，以及截面的厚度或宽度突然改变时，构件中的应力分布将变得很不均匀。在缺陷或截面变化处附近，应力线曲折、密集，出现高峰应力的现象称为应力集中。图 2-9 中孔洞边缘的最大应力 σ_M 与净截面平均应力 σ_0（$\sigma_0 = N/A_n$，N 为轴向拉力，A_n 为净截面面积）之比称为应力集中系数，即 $K = \sigma_M/\sigma_0$。孔边应力高峰处将产生双向或三向的应力。这是因为材料的某一点在 x 方向伸长的同时，在 y 方向（横向）将要收缩，而 σ_x 的分布很不均匀，最大应力附近的横向收缩将受到阻碍从而引起 σ_y。此板厚度较大时缺口截面在不均

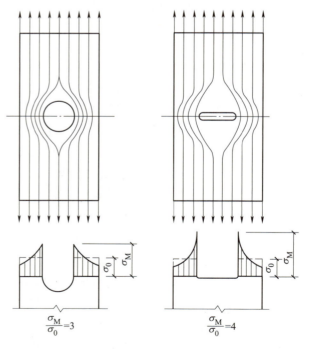

图 2-9　应力集中

匀的 σ_x 作用下不仅派生出 σ_y，还将引起 σ_z，故构件处于同号的双向或三向应力场的复杂应

力状态，从而使钢材沿受力方向的变形受到约束，以致塑性降低而产生脆性破坏。

钢材的塑性较好，应力不均匀现象比较平缓，因此，在设计时一般不考虑应力集中的影响。但是，对低温下直接承受动力作用的构件，若应力集中严重，加上冷作硬化等不利影响，则是脆性破坏的重要因素。故设计时，应采取避免截面急剧改变等构造措施，以减小应力集中。

4. 残余应力与重复荷载

残余应力是钢材在热轧、氧割、焊接时的加热和冷却过程中产生的，在先冷却部分常形成压应力，后冷却部分则形成拉应力。残余应力对构件的刚度和稳定性都有降低。

在重复荷载作用下，钢材的破坏强度低于静力作用下的抗拉强度，且呈现突发性的脆性破坏特征，这种破坏现象称为钢材的疲劳。

2.4　钢材的种类及选用

2.4.1　钢材的种类

（1）碳素结构钢　根据《碳素结构钢》（GB/T 700—2006）的规定，将碳素结构钢分为 Q195、Q215、Q235 和 Q275 四种牌号，数字表示屈服强度的大小，单位为"N/mm^2"。屈服强度越大，碳含量越高，塑性越低。由于碳素结构钢冶炼容易，成本低廉，并有良好的加工性能，所以使用较广泛。其中 Q235 在使用、加工和焊接方面的性能都比较好，是钢结构常用的钢材品种之一。

碳素结构钢由平炉或氧气顶吹转炉冶炼。交货时供方不仅应提供其力学性能（机械性能）质保书，包括屈服强度（f_y）、抗拉强度（f_u）和伸长率（δ_5 或 δ_{10}），还应提供其化学成分质保书，包括碳（C）、锰（Mn）、硅（Si）、硫（S）和磷（P）等含量。碳素结构钢的质量等级分为 B、C、D、E 和 F 五级，由 B 到 F 表示质量由低到高，不同的质量等级对冲击韧性的要求有区别。

（2）低合金钢　根据《低合金高强度结构钢》（GB/T 1591—2018）的规定，低合金高强度结构钢分为 Q355、Q390、Q420、Q460、Q500、Q550、Q620、Q690 八种。其中 Q355、Q390、Q420 为钢结构常用的钢种。Q355、Q390 和 Q420 按质量等级表示为 Q355B、Q355C、Q355D、Q355E、Q355F、Q390B、Q390C、Q390D、Q390E 和 Q420B、Q420C、Q420D、Q420E。

其质量等级分为 B、C、D、E 和 F 五级，由 B 到 F 表示质量由低到高，不同的质量等级对冲击韧性的要求有区别。对于公称厚度不大于 150mm 的钢材，B 级要求 20℃时，冲击功 $A_k \geqslant 34J$（纵向）；C 级要求 0℃时，冲击功 $A_k \geqslant 34J$（纵向）；D 级要求 -20℃时，冲击功 $A_k \geqslant 34J$（纵向）；E 级要求 -40℃时，冲击功 $A_k \geqslant 31J$（纵向）；F 级要求 -60℃时，冲击功 $A_k \geqslant 30J$（纵向）。不同的质量等级对碳、硫、磷、铝含量的要求也有区别。

Q460~Q690 钢材的质量等级分为 C、D、E 三级，由 C 到 E 表示质量由低到高。

（3）优质碳素结构钢　优质碳素结构钢是碳素钢经过热处理（如调质处理和正火处理）得到的优质钢。优质碳素结构钢与碳素结构钢的主要区别在于优质碳素结构钢中含杂质元素较少，硫、磷的质量分数都不大于 0.035%，并且严格限制其他缺陷。所以这种钢材具有较好的综合性能。根据《优质碳素结构钢》（GB/T 699—2015），优质碳素结构钢共有 31 个品种。例如，用于制造高强度螺栓的 45 号优质碳素钢，就是通过调质处理提高强度的。低合金钢也可通过调质处理来进一步提高其强度。

（4）优质钢丝绳　优质钢丝绳由高强度钢丝组成，钢丝由经处理的优质碳素钢经多次冷拔而成。钢丝的质量要求比较严格，不仅要限制其硫、磷含量，也要控制其铬、镍含量。钢丝的抗拉强度为 $1570\sim1770N/mm^2$。圆股钢丝绳按股数和股外层钢丝的数目分类，其截面规格用数字表示，如 6×7、6×19S、8×19S、17×7、34×7 等。前者表示股数，后者表示每股由几根钢丝组成，字母 S 则表示钢丝绳排列结构是西鲁式，如 6×7 表示由 6 股钢丝束组成，每股由 7 根钢丝组成。

（5）高性能建筑结构用钢　根据《建筑结构用钢板》（GB/T 19879—2015）的规定，高性能建筑结构用钢分为 Q235GJ、Q345GJ、Q390GJ、Q420GJ、Q460GJ、Q500GJ、Q550GJ、Q620GJ、Q690GJ，数字表示屈服强度的大小，单位为"N/mm^2"，GJ 代表高性能建筑结构用钢。相比于同级别的低合金高强度结构钢，GJ 系列钢材中硫、磷等有害元素含量得到限制（硫的质量分数不超过 0.010%）、微合金元素含量得到控制，屈服强度变化范围小，塑性性能较好，有冷加工成型要求或抗震要求的构件宜优先采用。

Q235GJ、Q345GJ、Q390GJ、Q420GJ、Q460GJ 的质量等级分为 B、C、D、E 四级，由 B 到 E 表示质量由低到高。Q500GJ、Q550GJ、Q620GJ 和 Q690GJ 的质量等级分为 C、D、E 三级，由 C 到 E 表示质量由低到高。

（6）耐候耐火钢　为提高钢材的耐腐蚀性能，生产了各种耐候钢。耐候钢比碳素结构钢具有较好的耐腐蚀性能。耐候钢是在钢中加入少量的合金元素，如铜、铬、镍、钼、铌、钛、锆、钒等，使其在金属基体表面上形成保护层，以提高钢材的耐候性能。耐候钢比碳素结构钢的力学性能高，冲击韧性（特别是低温冲击韧性）较好。它还具有良好的冷成型性、热成型性和焊接性。

耐火钢是在钢中加入少量贵金属钼、铬和铌等以提高它的耐热性。目前，在耐火钢成分体系的基础上添加耐候性元素铜和铬形成各种耐火耐候钢，如宝钢的 B400RNQ（Q235）和 B490RNQ（Q345）耐火耐候钢。

2.4.2　钢材的牌号

钢结构用钢的一般牌号，是采用《碳素结构钢》（GB/T 700—2006）和《低合金高强度结构钢》（GB/T 1591—2018）的表示方法。它由代表屈服强度的字母、屈服强度（按厚度 $t\leq16mm$ 钢材）的数值、质量等级符号、脱氧方法符号四个部分按顺序组成。所采用的符号分别用下列字母表示：

Q——钢材屈服强度"屈"字汉语拼音首位字母；

A、B、C、D、E——质量等级；

F——沸腾钢"沸"字汉语拼音首位字母；

Z——镇静钢"镇"字汉语拼音首位字母；

TZ——特殊镇静钢"特镇"两字汉语拼音首位字母。

在牌号组成表示方法中，Z 与 TZ 符号予以省略。根据上述牌号表示方法，如碳素结构钢的 Q235AF 表示屈服强度为 235MPa、质量等级为 A 级的沸腾钢；Q235B 表示屈服强度为 235MPa、质量等级为 B 级的镇静钢；低合金高强度结构钢的 Q355C 表示屈服强度为 355MPa、质量等级为 C 级的镇静钢；Q420E 表示屈服强度为 420MPa、质量等级为 E 级的特殊镇静钢（低合金高强度结构钢全为镇静钢或特殊镇静钢，故 Z 与 TZ 符号均省略）。

GB/T 700—2006 中把碳素结构钢的牌号分为四种，即 Q195、Q215、Q235 和 Q275。其中 Q235 钢是《标准》推荐采用的钢材，属于低碳钢，它的质量等级分为 A、B、C、D 四级，各级的化学成分和力学性能有所不同。A、B 级钢分为沸腾钢或镇静钢，C 级钢全为镇静钢，D 级钢全为特殊镇静钢。在力学性能中，A 级钢保证 f_u、f_y、δ_5 和冷弯试验四项指标，不要求冲击韧性，而 B、C、D 级钢均保证 f_u、f_y、δ_5、冷弯试验和冲击韧性（温度分别为：B 级 20℃、C 级 0℃、D 级 -20℃）五项指标。

GB/T 1591—2018 中把低合金高强度结构钢的牌号分为八种，即 Q355、Q390、Q420、Q460、Q500、Q550、Q620、Q690。前面三种牌号是《标准》推荐采用的钢材，三种牌号的合金元素均以锰为主，另外至少再加入钒、铌、钛、铝中的一种，以细化钢晶粒。还可加入稀土元素和钼、氮等，以更进一步改善钢的性能。三种牌号全为镇静钢或特殊镇静钢。在力学性能方面，除 A 级钢不要求冲击韧性外，其余级别均保证 f_u、f_y、δ_5、冷弯试验和冲击韧性（温度分别为：B 级 20℃、C 级 0℃、D 级 -20℃、E 级 -40℃）五项指标。

2.4.3 钢材的选用

钢材的选用原则：既能使结构安全可靠和满足使用要求，又要最大可能地节约钢材和降低造价。不同的使用条件，应当对钢材有不同的质量要求。就钢材的屈服强度、抗拉强度、伸长率、冷弯性能、冲击韧性等指标，是从不同的方面来衡量钢材质量的。在设计钢结构时，为保证承重结构的承载能力和防止在一定条件下出现脆性破坏，应该根据结构的重要性、荷载特征、结构形式、应力状态、连接方法、工作环境、钢材厚度和价格等因素，选用适宜的钢材。钢材选择是否合适，不仅是一个经济问题，还关系到结构的安全和使用寿命。

（1）结构的重要性 根据《建筑结构可靠性设计统一标准》（GB 50068—2018）的规定，建筑结构的安全等级分为一级、二级和三级。因此，对安全等级为一级的重要的房屋（及其构件），如重型厂房钢结构、大跨钢结构、高层钢结构等，应选用质量好的钢材；对一般或次要的房屋及其构件可按其性质，选用普通质量的钢材。另外，对构件，若其破坏产生的后果严重（如导致结构不能正常使用）时，也应对其选用质量好的钢材；反之，可选普通质量的钢材。

（2）荷载性质 结构所受荷载分静力荷载和动力荷载两种，对直接承受动力荷载的构件（如吊车梁），应选用综合质量和韧性较好的钢材。如需验算疲劳时，则应选用更好的钢材。对承受静力荷载的结构，可选用普通质量的钢材。

（3）应力特征　由于拉应力易使构件断裂，所以应选用质量较好的钢材。而对受压和压弯构件，可选用普通质量的钢材。

（4）连接方法　由于焊接过程不可避免焊接应力，焊接变形和焊接缺陷会对钢材产生许多不利的影响，因此，其钢材质量应高于非焊接结构，需选择碳、硫、磷含量较低，塑性和韧性指标较高，焊接性能较好的钢材。

（5）工作条件　结构的工作环境对钢材有很大影响，如钢材处于低温工作环境时易产生低温冷脆，此时应选用抗低温脆断性能较好的镇静钢。另外，对周围环境有腐蚀性介质或处于露天的结构，易引起锈蚀，则应选择具有相应耐腐蚀性能的耐候钢材。

（6）钢材厚度　厚度大的钢材不仅强度、塑性、冲击韧性较差，而且其焊接性能和沿厚度方向的受力性能也较差。故在需要采用大厚度钢板时，应选择质量好的厚板或Z向性能钢板。

2.4.4　钢材的规格

钢结构构件一般宜直接选用型钢，这样可减少制造工作量，降低造价。型钢尺寸不够合适或构件很大时则用钢板制作。构件间或直接连接或附以连接钢板进行连接。所以，钢结构中的元件是型钢及钢板。钢结构采用的钢材品种主要为热轧钢板、钢带和型钢，冷轧钢板、钢带，冷弯薄壁型钢及压型钢板。

1. 钢板和钢带（或称带钢）

钢板和钢带分热轧和冷轧两种。其规格用符号"—"和宽度×厚度×长度的毫米数表示。如—300×10×3000 表示宽度为 300mm、厚度为 10mm、长度为 3000mm 的钢板或钢带。厚钢带可直接用于焊接 H 型钢的翼缘或腹板和焊接钢管，而薄钢带可用于冷弯薄壁型钢结构。

热轧钢板：厚度 0.5~200mm，宽度 600~2000mm，长度 1200~6000mm。

热轧钢带：厚度 1.2~25mm，宽度 120~1900mm，长度 1200~6000mm 或卷板（对薄钢带）。

冷轧钢板：厚度 0.2~5mm，宽度 600~2000mm，长度 1200~2300mm。

冷轧钢带：厚度 0.2~5mm，宽度>600mm，卷板。

2. 热轧型钢

常用的热轧型钢有宽翼缘 H 型钢、T 型钢、工字钢、槽钢、角钢和钢管（见图 2-10）。

角钢有等边和不等边两种。等边角钢（也称为等肢角钢），以边宽和厚度表示，如∠100×10 为肢宽 100mm、厚 10mm 的等边角钢。不等边角钢（也称为不等肢角钢）则以两边宽度和厚度表示，如∠100×80×8 等。我国目前生产的等边角钢，其肢宽为 20~200mm，不等边角钢的肢宽为 25×16mm~200×125mm。

我国槽钢有两种尺寸系列，即热轧普通槽钢与热轧轻型槽钢。前者的表示法如［30a，指槽钢外廓高度为 30cm 且腹板厚度为最薄的一种；后者的表示法如［25Q，表示外廓高度为 25cm，Q 是汉语拼音"轻"的拼音字首。

工字钢与槽钢相同，也分成上述的两个尺寸系列：普通型和轻型。与槽钢一样，工字钢外轮廓高度的厘米数为型号，普通型者当型号较大时腹板厚度分 a、b、c 三种，轻型的由于

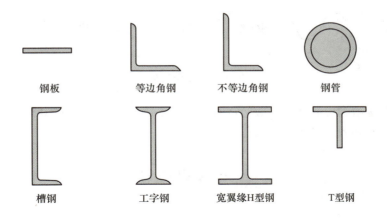

图 2-10　热轧型钢截面

壁厚薄故不再按厚度划分，用 Q 表示。两种工字钢表示法如 I32c、I32Q 等。

H 型钢和部分 T 型钢：热轧 H 型钢分三类，宽翼缘 H 型钢（HW）、中翼缘 H 型钢（HM）和窄翼缘 H 型钢（HN）。H 型钢型号的表示方法是先用符号 H（或 HW、HM 和 HN）表示型钢的类别，后面加"高度×宽度×腹板厚度×翼缘厚度"，如 H200×200×8×12 表示截面高度和翼缘宽度均为 200mm，腹板和翼缘厚度分别为 8mm 和 12mm 的宽翼缘 H 型钢。剖分 T 型钢也分为三类，即宽翼缘剖分 T 型钢（TW）、中翼缘剖分 T 型钢（TM）和窄翼缘剖分 T 型钢（TN）。剖分 T 型钢由对应的 H 型钢沿腹板中部对等剖分而成。其表示方法与 H 型钢类同，如 T225×200×8×12 表示截面高度为 225mm，翼缘宽度为 200mm，腹板和翼缘厚度分别为 8mm 和 12mm 的窄翼缘剖分 T 型钢。

3. 冷弯型钢和压型钢板

建筑中使用的冷弯型钢常用厚度为 1.5～5mm 薄钢板或钢带经冷轧（弯）或模压而成，故也称为冷弯薄壁型钢（见图 2-11）。另外，用厚钢板（大于 6mm）冷弯成的方管、矩形管、圆管等，称为冷弯厚壁型钢。压型钢板是冷弯型钢的另一种形式，它是用厚度为 0.3～2mm 的镀锌或镀铝锌钢板、彩色涂层钢板经冷轧（压）成的各种类型的波形板，如图 2-12 所示。冷弯型钢和压型钢板分别适用于轻钢结构的承重构件和屋面、墙面构件。

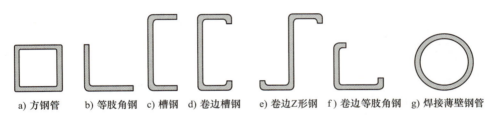

a) 方钢管　b) 等肢角钢　c) 槽钢　d) 卷边槽钢　e) 卷边Z形钢　f) 卷边等肢角钢　g) 焊接薄壁钢管

图 2-11　冷弯薄壁型钢

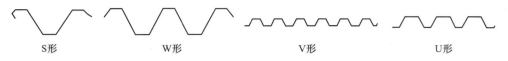

图 2-12　压型钢板

　　冷弯型钢和压型钢板都属于高效经济截面，由于壁薄，截面几何形状开展，截面惯性矩大，刚度好，故能高效地发挥材料的作用，节约钢材。

本章思维导图

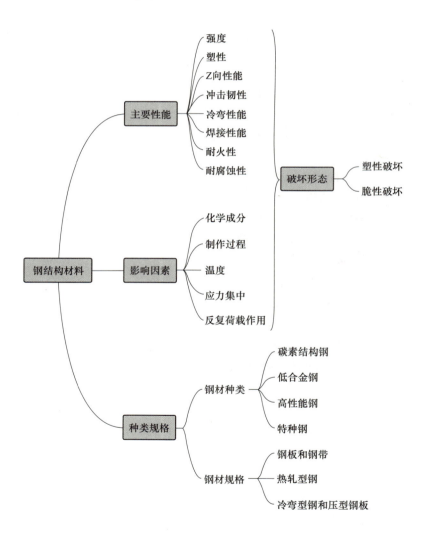

📖【拓展阅读】

高 端 钢 材

我们知道，航母是一艘庞然大物（图 2-13），但就算是崭新的航母，在大海中泡上几个月也会生锈。航母生锈之后，需要投入数千万元除锈，成本耗费非常大。

航母钢材对综合性能要求很高。民用不锈钢化学性质稳定，但是强度不够。如航母甲板要接受 20~30t 舰载机降落巨大的冲击力，而且厚度只能保持在 50mm 左右。不锈钢是承受不了这么大冲击力的。要造一艘航母，不同于一艘油轮那么简单。除了舰载机、弹射器，首先是造船的基本材料——航母用钢。由于航母的特殊性，它的用钢也有很多特殊要求，如耐海水腐蚀，防磁，耐高温和耐冲击能力，有很高的强度、韧度和良好的焊接性能等。

图 2-13　航空母舰

1. 耐海水腐蚀

海水对舰船底部的腐蚀特别厉害，严重影响舰船的速度和防护能力。因此，造一般民用和军用舰船的钢都要求有较强的耐海水腐蚀能力。由于航母的作战环境更为恶劣，维修所需时间也长，因此，要求所用钢板耐海水腐蚀的能力就更强。因此一般军舰都要涂上一层特殊防锈漆，而且每三四年就要进船坞大修，清除舰艇底部附着物，并重新刷防锈漆。

2. 防磁

一般钢铁都带有一定磁力。由于地球本身是有磁场的，一般低磁钢铁制造的舰船用久了，会受地球磁场磁化，产生磁力。磁力对军舰来说是非常不利的，因为容易被敌方磁力探测仪侦测到，或受到敌方磁性水雷等武器的攻击。因此，军舰用钢，磁力越小越好。所以军舰一般三四年后就需要回船坞进行逆向消磁处理。然而，这种维修性的处理对于航母这样的庞然大物来说，就太麻烦了。

3. 耐高温和耐冲击能力

飞机在陆上起飞，一般需要在 3km 多，至少也要一两千米的跑道助跑、起飞。而在航母上，飞机在一两百米内就要从静止状态完成滑跑、起飞、腾空的过程。这除了有弹射装置助推外，更要求飞机本身有强大的推力。当飞机加力开到足以飞起时，发动机喷射出的火焰可达上千摄氏度，足以把一般钢材制作的甲板熔化了，一般舰载机每架都有 30 来吨重，降落着舰时，对甲板的冲击力极大，因此，对甲板的抗冲击力、抗扭曲力的要求就非常高。如果甲板用钢不过关，降落的飞机很可能会通过拦阻索把飞行甲板给掀起来。另外，航母甲板要有抗敌方穿甲弹攻击的较强能力。

4. 高强度、高韧性

航母建造所使用的特种钢所要求的强度要远远高于普通军用船舶的钢强度要求，采用高强钢板可以减轻船体重量，增加抗弹能力。特别是飞行甲板的钢材，由于要承受舰载机起飞过程中的高热和高摩擦力，更要精益求精。因此，航母舰体一定要采用高强度合金钢。油轮、散装货船、集装箱船等民用船所用钢材的屈服强度大约为 250MPa，普通军用船只所用钢材的屈服强度约为 300MPa。而航母、潜艇用钢，特别是航母飞行甲板用钢的屈服强度一般要求在 850MPa 以上。

大型航空母舰需要的钢板品种规格繁多，建造一艘 7.5 万 t 级的大型航空母舰，需用各种特殊品种厚钢板 4 万多 t，一般可分为船体板、装甲板及结构板三大类。近年来，随着我国工业的发展，国产研发和生产特种钢的水平不断提高，进口的特种钢种类和数量逐年减少。我国在潜艇领域使用的 921 钢和更先进的 980 钢，性能完全可以媲美美国的 HY-80、HY-100 系列高强度钢。在续建辽宁舰的时候，鞍钢仅用 1 年就成功掌握了这种特种钢技术。相信随着我国工业的快速发展，特种钢的问题将不会再困扰我国。

 习 题

一、填空题

1. 钢材在低温下，强度（　　），塑性（　　），冲击韧性（　　）。

2. 反映钢材塑性的指标有（　　）和（　　），目前主要用（　　）表示。δ_5 和 δ_{10} 分别为标距长 $l=$（　　）和 $l=$（　　）的试件拉断后（　　）的百分率，对于同一级别钢材，δ_5 和 δ_{10} 的大小关系为（　　）。

3. 在普通碳素钢中，随着碳含量的增加，钢材的屈服强度和极限强度（　　），塑性（　　），韧性（　　），焊接性能（　　），疲劳强度（　　）。

4. 普通碳素钢牌号 Q235AF 中，Q 表示（　　），235 表示（　　），A 表示（　　），F 表示（　　）。

5. 硫含量过高，会降低钢材的（　　），并使钢材变（　　），称为钢材的（　　）；磷含量过高，会严重降低钢材的（　　），特别是低温时，使钢材变得很（　　），称为（　　）。

二、选择题

1. 建筑钢材的伸长率与（　　）标准拉伸试件标距间长度的伸长值有关。

 A. 到达屈服应力时   B. 到达极限应力时

 C. 试件塑性变形后   D. 试件断裂后

2. 下列因素中，（　　）与钢构件脆性破坏无直接关系。

A. 钢材屈服强度的大小　　　　　　B. 钢材碳含量

C. 负温环境　　　　　　　　　　　D. 应力集中

3. 钢材在复杂应力状态下的屈服条件是由（　　　）等于单向拉伸时的屈服点决定的。

A. 设计应力　　　　　　　　　　　B. 计算应力

C. 容许应力　　　　　　　　　　　D. 折算应力

4. 钢材的强度设计值是以（　　　）除以材料的分项系数。

A. 比例极限 f_p　　　　　　　　　B. 屈服强度 f_y

C. 极限强度 f_u　　　　　　　　　D. 弹性极限 f_e

5. 钢材中的主要有害元素是（　　　）。

A. 硫、磷、氧、氮　　　　　　　　B. 硫、磷、碳、锰

C. 硫、磷、硅、锰　　　　　　　　D. 氧、氮、硅、锰

三、简答题

1. 什么是钢材的冷弯性能？冷弯试验的目的是什么？

2. 什么是疲劳强度？如何确定疲劳强度？

3. 什么是钢材的冲击韧性？如何确定冲击韧性值？

4. 钢材有哪几项主要力学性能指标？

5. 影响钢结构疲劳强度的因素有哪些？

6. 为什么说应力集中是影响钢材性能的重要因素？

7. 查阅相关资料，简述制造航母所需钢材所具有的特点并解释其原因。

钢结构的连接 第3章

本章导读：

　　主要介绍钢结构对连接的要求及连接方法，焊接连接的特性、构造和技术，焊接残余应力和焊接残余变形，普通螺栓连接的构造和技术，高强度螺栓连接的性能和计算。

本章重点：

　　焊缝连接、普通螺栓连接、高强度螺栓连接的设计计算。

3.1　钢结构的连接方法

　　对于钢结构而言，钢板、型钢等构件均由工厂统一制定和生产，构件质量较易于控制。因此，钢结构建筑的整体结构性能及质量主要取决于钢结构节点的连接方式及施工质量。为保证钢结构的安全及使用状态达到设计预期目标，要求**钢构件的连接部分应具有足够的承载能力、刚度及延性**。然而，达到这一目标并不容易。连接部分设计得不合理往往会带来事倍功半的效果，高昂的工程造价也无法保证结构承载能力及耐久性能达到设计要求。因此针对不同工况结构，采用合适的连接设计至关重要。

　　钢结构的**连接方式**可分为**焊接连接**和**紧固件连接**，其中**紧固件连接**又包括**普通螺栓连接、高强度螺栓连接和铆钉连接**，如图 3-1 所示。

　　钢结构部件及构件连接，应根据作用力的性质和施工环境条件选择合理的连接方法、构造。工厂加工构件连接应宜用焊接连接，现场连接或拼装可采用焊接连接、高强度螺栓连接，或同一接头中同时采用焊接连接与高强度螺栓连接的栓焊。

　　在钢结构设计时，应按其计算所要求的强度和刚度，合理地确定连接方式及节点构造，应注意以下八点原则：

1）连接设计应与结构内力分析时基本假定一致。

2）结构的荷载及内力应能提供连接最不利的受力工况。

3）连接构造应能直接传力，各构件受力明确，并尽量避免严重的应力集中。

4）连接计算模型应考虑不同刚度零件间的变形协调。

5）构件相互连接的节点应尽量避免偏心，不能完全避免时应考虑偏心影响。

6）避免在结构内产生过大的残余应力，尤其是约束造成的残余应力。

7）节点设计应充分注意厚钢板沿厚度方向受力易出现层间撕裂。

8）连接构造应方便于制作和安装，并降低综合造价。

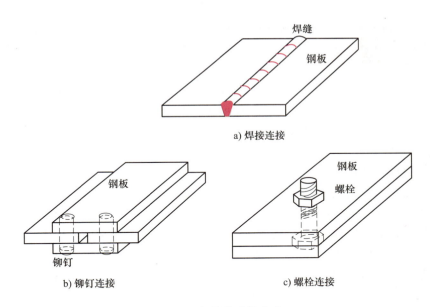

a) 焊接连接

b) 铆钉连接

c) 螺栓连接

图 3-1　钢结构连接方式

3.2　焊接方法及形式

焊接连接是钢结构最常见的连接方式，其优点是**构造简单、不削弱构件截面，节约钢材、加工方便、采用自动化操作、连接密封性好、刚度大**；缺点是**残余应力或残余变形对结构有不利影响，存在焊接结构低温冷脆的问题**。除少数直接承受动力荷载结构的某些连接外，如重级工作制吊车梁和柱（制动梁）相互连接、桁架式桥梁的连接节点等，焊接连接广泛应用于工业与民用建筑或桥梁之中。

3.2.1　焊接常用方法及材料选取

钢结构焊接方法中通常采用的方法有焊条**电弧焊**、**埋弧焊**、**电渣焊**、**气体保护电弧焊**和**电阻焊**。

电弧焊是钢结构最常用的焊接方法。焊条电弧焊是通电后在涂有焊药的焊条（见图 3-2）与焊件之间产生电弧，由电弧提供热源，使焊条熔化，滴落在焊件上被电弧所吹成的凹槽熔池中，并与焊件熔化部分结成焊缝。由焊条药皮形成的熔渣和气体覆盖的熔池可以防止空气中氧气和氮气等气体与熔化的金属液体接触形成易于脆裂的化合物（见图 3-3a）。焊条电弧焊选焊条型号时，焊条应与金属母材强度相匹配，见表 3-1。**不同种类钢材连接时采用低强度钢材适用的焊条。**

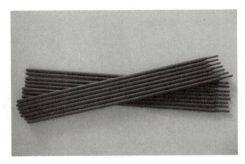

图 3-2　焊条

表 3-1　焊条与连接件强度对应关系

焊件钢材型号	Q235	Q345 和 Q390	Q420 和 Q460
焊条型号	E43	E50 或 E55	E55 或 E60

　　埋弧焊（也称埋弧自动焊）将光焊丝埋在焊剂层下，电流作用下在电弧作用使焊丝和焊剂熔化。熔化后焊剂浮在熔化金属表面保护熔化金属，有时焊剂也提供焊缝必要的合金元素，以改善焊缝质量。埋弧焊电流大、热量集中、熔深较大，塑性较好，焊缝质量均匀，冲击韧性较高（见图 3-3b）。

　　电渣焊通过熔渣所产生的电阻将金属熔化，焊丝作为电极深入并穿过渣池，使渣池产生电阻热将焊件金属及熔丝熔化，沉积于熔池之中，形成焊缝。电渣焊一般在立焊位置进行，多用熔嘴电渣焊。

　　二氧化碳气体保护电弧焊是用焊枪中喷出的 CO_2 气体代替焊剂，使熔化金属不与空气接触，电弧加热集中，熔深大，焊接效率高，而且焊缝强度及塑性可以保证。CO_2 气体保护电弧焊采用高锰、高硅型焊丝，且具有较强抗锈蚀能力，焊缝不易产生气孔，适用于低碳钢、合金钢的焊接。气体保护电弧焊既可以用手工操作，也可以进行自动焊接。但气体保护焊应采取避风措施操作，避免产生焊坑、气孔等焊接缺陷（见图 3-3c）。

　　电阻焊是利用电流通过焊件接触点表面的电阻所产生的热量熔化金属，并通过压力使其焊合。一般钢结构中，电阻焊仅适用于板叠厚度不大于 12mm 的薄板焊接（见图 3-3d）。

a) 焊条电弧焊

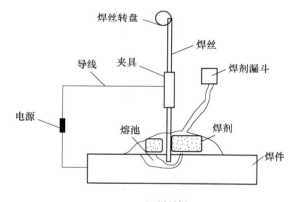

b) 埋弧焊

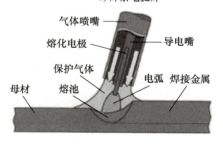

c) 气体保护电弧焊

d) 电阻焊

图 3-3　各类焊接原理图

3.2.2 焊缝缺陷及焊缝等级

焊接操作过程中，焊缝质量可能受到环境因素和人为因素干扰，这会直接关系到焊缝质量，甚至影响整体结构安全，因此焊缝缺陷不容忽视。

焊缝中可能存在裂纹、气孔、烧穿或未焊透等缺陷。

裂纹是焊缝连接中最为常见的缺陷（见图3-4a），可分为热裂纹和冷裂纹，前者产生在焊接时，后者则产生于焊缝冷却过程中。钢材化学成分不当，采用电流、弧长、施焊速度、焊条质量等都可能出现裂纹。因此，合理施焊顺序，施焊前进行预热，慢冷却等焊后处理都可以有效地减少裂纹产生。

焊缝缺陷和
质量等级

气孔是形成于空气侵入或受潮的药皮熔化产生的气体，也可能是焊件上油、锈等污垢引起的，气孔可能均匀分布也可能集中分布在某区域（见图3-4b）。除上述两种外，焊缝其他缺陷还有烧穿、咬边（见图3-4c）、未焊透、夹渣、焊瘤等，多数情况下上述几种缺陷可能同时存在（见图3-4d）。

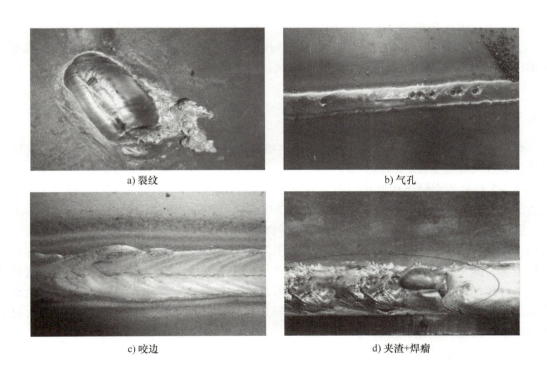

a) 裂纹

b) 气孔

c) 咬边

d) 夹渣+焊瘤

图3-4 焊缝常见缺陷形式

上述焊缝缺陷将使焊缝受到削弱，从而应力在焊缝缺陷处集中，对钢结构而言，裂缝往往先在缺陷应力集中区域形成，再逐步扩展。因此焊缝缺陷对结构安全极为不利。

根据《钢结构工程施工质量验收标准》（GB 50205—2020）规定，焊缝质量共分为三级，第三级可不通过超声或射线方法进行检查，仅通过焊缝宏观质量检查。对于重要结构或构件关键部位，必须进行超声等方法按比例进行探伤，对于缺陷的处理和控制，可参见《焊缝无损检测 超声检测 技术、检测等级和评定》（GB/T 11345—2013），对于承受动荷载等重要构件，还需增加射线探伤。

《标准》对焊缝等级做出了如下规定：

1）承受动荷载且需疲劳验算的构件中，凡要求与母材等强连接的焊缝应焊透，其焊缝质量应符合下列规定：

① 作用力垂直于焊缝长度方向的横向对接焊缝或 T 形对接与角接组合焊缝，受拉时应为一级，受压时不应低于二级。

② 作用力平行于焊缝长度方向的纵向对接焊缝不应低于二级。

③ 重级工作制（A6～A8）和起重量 $Q \geqslant 50t$ 的中级工作制（A4、A5）吊车梁的腹板与上翼缘之间以及吊车桁架上弦杆与节点板之间的 T 形连接部位焊缝应焊透，焊缝形式宜为对接与角接的组合焊缝，其质量等级不应低于二级。

2）在工作温度等于或低于−20℃的地区，构件对接焊缝的质量不得低于二级。

3）不需要疲劳验算的构件中，凡要求与母材等强的对接焊缝受拉时不应低于二级，受压时不宜低于二级。

4）部分焊透的对接焊缝、采用角焊缝或部分焊透的对接与角接组合焊缝的 T 形连接部位，以及搭接连接角焊缝，其质量等级应符合下列规定：

① 直接承受动荷载且需要疲劳验算的结构和吊车起重量等于或大于 50t 的中级工作制吊车梁以及梁柱、牛腿等重要节点不应低于二级。

② 其他结构可为三级。

3.2.3 焊缝种类和焊接形式

焊缝连接形式可分为平接、搭接、T 形连接和角接四种，这些连接所采用的焊缝形式以对接焊缝和角焊缝为主。

图 3-5 所示为焊缝连接形式。图 3-5a 所示为对接焊缝的平接连接，此种连接并无明显的应力集中，受力较为均匀，可承受动力荷载。当符合一、二级焊缝质量检验标准时，焊缝和焊件强度相等。焊件边缘需要加工，对焊件两板间隙和坡口要求严格。图 3-5b 所示为角焊缝的平接连接，这种连接传力不均匀，但施工较为方便。图 3-5c 所示为用顶板和角焊缝的平接连接，施工方便，多用于受压构件，但受拉构件不宜采用。图 3-5d 所示为角焊缝的搭接连接，该类连接构造简单，但比较浪费，因构造简单而被广泛使用。图 3-5e 所示为角焊缝 T 形连接，构造较简单，应用较广。图 3-5f 所示为焊透的 T 形连接，焊缝形式为对接和角接组合，性能与对接焊缝相似。

焊缝是焊接连接最关键的区域，也是焊接构件最薄弱的环节。焊接构件的质量主要取决于焊缝的质量。按照焊缝形态及与母材的关系，焊缝一般可分为**对接焊缝**和**角焊缝**两种。依据焊缝所处位置，对接焊缝又分为**对接正焊缝**和**对接斜焊缝**（见图 3-6a～图 3-6c）。角焊缝又分为**正面角焊缝**和**侧面角焊缝**（见图 3-6d 和图 3-6e）。

沿角焊缝长度方向布置，通常角焊缝有连续施焊的，但也有断续的，连续角焊缝受力性能较好（见图 3-7a）。断续角焊缝可应用于次要构件或次要焊接中。断续角焊缝间距不得小于 $10h_f$（h_f 为焊脚高度）或 50mm，其净距不应大于 $15t$（受压构件）或 $30t$（受拉构件），t 为较薄焊件厚度（见图 3-7b）。

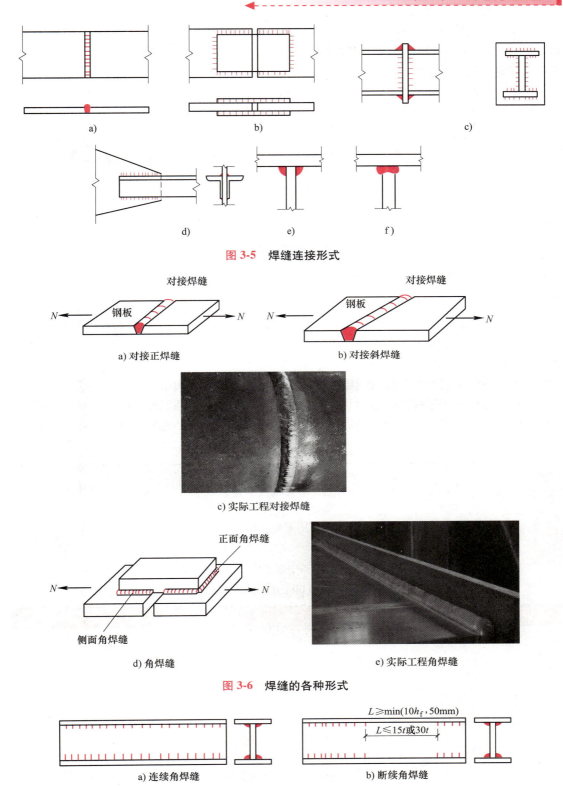

图 3-5　焊缝连接形式

a)

b)

c)

d)

e)

f)

对接焊缝

钢板

N　　　　　N

a) 对接正焊缝

对接焊缝

钢板

N　　　　　N

b) 对接斜焊缝

c) 实际工程对接焊缝

正面角焊缝

N　　　　　N

侧面角焊缝

d) 角焊缝

e) 实际工程角焊缝

图 3-6　焊缝的各种形式

a) 连续角焊缝

$L \geqslant \min(10h_f, 50\mathrm{mm})$

$L \leqslant 15t$ 或 $30t$

b) 断续角焊缝

图 3-7　连续与断续角焊缝

由于焊件位置和方向不同，按照施焊焊位，现场施焊可分为平焊（俯焊）、立焊、横焊和仰焊（见图 3-8）。大多数情况下平焊情况居多，施焊质量也最容易保证。仰焊一般不予使用，焊缝质量不易保证，因此应尽量避免仰焊。

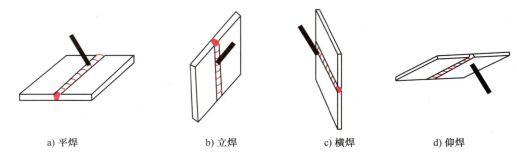

| a) 平焊 | b) 立焊 | c) 横焊 | d) 仰焊 |

图 3-8　焊接施焊的不同方向类型

3.2.4　焊缝符号

根据钢结构设计图集，在钢结构施工图上，需要用焊缝符号注明焊缝尺寸及要求等。焊缝的符号一般由指引线和表示焊缝截面形状基本符号组成。如有必要，还要在标识上加上辅助符号、补充符号和焊缝尺寸符号。

指引线一般由箭头线和基准线组成。基准线一般与图纸底边平行或垂直。

基本符号通常用于标识焊缝形状，辅助符号用于表达焊缝截面形状特征，补充符号用于补充说明焊缝的某些特性。常用的焊缝基本符号、辅助符号与补充符号见表 3-2 和表 3-3。

表 3-2　常用焊缝基本符号

名称	封底焊缝	对接焊缝					角焊缝	塞焊槽焊	点焊缝
		I 形焊缝	V 形焊缝	单边 V 形焊缝	钝边 V 形焊缝	钝边 U 形焊缝			
符号	⌣	|	V	V	Y	Y	◺	⊓	○

表 3-3　焊缝辅助符号和补充符号

类别	名称	焊缝示意图	示例
辅助符号	平面符号		
	凹面符号		

（续）

类别	名称	焊缝示意图	示例
补充符号	三面围焊符号	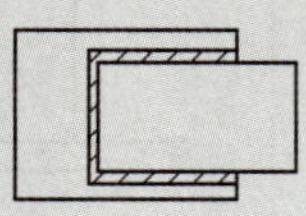	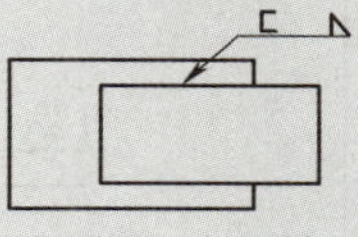
	周边围焊符号	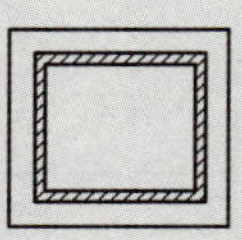	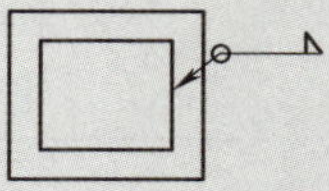
	现场焊符号		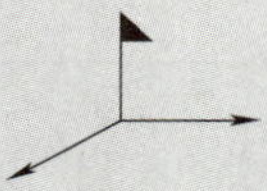 或 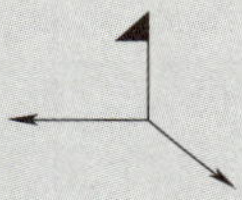
	焊缝底部有垫板符号		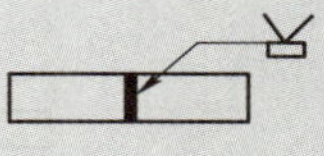
	同焊缝符号	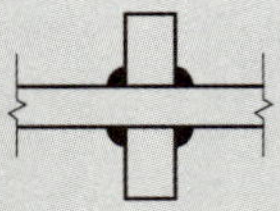	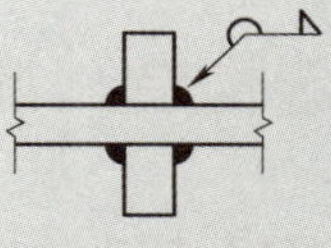
	尾部符号		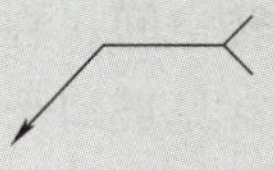

另外，单面和双面焊缝的表达方式有所不同。对于单面焊缝，当引出线的箭头指向对应焊缝所在的一面时，应将焊缝符号和尺寸标注于基准线上方；当箭头指向对应焊缝另一侧时，应将焊缝符号和尺寸标注于基准线下方。对于双面焊缝，应在基准线上下方都标注符号和尺寸，上方表示箭头一面的焊缝符号和尺寸，下方则表示另一面的情况。若两侧相同时，仅需在基准线上方标注焊缝尺寸，见表3-4。

表 3-4   焊缝标注方法

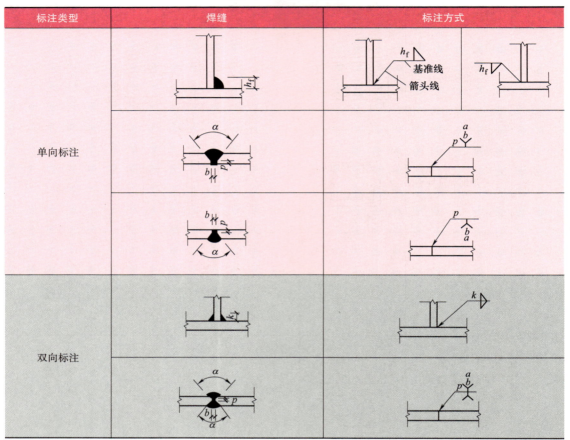

标注类型	焊缝	标注方式

3.3 对接焊缝构造和计算

3.3.1 对接焊缝形式及构造

对接焊缝又称为"坡口焊缝",这是由于对接焊缝中,为保证板件全厚度内焊透,焊接时有必要的焊条运转空间,在对比板件加工时,板件边缘一般加工成适当的尺寸和坡口。

对接焊缝板边常见坡口形式有 I 形、V 形、U 形、K 形、X 形(见图 3-9)。坡口形式根据板厚和焊接方法不同而不同,应根据焊件厚度按保证焊缝质量、便于施焊保证焊缝面积或体积原则选用。

当焊件厚度 $t \leq 6\text{mm}$ 时,需采用 I 形垂直坡口(见图 3-9a),仅在板边间适当留间隙即可;当焊件厚度 $t > 6\text{mm}$ 时,需采用 V 形坡口保证焊透(见图 3-9b)。板件厚($t < 26\text{mm}$)时,可采用单边 V 形或 V 形坡口,图中 p 称为钝边,可以拖住熔化金属。对于更厚的板($t > 26\text{mm}$),可采用 U 形(见图 3-9c)、K 形(见图 3-9d)或 X 形坡口(见图 3-9e)。对于 V 形和 U 形焊缝,需在焊缝背面补焊。

通常情况下,在焊缝起点和终点会由于起落弧影响可能造成焊坑及未焊透等缺陷,常称

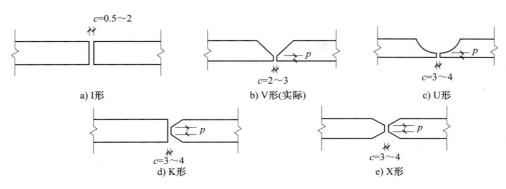

$c=0.5\sim2$

a) I形

b) V形(实际)
$c=2\sim3$

c) U形
$c=3\sim4$

d) K形
$c=3\sim4$

e) X形
$c=3\sim4$

图 3-9　对接焊缝坡口形式

为"焊口"，可能存在应力集中的情况，对受力不利。因此一般来说，对接焊缝施焊时应在两端设置引弧板，如图3-10所示，引弧板钢材和坡口与焊件相同。焊完切除，并将板沿受力方向抹平。对于不方便设置引弧板的，可令焊缝计算长度等于实际长度减去2t（t为较薄焊件尺寸）。

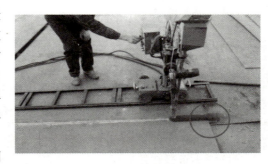

图 3-10　引弧板示意

在焊缝拼接处，当板件宽度不同或厚度相差大于4mm时，应分别在宽度或厚度方向从一侧或两侧做成坡度小于1：2.5的斜角。

3.3.2　对接焊缝计算

焊缝截面应力情况与被连接构件截面相同，设计时采用与连接构件相同的计算公式。焊缝质量等级为一、二级的焊缝，焊缝强度与主体结构钢材强度相同，只要钢材强度足够，焊缝强度即满足要求。三级检验焊缝允许存在较大缺陷，其抗拉强度仅为母材的85%，故仅承受拉应力的三级对接焊缝才需进行专门的焊缝抗拉强度计算。

《标准》规定对接焊缝抗压强度设计强度与母材设计强度相同，这主要是由大量试验及理论分析得到的结论，即焊接缺陷对受压对接焊缝强度无明显影响。但承受拉力的对接焊缝对焊缝缺陷极其敏感，焊缝缺陷不但会降低焊缝的强度，而且会减弱其抗疲劳性能。

1. 轴心受拉的对接焊缝计算

对接焊缝轴心力作用时，其强度按下式计算

$$\sigma = \frac{N}{l_w h_e} \leqslant f_t^w \text{ 或 } f_c^w \tag{3-1}$$

式中　N——轴心力；

　　　l_w——焊缝长度，当无法采用引弧板时，计算每条焊缝长度时应减去2t，t为最小焊件厚度；

　　　h_e——焊缝计算厚度（mm），对接节点中取连接件较小厚度，T形连接节点中取腹板厚度；

$f_{\mathrm{t}}^{\mathrm{w}}$ 和 $f_{\mathrm{c}}^{\mathrm{w}}$ ——对接焊缝抗拉和抗压强度设计值，抗压焊缝和一、二级抗拉焊缝同母材，三级抗拉焊缝为母材的 85%，详查附录 A 中表 A-4。

【例 3-1】 图 3-11 所示工况，$t = 20\mathrm{mm}$，$a = 520\mathrm{mm}$，轴心力设计值 $N = 2000\mathrm{kN}$，钢材为 Q345，采用焊条电弧焊，焊条为 E50 型，焊缝质量等级为三级，施焊时未设引弧板，验算该对接焊缝是否满足要求。

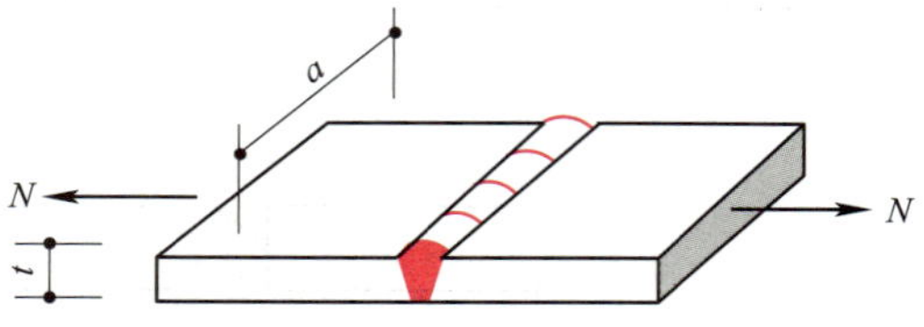

【解】 查附录 A 中表 A-4 可得，对接焊缝 $f_{\mathrm{t}}^{\mathrm{w}} = 250\mathrm{N/mm}^2$。

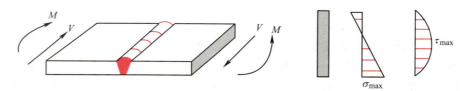

图 3-11　例 3-1 图

由式（3-1），对接焊缝计算长度 $l_{\mathrm{w}} = (520 - 2 \times 20)\mathrm{mm} = 480\mathrm{mm}$

焊缝计算强度为

$$\sigma = \frac{N}{l_{\mathrm{w}}h_{\mathrm{e}}} = \frac{2000 \times 10^3}{(520 - 2 \times 20) \times 20}\mathrm{N/mm}^2 \approx 208.3\mathrm{N/mm}^2 < f_{\mathrm{t}}^{\mathrm{w}} = 250\mathrm{N/mm}^2$$

该对接焊缝满足要求。

若直焊缝不满足强度要求，应增加焊缝长度，采用对接斜焊缝。焊缝与作用力方向的夹角 θ，当 $\tan\theta \leqslant 1.5$ 时，斜焊缝强度不低于母材强度，可不再验算焊缝强度。

2. 同时承受受弯、受剪的对接焊缝计算

对接接头承受弯矩和剪力共同作用时，焊缝截面是矩形，正应力和剪应力图形分别为三角形和抛物线形（见图 3-12），其强度应按下式计算

图 3-12　同时承受受弯、受剪的对接焊缝

$$\sigma_{\max} = \frac{M}{W_{\mathrm{w}}} = \frac{6M}{l_{\mathrm{w}}^2 h_{\mathrm{e}}} \leqslant f_{\mathrm{t}}^{\mathrm{w}} \tag{3-2}$$

$$\tau_{\max} = \frac{VS_{\mathrm{w}}}{I_{\mathrm{w}}h_{\mathrm{e}}} = \frac{3}{2} \cdot \frac{V}{l_{\mathrm{w}}h_{\mathrm{e}}} \leqslant f_{\mathrm{v}}^{\mathrm{w}} \tag{3-3}$$

式中　$\sigma_{\max}$ 和 $\tau_{\max}$ ——最大正应力和最大剪应力；

M 和 V ——焊缝承受的弯矩和剪力；

W_{w} ——焊缝截面模量；

I_{w} ——焊缝截面惯性矩；

S_{w} ——焊缝截面面积矩。

对于工字形截面采用对接焊缝，除计算最大正应力和最大剪应力之外，对于同时承受较大正应力和较大剪应力处（如腹板与翼缘连接处），还应按下式计算折算应力

$$\sqrt{\sigma^2 + 3\tau^2} \leqslant 1.1 f_t^w \tag{3-4}$$

式中　1.1——考虑最大折算应力仅在局部出现，而将强度设计值适当提高的系数。

【例 3-2】　验算图 3-13 所示的牛腿与钢柱之间对接焊缝强度。焊缝翼缘处设引弧板，牛腿上承受荷载 $V = 250\text{kN}$，偏心距 $e = 500\text{mm}$，钢材采用 Q345，焊条为 E50 型，采用焊条电弧焊，焊缝质量等级为三级。

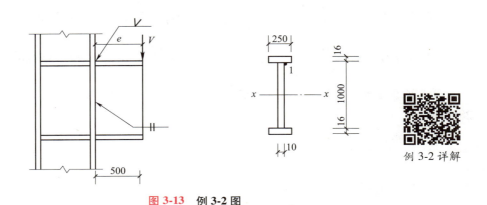

例 3-2 详解

图 3-13　例 3-2 图

（1）求截面最大正应力及最大剪应力。
（2）验算截面 1 点处的折算应力。

【解】

（1）求截面最大正应力及最大剪应力

$$I_x = \left[\frac{1}{12} \times (250 \times 1032^3 - 2 \times 120 \times 1000^3)\right]\text{mm}^4 \approx 2.898 \times 10^9 \text{mm}^4$$

$$W_x = \frac{I_x}{h/2} = \frac{2.898 \times 10^9}{\dfrac{1000}{2} + 16}\text{mm}^3 \approx 5.616 \times 10^6 \text{mm}^3$$

$$M = 250\text{kN} \times 500\text{mm} = 1.25 \times 10^8 \text{N} \cdot \text{mm}$$

由分析可知，焊缝最大正应力存在于距工字形截面形心最远端的纤维，最大剪应力出现在跨中，如图 3-13 所示。

腹板中截面以上的面积矩

$$S_w = \left(250 \times 16 \times 508 + 10 \times 500 \times \frac{500}{2}\right)\text{cm}^3 = 3.282 \times 10^6 \text{cm}^3$$

截面 1 点以上的面积矩

$$S_1 = (250 \times 16 \times 508)\text{cm}^3 = 2.032 \times 10^6 \text{cm}^3$$

最大正应力　　$\sigma_{max} = \dfrac{M}{W_x} = \dfrac{1.25 \times 10^8}{5.616 \times 10^6} \text{N/mm}^2 \approx 22.26 \text{N/mm}^2 < f_t^w = 260 \text{N/mm}^2$

最大剪应力

$$\tau_{max} = \frac{VS_w}{I_x h_e} = \frac{250 \times 10^3 \times 3.282 \times 10^6}{2.898 \times 10^9 \times 10} \text{N/mm}^2 \approx 28.31 \text{N/mm}^2 < f_v^w = 175 \text{N/mm}^2$$

（2）验算截面 1 点处折算应力

1 点正应力　　$\sigma_1 = \dfrac{M}{I_x} y_1 = \left(\dfrac{1.25 \times 10^8}{2.898 \times 10^9} \times 500 \right) \text{N/mm}^2 \approx 21.57 \text{N/mm}^2$

1 点剪应力　　$\tau_1 = \dfrac{VS_1}{I_x h_e} = \dfrac{250 \times 10^3 \times 2.032 \times 10^6}{2.898 \times 10^9 \times 10} \text{N/mm}^2 \approx 17.53 \text{N/mm}^2$

该点折算应力　　$\sqrt{21.57^2 + 3 \times 17.53^2} \text{N/mm}^2 \approx 37.24 \text{N/mm}^2 < (1.1 \times 260) \text{N/mm}^2 = 286 \text{N/mm}^2$

满足要求。

3.4　角焊缝构造和计算

3.4.1　角焊缝基本形式

角焊缝是工程中最常用的焊缝形式之一，包含对接、搭接，以及直角或倾角相交的 T 形和角接接头，按截面形式分为**直角角焊缝**（见图 3-14a 和图 3-14b）和**斜角角焊缝**两种。

直角角焊缝指两焊脚边夹角 $\alpha = 90°$ 的截面形式，分为**普通角焊缝**、**平坡凸形**和**等边凹形**（见图 3-14c），一般情况下采用普通角焊缝。普通角焊缝通常做成表面微凸的等边直角三角形截面，两直角边长为焊脚尺寸 h_f，焊缝最小尺寸不计凸出部分时的斜高 $h_e = 0.7 h_f$ 称为有效厚度。但这种焊缝受力时会产生一定程度的应力集中，易于开裂，在直接承受动力荷载结构中，可改用平坡凸形和等边凹形。

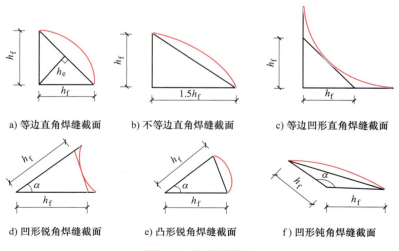

a) 等边直角焊缝截面　　　b) 不等边直角焊缝截面　　　c) 等边凹形直角焊缝截面

d) 凹形锐角焊缝截面　　　e) 凸形锐角焊缝截面　　　f) 凹形钝角焊缝截面

图 3-14　角焊缝截面

斜角角焊缝（α>90°或α<90°）截面形式称为**斜角焊缝**，按夹角分类可分为**斜角锐角焊缝**（见图 3-14d 和图 3-14e）、**钝角焊缝**（见图 3-14f）。斜角焊缝主要用在杆件倾斜相交，其间不用节点板而直接相交焊接，或其中一根焊件焊于端板上再与另一个焊件连接。

角焊缝按照焊缝与作用力关系分类可分为**正面角焊缝**（焊缝长度方向与作用力方向垂直）、**侧面角焊缝**（焊缝长度方向与作用力方向平行）和**斜角焊缝**（焊缝长度方向与作用力方向既不垂直也不平行）。在直接承受动力荷载时，正面角焊缝截面做成凸面焊缝，侧面角焊缝做成凹面焊缝。

正面角焊缝应力状态较为复杂，角焊缝沿焊缝长度方向应力分布比较均匀，各截面上有复杂和不均匀的正应力及剪应力，且在焊缝根部有的应力集中较大，正面角焊缝破坏属于正应力和剪应力联合作用破坏（见图 3-15a）。试验研究表明，正面角焊缝破坏强度要高于侧面角焊缝，正面角焊缝塑性较差，常产生脆性破坏。

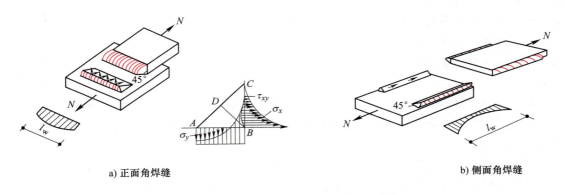

a) 正面角焊缝　　　　　　　　　　　　　　b) 侧面角焊缝

图 3-15　正面角焊缝与侧面角焊缝应力分布

侧面角焊缝以承受剪应力为主，塑性较好，弹性模量及强度都很低。传力线沿焊缝长度方向分布不均匀，呈中间小、两端大的状态（见图 3-15b）。焊缝长度越长，分布越不均匀。对于焊缝长度适中的侧面角焊缝，剪应力分布逐渐趋于均匀，破坏时可按全长均匀受力考虑。侧面角焊缝剪切破坏一般发生在 45°有效厚度的最小截面（见图 3-16）。

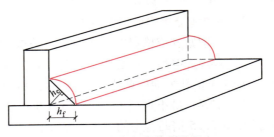

图 3-16　直角角焊缝有效厚度

斜角焊缝应力情况比较复杂，常用在受力方向和焊缝呈倾斜状态。

3.4.2　角焊缝构造

影响角焊缝性能的主要尺寸有**焊脚尺寸 h_f 和焊缝计算长度 l_w**。角焊缝最小焊脚尺寸宜**按表 3-5 所示取值，承受动力荷载使角焊缝尺寸不宜小于 5mm**。为避免由于焊缝起落弧引起缺陷距离过近，或其他缺陷及尺寸缺陷影响焊缝可靠性及承载力，角焊缝需满足最小长度要求。**侧面角焊缝或正面角焊缝计算长度不得小于 $8h_f$ 和 40mm 较大值。**

表 3-5　角焊缝最小焊脚尺寸

母材厚度 t/mm	角焊缝最小焊脚尺寸 h_f/mm
$t \leqslant 6$	3
$6 < t \leqslant 12$	5
$12 < t \leqslant 20$	6
$t > 20$	8

注：1. 采用不预热的非低氢焊接方法进行焊接时，t 等于焊接连接部位中较厚件厚度，宜采用单道焊缝；采用预热的非低氢焊接方法或低氢焊接方法进行焊接时，t 等于焊接连接部位中较薄件厚度。

2. 焊缝尺寸 h_f 不要求超过焊接连接部位中较薄件厚度情况除外。

1. 搭接连接构造

1）搭接连接为图 3-17 所示的搭接方式。搭接连接应防止搭接部位角焊缝开裂，搭接连接在传递部件轴力时应采用纵向或横向双角焊缝，同时防止搭接部位轴向力时发生偏转，搭接连接最小搭接长度应为 $5t$（t 为较薄板件厚度），且不应小于 25mm。

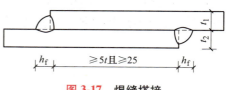

图 3-17　焊缝搭接

2）只采用纵向角焊缝连接型钢杆件端部时，型钢杆件宽度不应大于 200mm，在设计时，当宽度大于 200mm 时，应加角焊缝或塞焊，型钢杆件每侧纵向角焊缝长度不应小于型钢杆件截面宽度。

3）型钢杆件端部搭接采用三面围焊时，截面转角处会产生集中应力，此处起弧或灭弧，可能出现弧坑或咬肉等缺陷，因此围焊转角处必须连续施焊，不可断弧。

4）当板厚小于或等于 6mm 时，搭接焊缝沿母材棱边最大焊脚尺寸，应为母材厚度。当板厚大于 6mm 时，以在防止焊接时材料棱边熔塌，应为母材厚度减掉 1~2mm。

2. 塞焊和槽焊焊缝构造要求

1）所谓塞焊或槽焊的有效面积，是指贴合面上圆孔或长槽孔的标称面积（见图 3-18）。

2）塞焊焊缝最小中心距离应为孔径的 4 倍，槽焊焊缝纵向最小间距应为槽孔长度的 2 倍，垂直于槽孔方向的两排槽孔最小间距应为槽宽的 4 倍。

3）塞焊孔最小直径不得小于开孔板厚度尺寸+8mm，最大直径应取最小直径+3mm 和开孔厚度的 2.25 倍两者中的大值。槽孔长度不应超过开孔厚度的 10 倍，最小及最大槽宽规定应与塞焊孔最小及最大孔径规定相同。

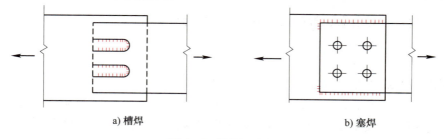

a) 槽焊　　　　　　　　　　b) 塞焊

图 3-18　槽焊和塞焊

4）当母材厚度不大于 16mm 时，塞焊和槽焊焊缝高度应与母材厚度相同；当母材厚度大于 16mm 时，塞焊和槽焊焊缝高度不应小于母材厚度的一半和 16mm 两者中较大值。

5）塞焊焊缝和槽焊焊缝尺寸应按贴合面上承受的剪力计算得到。

3.4.3　角焊缝计算

1. 直角角焊缝计算的基本方法

直角角焊缝是最常见的焊缝类型，其应力状态复杂，精确计算较为困难，一般都是通过试验来确定设计强度。设计方法也是基于试验，通过基本假设，确定一些简单易于操作的方法供设计使用。

通过大量试验可知，侧面角焊缝破坏截面以 45° 有效截面居多，而正面角焊缝通常不在该截面破坏，其破坏强度为侧面角焊缝破坏强度的 1.35～1.55 倍，设计时需要研究其截面应力状态。直角角焊缝的应力状态可通过三个互相垂直的分应力表示，包括垂直于有效截面的正应力 $\sigma_\perp$、垂直和平行于焊缝长度方向的剪应力 $\tau_\perp$ 及 $\tau_{/\!/}$（见图 3-19）。试验证明，角焊缝复杂应力状态下强度条件为

$$\sqrt{\sigma_\perp^2 + 3(\tau_\perp^2 + \tau_{/\!/}^2)} \leqslant \sqrt{3} f_{\mathrm{f}}^{\mathrm{w}} \tag{3-5}$$

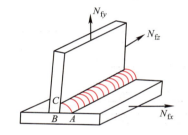 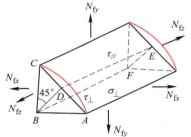 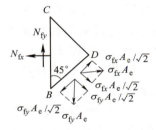

图 3-19　角焊缝应力分析

由上述分析可见，角焊缝受任意方向力作用下，CBD 截面上都可以分解为图 3-19 所示的应力，根据分力平衡，可得平衡方程

$$\sigma_\perp A_{\mathrm{e}} = N_{\mathrm{fx}}/\sqrt{2} + N_{\mathrm{fy}}/\sqrt{2} = \sigma_{\mathrm{fx}} A_{\mathrm{e}}/\sqrt{2} + \sigma_{\mathrm{fy}} A_{\mathrm{e}}/\sqrt{2} \tag{3-6}$$

将　　　　$\sigma_\perp = \sigma_{\mathrm{fx}}/\sqrt{2} + \sigma_{\mathrm{fy}}/\sqrt{2}$，$\tau_{/\!/} = \tau_{\mathrm{fz}}$ 和 $\tau_\perp = \sigma_{\mathrm{fy}}/\sqrt{2} - \sigma_{\mathrm{fx}}/\sqrt{2}$

代入式（3-5），经简化得

$$\sqrt{\frac{2}{3}(\sigma_{\mathrm{fx}}^2 + \sigma_{\mathrm{fy}}^2 - \sigma_{\mathrm{fx}}\sigma_{\mathrm{fy}}) + \tau_{\mathrm{fz}}^2} \leqslant f_{\mathrm{f}}^{\mathrm{w}} \tag{3-7}$$

对于正面角焊缝，$\tau_{\mathrm{f}} = 0$　　　　$\sigma_{\mathrm{f}} = \dfrac{N}{h_{\mathrm{e}} \sum l_{\mathrm{w}}} \leqslant \beta_{\mathrm{f}} f_{\mathrm{f}}^{\mathrm{w}} \tag{3-8}$

对于侧面角焊缝，$\sigma_{\mathrm{f}} = 0$　　　　$\tau_{\mathrm{f}} = \dfrac{N}{h_{\mathrm{e}} \sum l_{\mathrm{w}}} \leqslant f_{\mathrm{f}}^{\mathrm{w}} \tag{3-9}$

式中　h_{e}——直角角焊缝有效厚度，一般当两焊件间隙 $b \leqslant 1.5\mathrm{mm}$ 时，$h_{\mathrm{e}} = 0.7h_{\mathrm{f}}$，$h_{\mathrm{f}}$ 为焊脚尺寸；
　　　　　　当 $1.5\mathrm{mm} < b \leqslant 5\mathrm{mm}$ 时，$h_{\mathrm{e}} = 0.7(h_{\mathrm{f}}-b)$，$h_{\mathrm{f}}$ 为较小焊脚尺寸，详见《标准》；

l_w——焊缝计算长度，应考虑起落弧缺陷，若无引弧板，按各焊缝实际长度每端减去 h_f 长度计算，对于圆孔及槽孔内焊缝，取有效厚度中心线实际长度；

β_f——正面角焊缝强度增大系数，对于承受静力荷载和间接动力荷载的直角角焊缝 $\beta_f = 1.22$；对于直接承受动力荷载的直角角焊缝，鉴于正面角焊缝刚度较大，变形能力较差，取和侧面角焊缝同样的值 $\beta_f = 1.0$；对于斜角焊缝，无论是静力荷载还是动力荷载，均取 $\beta_f = 1.0$。

f_f^w——角焊缝强度设计值，其取值由焊条型号决定，详见附录 A 中表 A-4。

则直角角焊缝在各种应力状态下的折算应力为

$$\sqrt{\left(\frac{\sigma_f}{\beta_f}\right)^2 + \tau_f^2} \leqslant f_f^w \tag{3-10}$$

式（3-8）~式（3-10）为角焊缝的基本设计公式。

2. 各种受力状态下直角角焊缝连接计算

多数情况下，构件及焊缝会承受不同状态的力，角焊缝的强度与外荷载方向关系密切，下面介绍角焊缝在各种外力作用下的计算方法。

（1）承受轴力作用的焊件拼接板角焊缝连接计算　角焊缝的应用范围很广，比较常用的一种应用是将两块钢板采用拼接板连接时拼接的角焊缝，如图 3-20 所示。

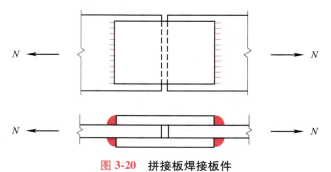

图 3-20　拼接板焊接板件

板件与拼接板焊接有以下三种常见工况：

1）正面角焊缝受力为主。图 3-20 所示为该类工况，外力与主要焊缝长度相垂直，可按**式（3-8）**计算。

2）侧面角焊缝受力为主。图 3-21a 所示属于该类工况，外力与主要焊缝长度相平行，可按**式（3-9）**计算。

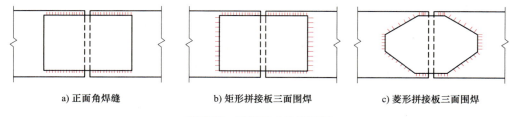

a) 正面角焊缝　　　　b) 矩形拼接板三面围焊　　　　c) 菱形拼接板三面围焊

图 3-21　不同形式的拼接板

3）三面围焊受力。图 3-21b 所示属于该类工况，矩形拼接板被角焊缝三个方向包围，称为三面围焊的焊接方式。其计算的主要思路：先按**式（3-8）**确定正面角焊缝所承担的内力 N_1，再由 $N-N_1$ 确定侧面角焊缝所需承担的内力，并利用**式（3-9）**计算侧面角焊缝。

对于三面围焊方式，需注意以下两点：

①如三面围焊受直接动力荷载，由于 $\beta_f = 1.0$，则按轴力由连接一侧角焊缝有效截面面积平均承担计算。

②在计算三面围焊侧面角焊缝部分时，如不设引弧板，应注意单侧角焊缝仅有一端存在起落弧缺陷。

还有一种工况为菱形拼接板（见图3-21c），采用菱形拼接板时，正面角焊缝面积缩小，为使计算简化，可忽略正面角焊缝及斜角焊缝的增大系数，即无论是哪种荷载均采用式（3-9）计算。

【例3-3】 如图3-22所示，用拼接板拼接两块钢板。主板截面为28mm×380mm，承受轴心力设计值$N=1400$kN，钢材采用Q235，焊条采用E43型，焊条电弧焊。分别用侧面角焊缝和三面围焊两种方式，焊脚高度$h_f=10$mm，拼接板宽度为360mm，厚度为16mm，两钢板间距为10mm，无引弧板施焊，试设计拼接板长向的最小尺寸。

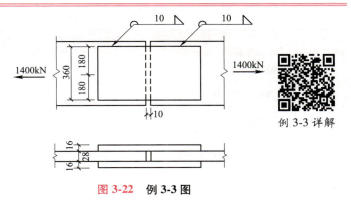

图 3-22 例 3-3 图

【解】

1）焊缝计算。由已知条件查附录A中表A-4得，直角角焊缝强度设计值$f_f^w=160$N/mm^2，$h_f=10$mm。

2）仅采用侧面角焊缝时，单侧板侧面角焊缝实际需要长度为

$$l_w = N/(4 \times 0.7h_f f_f^w) + 2h_f = [1400 \times 10^3/(4 \times 0.7 \times 10 \times 160) + 10 \times 2]\text{mm} = 332.5\text{mm}$$

取34cm计算，拼接板长度为

$$l = 2l_w + 10\text{cm} = (34 \times 2 + 10)\text{cm} = 78\text{cm}$$

3）当采用三面围焊焊缝时，先求正面角焊缝承担的力。

$$N'' = 0.7h_f \sum l''_w \beta_f f_f^w = (0.7 \times 10 \times 2 \times 360 \times 1.22 \times 160)\text{N} = 983808\text{N}$$

侧面角焊缝所需长度为

$$l'_w = (N - N'')/(4 \times 0.7h_f f_f^w) + h_f = [(1400000 - 983808)/$$
$$(4 \times 0.7 \times 10 \times 160) + 10]\text{mm} = 102.9\text{mm}$$

拼接板所需焊缝实际长度：角焊缝长度需取11cm，则拼接板总长为

$$l = 2l'_w + 1\text{cm} = (2 \times 11 + 1)\text{cm} = 23\text{cm}$$

（2）承受轴力作用角钢连接计算 角焊缝还有一种应用是采用角焊缝连接角钢承受轴向力，如图3-23所示，虽然轴力可通过角钢截面形心，但是由于角钢肢背和肢尖焊缝到角钢截面形心的距离不等（$e_1 \neq e_2$），肢背和肢尖受力N_1、N_2也不等。

角钢焊接至焊接板也有三种常见工况：

1）两面侧焊缝（见图3-23），由受力平衡得

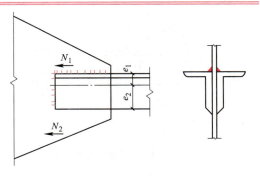

图 3-23 两面侧焊缝

$$N_1 = \frac{e_1}{e_1 + e_2}N = K_1 N \tag{3-11}$$

$$N_2 = \frac{e_1}{e_1 + e_2}N = K_2 N \tag{3-12}$$

式中　K_1和K_2——角钢肢背和肢尖焊缝内力分配系数（见表3-6）。

表3-6　角钢肢背和肢尖焊缝内力分配系数

连接情况	K_1	K_2
等肢角钢	0.7	0.3
不等肢角钢短肢相背	0.75	0.25
不等肢角钢长肢相背	0.65	0.35

角钢各处强度按式（3-13）和式（3-14）验算

$$\frac{N_1}{h_{e1} \sum l_{w1}} \leqslant f_f^w \tag{3-13}$$

$$\frac{N_2}{h_{e2} \sum l_{w2}} \leqslant f_f^w \tag{3-14}$$

2）L形围焊（见图3-24）。L形围焊的焊缝可分正面角焊缝和侧面角焊缝两部分计算，计算方法同三面围焊情况。

3）三面围焊（见图3-25）。可先选定正面角焊缝焊脚尺寸高度h_f，并算出正面角焊缝所承担的内力，即

$$N_3 = 0.7 h_f \sum l_{w3} \beta_f f_f^w \tag{3-15}$$

再通过平衡关系可得

$$N_1 = e_2 N/(e_1 + e_2) - N_3/2 = K_1 N - N_3/2 \tag{3-16}$$
$$N_2 = e_1 N/(e_1 + e_2) - N_3/2 = K_2 N - N_3/2 \tag{3-17}$$

根据上述方法计算后，最后按式（3-9）计算侧面角焊缝。

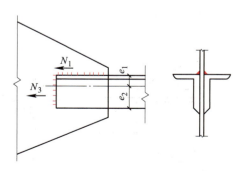

图3-24　L形围焊侧面角焊缝

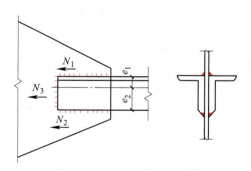

图3-25　三面围焊侧面角焊缝

【例3-4】 如图3-26所示，角钢和节点板采用两面侧焊缝连接方式。$N = 650\text{kN}$，焊脚尺寸为 $h_\text{f} = 8\text{mm}$，角钢为 $2\angle125\times10$，节点板厚度为 $t = 12\text{mm}$，钢材为Q235，焊条为E43系列，预热焊条电弧焊。试确定肢背、肢尖所需焊缝实际长度。

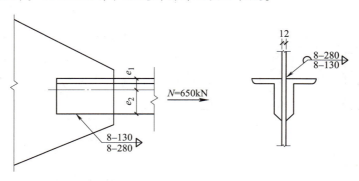

图 3-26　例 3-4 图

【解】 角焊缝强度设计值为 160N/mm^2，$N = 650\text{kN}$，$h_\text{f} = 8\text{mm}$。由表3-6可查得 $K_1 = 0.7$，$K_2 = 0.3$。肢背及肢尖焊缝受力为

$$N_1 = K_1 N = (650 \times 0.7)\text{kN} = 455\text{kN}, \quad N_2 = K_2 N = (650 \times 0.3)\text{kN} = 195\text{kN}$$

角钢与节点板采用两面侧焊缝，因此肢背和肢尖所需焊缝长度为

$$l_{\text{w}1} = \frac{N_1}{2h_\text{e}f_\text{f}^\text{w}} = \frac{455 \times 10^3}{2 \times 0.7 \times 8 \times 160}\text{mm} \approx 253.9\text{mm}$$

$$l_{\text{w}2} = \frac{N_2}{2h_\text{e}f_\text{f}^\text{w}} = \frac{195 \times 10^3}{2 \times 0.7 \times 8 \times 160}\text{mm} \approx 108.8\text{mm}$$

侧向焊缝实际长度为

$$l_1 = l_{\text{w}1} + 2h_\text{f} = (253.9 + 2 \times 8)\text{mm} = 269.9\text{mm}, \quad \text{取 } 28\text{cm}$$

$$l_2 = l_{\text{w}2} + 2h_\text{f} = (108.8 + 2 \times 8)\text{mm} = 124.8\text{mm}, \quad \text{取 } 13\text{cm}$$

（3）承受弯矩的角焊缝群计算　在有些工况下，焊缝群承受弯矩，此时力矩平面与焊缝群所在平面垂直，如图3-27所示。弯矩在焊缝有效截面上产生和焊缝长度方向垂直的应力 σ_f，此弯曲应力呈三角形分布，边缘应力最大。该工况下焊缝计算公式为

$$\sigma_\text{f} = \frac{M}{W_\text{w}} \leqslant \beta_\text{f} f_\text{f}^\text{w} \tag{3-18}$$

式中　W_w——角焊缝有效截面的截面模量。

（4）承受扭矩的角焊缝群计算　当力矩作用面与焊缝所在平面平行时，焊缝群受扭（见图3-28），在受扭计算时假定被连接件在扭转作用下绕焊缝有效截面形心 O 旋转，焊缝有效截面上任意一点应力方向垂直于该点与形心连线，应力大小与其到形心距离 r 成正比。由此可推断，距形心最远的点 A 应力最大。

$$\tau_A = \frac{Tr}{J} \tag{3-19}$$

式中　J——焊缝有效截面绕形心 O 的极惯性矩，$J = I_x + I_y$，I_x 和 I_y 为焊缝有效截面绕 x 轴和

y 轴的惯性矩;

r——距形心最远点到形心的距离;

T——扭矩设计值。

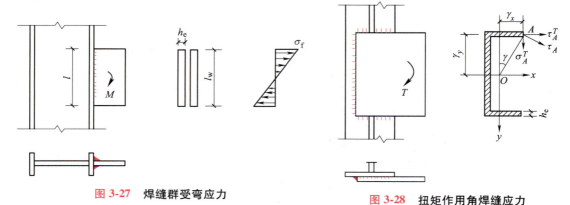

图 3-27 焊缝群受弯应力   图 3-28 扭矩作用角焊缝应力

将 τ_A 分解为 x（沿焊缝长度）方向和 y（垂直焊缝长度）方向分力

$$\tau_A^T = \tau_A\cos\phi = \frac{Tr_y}{J} , \quad \sigma_A^T = \tau_A\sin\phi = \frac{Tr_x}{J} \tag{3-20}$$

将两方向分力代入式（3-10），得到角焊缝在扭转作用下的设计公式为

$$\sqrt{\left(\frac{\sigma_A^T}{\beta_f}\right)^2 + \left(\tau_A^T\right)^2} \leqslant f_f^w \tag{3-21}$$

（5）承受弯矩、剪力、轴（拉压）力共同作用的角焊缝计算 在工程中一种常见工况，即焊缝连接构件同时承受水平荷载、弯矩和竖向荷载作用，如图 3-29 所示，此时角焊缝也同时承受弯矩、剪力和轴力。在弯矩作用下，焊缝截面应力为三角形分布，方向与焊缝长度方向垂直。剪力 V 在焊缝有效截面产生沿焊缝长度方向均匀分布，轴力 N 产生垂直于焊缝长度方向均匀分布的应力。

复杂力作用下焊缝计算

在焊缝有效截面范围内，A 点承受最大弯矩产生的正应力，同时 A 点还承受剪力 V 产生的剪应力及轴向拉力 N 产生的正应力，属于焊缝截面上最危险点。设计时需对此点进行验算，此点最大应力低于焊缝强度即可。将焊缝截面上所承受的弯矩、剪力及轴力依垂直于焊缝长度方向和平行于焊缝长度方向，按式（3-22）~式（3-24）分解为正应力及剪应力。

弯矩产生的正应力 $$\sigma_A^M = \frac{M}{W_w} \tag{3-22}$$

剪力产生的剪应力 $$\tau_A^V = \frac{V}{h_e \sum l_w} \tag{3-23}$$

轴拉力产生的正应力 $$\sigma_A^N = \frac{N}{h_e \sum l_w} \tag{3-24}$$

最后应力下焊缝设计公式为

$$\sqrt{\left(\frac{\sigma_A^M + \sigma_A^N}{\beta_f}\right)^2 + (\tau_A^V)^2} \leqslant f_f^w \tag{3-25}$$

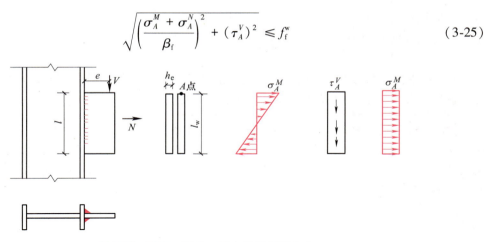

图 3-29　受弯、剪力、轴力的角焊缝内力

（6）承受扭矩、剪力、轴力共同作用的角焊缝计算　当图 3-30 所示工况下，焊缝承受扭矩、剪力和轴力共同作用，同工况（5）思路相似，将焊缝截面承受的荷载按垂直焊缝及平行焊缝分解为两个方向的正应力和剪应力。

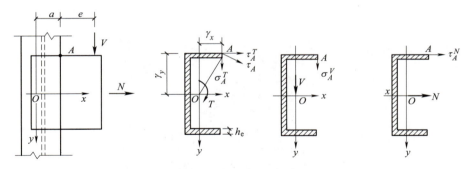

图 3-30　扭矩、剪力、轴力共同作用内力

计算步骤如下：

1）确定焊缝有效截面，求出焊缝有效截面形心 O。

2）将连接外力平移至形心 O，得到扭矩 $T = V(a + e)$、剪力及轴力。

3）判断危险点 A，按下式计算 A 点在 T、V、N 作用下的应力

$$\sigma_A^V = \frac{V}{h_e \sum l_w} ; \quad \tau_A^N = \frac{N}{h_e \sum l_w} ; \quad \tau_A^T = \frac{Tr_y}{J} ; \quad \sigma_A^T = \frac{Tr_x}{J} \tag{3-26}$$

4）按下式验算危险点的焊缝强度

$$\sqrt{\left(\frac{\sigma_A^T + \sigma_A^V}{\beta_f}\right)^2 + (\tau_A^T + \tau_A^N)^2} \leqslant f_f^w \tag{3-27}$$

以上介绍了角焊缝连接节点在各种复杂荷载下的强度验算方法。有两点需要特别注意：

1）要注意区分角焊缝连接节点受力和角焊缝局部应力的关系，无论角焊缝节点承受多复杂的复合荷载，角焊缝局部应力都仅由正应力和剪应力两部分组成，角焊缝连接节点的强

度都要通过式（3-10）进行折算应力的验算。关键问题是理解不同荷载状况下，式（3-10）中正应力项和剪应力项所包含的内容，荷载方向与焊缝方向相同时存在剪应力，荷载方向与焊缝方向垂直时存在正应力。

2）要注意折算应力验算的焊缝不是全部焊缝，而是选取荷载最不利、应力最复杂点的焊缝进行验算，因此确定焊缝中最危险点至关重要。

【例3-5】 设牛腿与钢柱连接，牛腿尺寸及作用力设计值如图 3-31 所示。钢材采用 Q235，焊条采用 E43 型，焊条电弧焊，验算角焊缝。焊缝采用周边围焊，转角处连续施焊，无起落弧引起的缺陷，假定剪力仅由牛腿腹板焊缝承受。取焊脚高度为 8mm，$V = 432$kN，$N = 80$kN，忽略工字钢翼缘端部焊缝。

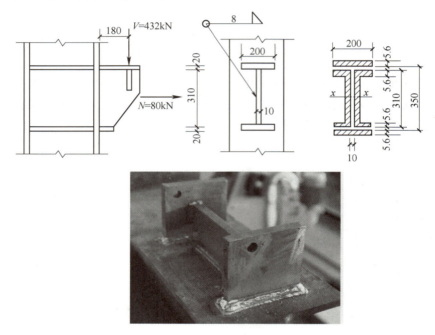

图 3-31 例 3-5 图

【解】 腹板上竖向焊缝有效面积 $A_w = (0.7 \times 0.8 \times 31 \times 2)\text{cm}^3 = 34.72\text{cm}^3$

全焊缝有效面积为

$$A = [20 \times 0.56 \times 2 + 2 \times 0.56 \times (31 - 0.56 + 20 - 1 - 0.56)]\text{cm}^2 \approx 77.15\text{cm}^2$$

全部焊缝对 x 轴惯性矩为

$$I_w = [2 \times 0.7 \times 0.8 \times 20 \times 17.78^2 + 4 \times 0.7 \times 0.8 \times (9.5 - 0.56) \times 15.22^2 +$$
$$\qquad 0.7 \times 0.8 \times 31^3 \times 2/12]\text{cm}^4$$
$$\approx 14501\text{cm}^4$$

焊缝翼缘最外边缘截面模量为

$$W_{w1} = (14501/18.06)\text{cm}^3 \approx 802.93\text{cm}^3$$

翼缘和腹板连接处截面模量为

$$W_{w2} = (14501/15.5)\text{cm}^3 \approx 935.55\text{cm}^3$$

截面承受弯矩为

$$M = (432 \times 0.18)\text{kN} \cdot \text{m} = 77.76\text{kN} \cdot \text{m}$$

在弯矩作用下，角焊缝最大应力为

$$\sigma_{\text{fmax}} = M/W_{\text{w1}} = (77.76 \times 10^3/802.93)\text{N/mm}^2 \approx 96.85\text{N/mm}^2 \leq \beta_{\text{f}}f_{\text{f}}^{\text{w}}$$

牛腿翼缘和腹板交接处 A 有弯矩引起的正应力 σ_A^M、剪力引起剪应力 τ_A^V 和轴力引起的正应力 σ_A^N 共同作用。

$$\sigma_A^M = M/W_{\text{w2}} = (77.76 \times 10^3/935.55)\text{N/mm}^2 \approx 83.1\text{N/mm}^2$$

$$\tau_A^M = V/A_{\text{w}} = (432 \times 10/34.72)\text{N/mm}^2 \approx 124.4\text{N/mm}^2$$

$$\sigma_A^N = N/A = (80 \times 10/77.15)\text{N/mm}^2 \approx 10.37\text{N/mm}^2$$

$$\sqrt{\left(\frac{\sigma_A^M + \sigma_A^N}{\beta_{\text{f}}}\right)^2 + (\tau_A^V)^2} = \sqrt{\left(\frac{83.1 + 10.36}{1.22}\right)^2 + 124.4^2}\text{N/mm}^2$$

$$\approx 146.1\text{N/mm}^2 \leq f_{\text{f}}^{\text{w}} = 160\text{N/mm}^2$$

3.5　焊接残余应力与残余变形

3.5.1　焊接残余应力

焊接残余应力的产生包括纵向焊接残余应力和横向焊接残余应力。

（1）纵向焊接残余应力　焊接过程实际上是一个不均匀加热及冷却的过程。由于施焊时焊件会产生不均匀温度场，焊缝及附近区域最高可达 1600℃，而临近区域温度急剧下降。温度场产生不均匀膨胀时，产生热状态塑性压缩。焊缝冷却时，被塑性压缩的焊缝区趋向比原始长度短，缩短变形受到两侧钢材限制，焊缝区产生纵向拉应力（残余应力是一种没有荷载作用下的内应力），会在焊件内部自相平衡，必然会在距焊缝稍远区域产生压应力（见图 3-32）。

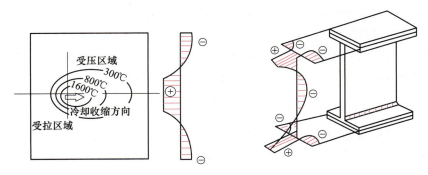

图 3-32　纵向焊接残余应力

（2）横向焊接残余应力　横向焊接残余应力产生的原因有两种。一是由于焊缝纵向收缩，相焊接的两块钢板趋于产生反向弯曲变形（见图 3-33a），但实际焊缝将两块钢板连成一体，因此在焊缝中部和两边分别产生横向压应力（见图 3-33b）。二是在施焊过程中，冷却时间差异，造成先焊的部分冷却凝固，从而阻止后焊焊缝自由膨胀。焊缝冷却后，后焊收缩会收到先焊部分的横向拉应力，后焊部分在杠杆原理作用下也处于受拉状态，而中间部分受压。横向焊接残余应力可认为是上述两种原因产生的合成效应。

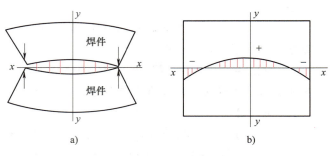

图 3-33　纵向收缩产生的横向焊接残余应力

3.5.2　焊接残余变形

焊接残余变形包括纵向收缩、横向收缩、角变形、弯曲变形和扭曲变形等，通常焊接残余变形为这几种变形的总和（见图 3-34）。

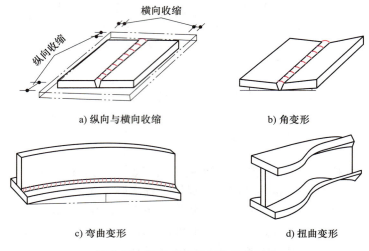

a) 纵向与横向收缩　　　　b) 角变形

c) 弯曲变形　　　　d) 扭曲变形

图 3-34　焊接残余变形的基本形式

当焊接残余变形超过相关规范规定允许值时，应矫正。当无法矫正时，应报废。因为变形产生的初弯矩、初扭矩、初偏心在受力时都会产生很大的附加变形和应力，会造成构件稳定和强度的降低。

3.5.3　焊接残余应力的影响

对于具有一定塑性的材料，在静力荷载作用下，焊接残余应力不会影响结构强度；但焊接残余应力会降低结构刚度；焊接残余应力使压杆挠曲刚度减小，必然导致稳定承载能力降低；残余应力的存在阻碍塑性变形，低温下使裂纹发生和发展，加速构件脆性破坏；由于焊缝及其旁边存在较高的残余应力，对构件的疲劳强度有不利影响。

3.5.4　减少焊接残余应力及残余变形的措施

钢结构的焊接质量影响着整体结构的安全，避免或减少焊接残余应力是保证钢结构质量的前提，从实际工程来看，减少残余应力及残余变形的主要通过设计和施工两方面来实现。

1. 设计方面

在进行焊接设计时，不仅要保证构件焊接强度、连接的可靠性，还必须考虑构件焊接可能产生的焊接残余应力和残余变形。

（1）选用合适的焊缝尺寸　焊缝尺寸不仅直接决定了焊接的工作量，也直接影响到焊接残余应力及残余变形的产生和形成。在角焊缝连接设计中，在满足最小角焊缝条件下，一般选用较小的焊脚尺寸而加大焊缝长度，尽量避免采用又大又短的焊缝，避免在局部产生较大的焊接应力；同时不要因考虑安全因素，随意增大焊缝长度尺寸。

（2）合理的焊缝位置 焊缝不宜过分集中，尽量对称布置，避免三向焊缝相交。另外设计时还需考虑焊条是否易于到达。

2. 施工工艺措施

（1）采取适当的焊接次序 焊缝的焊接次序也对焊缝焊接质量有重要的影响，如钢板对接焊应采用分段对称焊，板厚较大的情况应沿板厚方向分层施焊等。

（2）施焊前构件设计一个焊接变形反向的预变形 如在顶焊前将翼缘预弯，以抵消焊接变形，在平接中接缝预变形等，但焊接残余变形时绝对不会完全根除。

（3）预热 对于焊接小尺寸试件，应实行焊前预热，或焊后回火到600℃左右，然后缓慢冷却。焊接后对焊件实施锤击或机械校正，会有效地减少焊接残余变形。

3.6 焊接在结构中的应用

3.6.1 梁翼缘焊缝

工字形钢梁由三块钢板焊接而成，并通过连接焊缝保证截面整体工作。如三块钢板之间无摩擦力，则在横向荷载作用下，各板间会产生相对错动，而焊缝的存在即阻碍了板件间这种相互错动，焊缝用以承担板间沿梁长分布的剪力（见图3-35）。

a) 焊接工字钢梁　　　　b) 焊接梁板件叠合示意图

图3-35 焊接梁

由材料力学可知，工字形截面梁腹板边缘与翼缘交接点剪应力为

$$\tau_1 = \frac{VS_1}{I_x t_w} \tag{3-28}$$

式中 V——计算截面处梁剪力；

I_x——计算截面处梁截面对x轴的惯性矩；

S_1——上（或下）翼缘板对梁截面中和轴的面积矩。

如图3-36所示，焊接工字钢翼缘与腹板接触面间沿梁长度的单位水平剪力T_h为

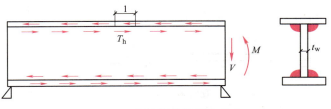

图3-36 翼缘焊缝的剪力分布

$$T_h = \frac{VS_1}{I_x t_w} t_w \times 1 = \frac{VS_1}{I_x} \tag{3-29}$$

旨在保证翼缘板和腹板整体工作，翼缘和腹板交接面的两侧焊缝剪应力均保证不超过角焊缝强度设计值 f_f^w，即

$$\tau_f = \frac{T_h}{2h_e \times 1} = \frac{VS_1}{1.4 h_f I_x} \leqslant f_f^w \tag{3-30}$$

由此可得焊缝焊脚尺寸为

$$h_f \geqslant \frac{VS_1}{1.4 f_f^w I_x} \tag{3-31}$$

对于双层翼缘梁，当计算外层翼缘板与内层翼缘板之间连接焊缝时，S_1 应取外层翼缘板对梁中和轴的面积矩（见图 3-37）；计算内层翼缘板与腹板之间连接焊缝时，S_1 取内外两层翼缘板面积对两中和轴的面积矩之和。

对于有集中荷载的吊车梁而言，其梁翼缘上有移动集中荷载或承受有固定集中荷载而未设置加劲肋情况（见图 3-38），则翼缘和腹板间连接焊缝不仅承受上述由梁弯曲产生的水平剪力 T_h 的作用，还承受由集中压力 F 所产生的垂直剪力 T_v 的作用。单位长度上垂直剪力可如下计算

$$T_v = \sigma_c t_w \times 1 = \frac{\psi F}{t_w l_z} \times 1 = \frac{\psi F}{l_z} \tag{3-32}$$

在 T_v 作用下，双侧两条焊缝都可理解为正面角焊缝，其应力为

$$\sigma_f = \frac{T_v}{2h_e \times 1} = \frac{\psi F}{1.4 h_f l_z} \tag{3-33}$$

应满足下式

$$\sqrt{\left(\frac{\sigma_f}{\beta_f}\right)^2 + \tau_f^2} \leqslant f_f^w \tag{3-34}$$

将式（3-30）和式（3-33）代入式（3-34）得

$$h_f \geqslant \frac{1}{1.4 f_f^w} \sqrt{\left(\frac{\psi F}{\beta_f l_z}\right)^2 + \left(\frac{VS_1}{I_x}\right)^2} \leqslant f_f^w \tag{3-35}$$

设计中可先假定焊脚尺寸 h_f 的尺寸，再进行验算。

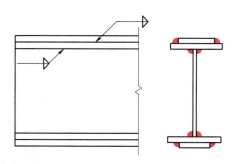

图 3-37　双层翼缘梁

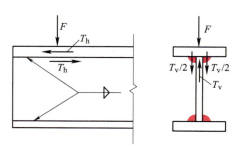

图 3-38　双向剪力作用下的梁翼缘受力

3.6.2 桁架节点计算

桁架是钢结构建筑的常见构件之一，是一种由杆件彼此在两端用铰链连接而成的结构。桁架是由直杆组成的一般具有三角形单元的平面或空间结构，桁架杆件主要承受轴向拉力或压力，从而能充分利用材料的强度，在跨度较大时可比实腹梁节省材料，减轻结构自重和增大结构刚度（见图 3-39）。桁架通常在各节点处采用焊接方式，但重型桁架在节点处采用栓接方式。桁架节点设计的任务是确定节点构造，进行连接焊缝及节点承载力计算。使用节点板时，需确定节点形状和尺寸。节点构造应传力路径明确、简捷且安装方便。

a) 实际工程中桁架

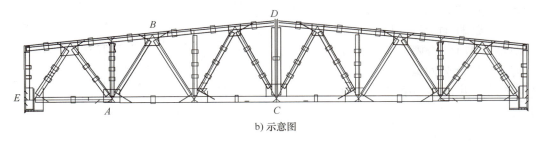

b) 示意图

图 3-39　桁架

常见的桁架节点为双角钢截面杆件节点（见图 3-40）。该类节点是双角钢肢端并焊于节点板之上，各杆件通过节点板传力。节点板应该只在弦杆和腹杆之间传力，弦杆如在节点处断开，应设置拼接材料在两端弦杆之间直接传力。

1. 节点设计一般原则

1）双角钢截面杆件节点处用节点板相连，各杆终端交汇于节点中心，理论上各杆都是轴心受力构件，但由于杆件用双角钢，角钢截面形心与肢背距离通常不是整数，焊接桁架中将此距离调整成 5mm 的倍数。这样可以使汇交的杆件给轴力带来的偏差较小，方便计算。

2）角钢切断面通常与截面垂直。通常保证节点紧凑的做法是切断肢尖，请注意应切角钢肢尖而不是肢背。

3）如存在弦杆截面沿长度变化的情况，截面应变更在节点上，且应设置拼接材料。如

a) 实际工程桁架节点板

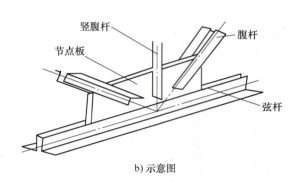

b) 示意图

图 3-40　桁架双角钢节点

为上弦杆，通常使角钢肢背平齐以便安装。此时需取两段角钢形心间中心线为弦杆轴线，以减小偏心（见图 3-41）。否则，应按汇交点各杆件线刚度分配偏心力矩［见式(3-36)］，并按偏心受力构件计算各杆强度及稳定。

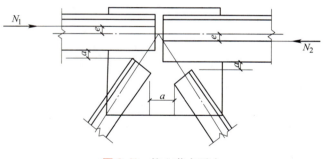

图 3-41　偏心节点受力

$$M_i = \frac{MK_i}{\sum K_i} \qquad (3\text{-}36)$$

式中　M——偏心力矩，$M = (N_1 + N_2)e$；

M_i——分配给第 i 杆的力矩；

K_i——交汇节点的第 i 杆的线刚度，$K_i = \dfrac{EI_i}{l_i}$。

　　4）节点板上各杆件之间焊缝净距不宜过小，用控制杆端间距 a 来保证。承受静力荷载作用时，测距 $a \geqslant 10\text{mm}$；承受动力荷载作用时，$a \geqslant 50\text{mm}$，焊缝过密会带给施工很大麻烦，当然节点板上各杆件之间焊缝净距也不宜过大，因为增大节点板会使节点平面外刚度削弱。

2. 节点板设计

　　节点板形状应简单，如矩形、梯形等都可采用，节点板要求两边平行。可根据经验初选厚度，再进行验算。梯形屋架和平行弦屋架节点板将腹杆的内力传给弦杆，节点板厚度取决于腹杆的最大内力（见表3-7），同时受焊缝焊脚尺寸等因素影响。一般屋架支座节点板较厚，板厚可比中间节点板的板厚减少2mm，通常在一榀屋架中除支座节点板厚度可大2mm外，其他节点板取相同厚度，尽量减少节点板厚度种类，为制作、下料提供便利。

表3-7 双角钢杆件桁架节点板厚度选择

桁架腹杆内力 /kN	≤170	171~290	291~510	511~680	681~910	911~1290	1291~1770	1771~3090
中间节点板 /mm	6	8	10	12	14	16	18	20

注：当为其他钢号时，表中数应乘以 $(235/f_y)^{0.5}$，f_y 为钢材屈服强度。

节点板拉剪破坏可按式（3-37）和式（3-38）确定

$$\frac{N}{\sum(\eta_i A_i)} \leq f \tag{3-37}$$

$$A_i = t l_i; \quad \eta_i = \frac{1}{\sqrt{1 + 2\cos^2\alpha_i}}$$

式中　A_i——第 i 段破坏面的截面面积；

t——板件厚度；

l_i——第 i 破坏段的长度，（见图3-42a），应取板件中最危险的破坏线长度；

η_i——第 i 段的拉剪折算系数；

α_i——第 i 段破坏线与拉力轴线的夹角；

N——作用于板件的力。

$$\sigma = \frac{N}{b_e t} \leq f \tag{3-38}$$

式中　b_e——板件有效宽度，如图3-42b所示，θ 为应力扩散角，焊接可取30°；

t——板厚。

此外，桁架节点板在斜腹杆压力作用下稳定应符合下列要求：

1）对于带有竖腹杆的节点板，如图3-42b所示，当 $c/t \leq 15(235/f_y)^{0.5}$ 时可不计算稳定。但在任何情况下均需满足 $c/t \leq 22(235/f_y)^{0.5}$，$c$ 为受压腹杆连接肢端截面中点沿腹杆轴线方向至弦杆的净距，t 为节点板厚度。

2）对于无竖腹杆节点板，当

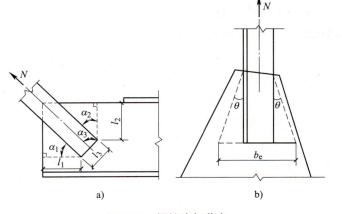

图3-42　焊接腹杆节点

$c/t \leqslant 10(235/f_y)^{0.5}$ 时，稳定承载力可取 $0.8b_e tf$；当 $c/t>10(235/f_y)^{0.5}$ 时，应根据实际情况进行稳定验算。在任何情况下，$c/t \leqslant 10(235/f_y)^{0.5}$。

采用上述方法计算的节点板强度及稳定应满足下列要求：

① 节点板边缘与腹杆轴线之间夹角不应小于 15°。

② 斜腹杆与弦杆夹角为 30°~60°。

③ 节点板自由边长度与厚度 t 之比不得大于 $60(235/f_y)^{0.5}$，否则应进行沿自由边的加劲肋设置。

3. 节点构造和计算

（1）下弦杆普通节点　如图 3-39 中的 A 节点（详图见图 3-43），各腹杆与节点板之间传力 N_3、N_4 和 N_5，两侧用角焊缝或三面围焊的方式实现。由于杆件连续，本身传递较小的力，弦杆与节点间焊缝只传递力差值，按下列方法确定焊缝长度：

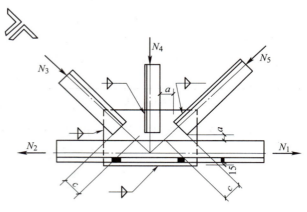

图 3-43　节点 A 详图

$$\text{肢背焊缝} \qquad l_{w1} \geqslant \frac{K_1 \Delta N}{2 \times 0.7 h_{f1} f_f^w} + 2h_{f1} \qquad (3-39)$$

$$\text{肢尖焊缝} \qquad l_{w2} \geqslant \frac{K_2 \Delta N}{2 \times 0.7 h_{f2} f_f^w} + 2h_{f2} \qquad (3-40)$$

式中　K_1、K_2——肢背和肢尖的内力分配系数，见表 3-6；

h_{f1}、h_{f2}——肢背和肢尖尺寸；

f_f^w——角焊缝强度设计值。

如 ΔN 的算值偏小，可按构造要求在节点板范围内满焊。节点板尺寸应能容下各杆焊缝长度。各杆之间应留有足够空隙，以利于装配，节点板一般伸出弦杆 10~15mm，以便施工。

（2）上弦杆集中荷载节点　如图 3-39 中的 B 节点，上弦杆节点板通常不伸出，如图 3-44 所示，此时节点板凹进去，形成槽焊缝 "K" 和角焊缝 "A"。但是槽焊质量通常无法保证，常采用槽焊传递集中力 P，并近似按照两条焊缝尺寸 $h_f = t/2$ 来计算角焊缝计算长度，节点板缩进深度为 $t/2$~t，角焊缝 "A" 传递的两端内力差 $\Delta N = N_1 - N_2$，因为角焊缝 "A" 同时要传递偏心力矩，故应验算其两端的最大合力 ［见式(3-41)］。

$$\sqrt{\left(\frac{\sigma_f}{\beta_f}\right)^2 + (\tau_f)^2} \leqslant f_f^w \qquad (3-41)$$

当焊缝质量可有保证时，也可利用槽焊承担内力。

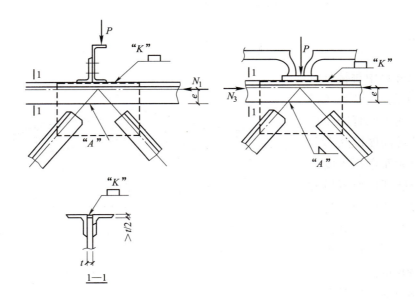

图 3-44　节点 B 详图

（3）下弦杆跨中拼接节点　桁架的下弦杆经常需要在跨中节点拼接，如图 3-39 中的 C 节点（详图见图 3-45）。弦杆内力较大时，节点在平面外刚度很小，单靠节点板传力无法满足要求，因此下弦杆经常需要拼接使用。拼接采用一个拼接角钢，拼接角钢与弦杆应相同规格，并切去部分竖向肢和直角边棱，以便焊接施工，切肢 $\Delta = t + h_f + 5\text{mm}$，$t$ 为拼接角钢肢厚，h_f 为焊脚尺寸。

弦杆拼接节点计算包括两部分，弦杆自身拼接的传力焊缝（对应图中的"C"焊缝）和节点板传力焊缝（对应图中的"D"焊缝）。"C"焊缝应能传递两侧弦杆内力中较小值，或者取截面承载能力 $N = fA_n$（弦杆净截面面积），f 为强度设计值。N 由拼接角钢的 4 条焊缝平分传递，弦杆和拼接角钢连接单侧的焊缝长度为

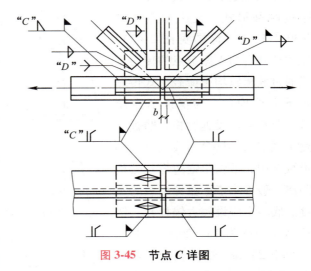

图 3-45　节点 C 详图

$$l_1 = \frac{N}{4 \times 0.7 h_f f_f^w} + 2 h_f \tag{3-42}$$

拼接角钢长度 $L = 2 l_1 + b$，b 为间隙，取 $10 \sim 20\text{mm}$。

肢背焊缝

$$\frac{0.15K_1N_{\max}}{2 \times 0.7h_fl_w} \leqslant f_f^w \qquad (3\text{-}43)$$

肢尖焊缝

$$\frac{0.15K_2N_{\max}}{2 \times 0.7h_fl_w} \leqslant f_f^w \qquad (3\text{-}44)$$

（4）上弦杆跨中拼接节点

如图 3-39 中的 D 节点（详图见图 3-46）为上弦杆跨中拼接节点，其弯折高度以热弯形式。当屋面较大而弯折角度较大时，可将竖肢开口弯折后对焊，拼接角钢与弦杆间焊缝算法与下弦拼接相同。计算拼接角钢长度时，屋脊节点所需空隙一般取 $b = 50\text{mm}$。

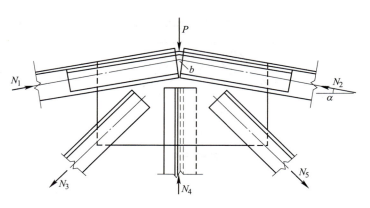

图 3-46　节点 D 详图

（5）支座节点　屋架与柱连接区一般采用铰接节点和刚接节点，一般三角形屋架仅能采用铰接，因其高度较小，而梯形屋架高架足够，可选择铰接和刚接两种形式。支座节点如图 3-39 中 E 点（详图见图 3-47）。屋架板件合力支座节点的传力方式通过底板以均布荷载形式传递给下部柱构件。为保证节点刚度，节点通常设置肋板，肋板厚度中线应与各杆合力线重合。梯形屋架中，下弦角钢边缘与底板距离一般不小于下弦伸出肢的宽度。底板上应设较大锚栓孔。锚栓直径一般为 $18 \sim 26\text{mm}$，通常不小于 20mm，垫板孔径一般为 $d + (1 \sim 2\text{mm})$。这些构造要求都为安装和施工提供便利。

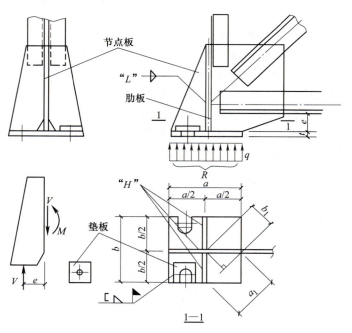

图 3-47　柱脚节点详图

底板计算包括面积与厚度的确定，底板所需毛面积为

$$A = A_n + A_0 \qquad (3\text{-}45)$$

式中　A_n——由反力 R 按混凝土或局部承压要求计算的面积，$A_n = R / f_c$，f_c 为混凝土的抗压强度；

A_0——实际采用的锚栓孔面积。

采用方形底板时，边长尺寸 $a \geqslant \sqrt{A}$。

当 R 很小时，构造要求底板短边尺寸不小于 200mm。底边边长取厘米的整数倍。在图 3-47 中可见，还应使锚栓与节点板、肋板的中线间距离不小于板底上的锚栓孔径。

板底厚度应按均布荷载下板的抗弯计算。该方法基础的反力看成均布荷载 q，板底计算原则即板底厚度计算公式与轴心受压柱拉脚底相同。如图 3-47 所示，节点板和加劲肋将板底分隔为四块两相邻的板，其单位宽度弯矩为

$$M = \beta q a_1^2 \tag{3-46}$$

式中　q——板底平均压应力，$q = R/A_n$；

　　　β——系数，按表 3-8 确定，a_1，b_1 分别为板块对角线长度及角点到对角线距离。

底板厚度为 $t \geqslant \sqrt{\dfrac{6M}{f}}$，一般取 $t \geqslant 16mm$。

表 3-8　三边简支，一边自由板的弯矩系数

b_1/a_1	0.3	0.4	0.5	0.6	0.8	0.9	1.0	1.2	≥1.4
β	0.026	0.042	0.058	0.072	0.092	0.104	0.111	0.120	0.125

3.7　普通螺栓连接构造与计算

螺栓连接是钢结构的另外一种重要连接方式，是通过螺杆和螺母将钢板件连接传递剪力或拉力的连接方式，如图 3-48 所示。螺栓连接可分为普通螺栓连接和高强度螺栓连接两种，两者区别如下：

1）原材料不同。从原材料来看，高强度螺栓采用高强度材料制

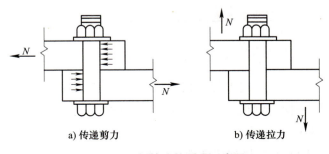

a) 传递剪力　　　　b) 传递拉力

图 3-48　螺栓连接受力示意图

造，螺栓杆、螺母和垫圈均由高强钢材制造，常见的有 45 号钢、40 硼钢、20 锰钛硼钢。而普通螺栓常用 Q235 钢制造。

2）强度等级差别。从强度等级来看，高强度螺栓强度等级常有 8.8s 和 10.9s 两个等级。而普通螺栓强度等级通常有 4.4 级、4.8 级、5.6 级和 8.8 级。普通螺栓依制造精度又分为 A 级（精密级）、B 级（普通级）和 C 级（较松级）。

3）受力特性和机理不同。从受力特征来看，高强度螺栓施加预拉力和靠摩擦力传递外力，分为承压型和摩擦型两类。而普通螺栓主要靠螺栓杆连接，靠螺栓杆抗剪和孔壁承压来传递剪力，拧紧螺母时产生的预拉力很小。

3.7.1 螺栓的孔径及孔型

螺栓的孔径及孔型可以直接影响到螺栓系统的性能，螺栓的孔径和孔型应符合下列规定：

1）A、B 级普通螺栓孔径 d_0 较螺栓公称直径 d 大 0.2~0.5mm，C 级普通螺栓的孔径 d_0 较螺栓公称直径 d 大 1.0~1.5mm。

2）高强度螺栓承压型连接采用标准圆孔时，其孔径 d_0 按表 3-9 采用。

3）高强度螺栓摩擦型连接可采用标准孔、大圆孔和槽孔，孔型尺寸按表 3-9 采用。采用扩大孔连接时，同一连接面只能在盖板或芯板其中之一的板上采用大圆孔或槽孔，其余的仍采用标准孔。

4）高强度螺栓摩擦型连接盖板按大圆孔、槽孔制孔时，应增大垫圈厚度或采用连续型垫板，对 M24 及以下螺栓，厚度不宜小于 8mm；对 M24 以上螺栓，厚度不宜小于 10mm。

表 3-9　高强度螺栓连接的孔型尺寸匹配　　　　　　　　（单位：mm）

螺栓公称直径			M12	M16	M20	M22	M24	M27	M30
孔型	标准孔	直径	13.5	17.5	22	24	26	30	33
	大圆孔	直径	16	20	24	28	30	35	38
	槽孔	短向	13.5	17.5	22	24	26	30	33
		长向	22	30	37	40	45	50	55

3.7.2 螺栓的排列

螺栓在连接中的排列原则应努力追求简单统一，整齐紧凑，构造合理，安装施工方便。螺栓在钢板上可并排和错排两种方式排列，在型钢上有单排和双排两种布置方式，如图 3-49 所示。

同时螺栓排列还应满足以下要求：

（1）螺栓间距应适当　螺栓排列间距不宜过小，当过小时，孔壁周围产生的应力集中，可能使净截面提前破坏。

（2）端距应适当　如果端距过小，易使钢材在端部撕裂。如果螺栓间距过大，又易使钢板贴合又可能不紧密，也可能造成螺栓间钢板失稳。同时螺栓中距及边距均不宜过大，否则钢板不能紧密贴合，易引起钢板锈蚀。

（3）施工空间应保证　设计中应为施工预留足够空间，以便于转动螺栓扳手，《标准》中规定了螺栓最小容许间距。钢板螺栓容许距离及角钢、普通工字钢、槽钢排列螺栓的线距要求要满足图 3-49、图 3-50 及表 3-10~表 3-13 的要求。

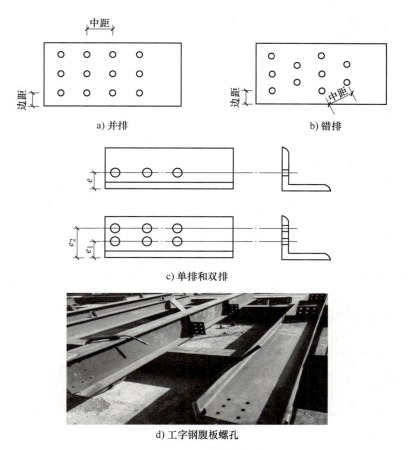

a) 并排　　　　　b) 错排

c) 单排和双排

d) 工字钢腹板螺孔

图 3-49　螺栓排列形式

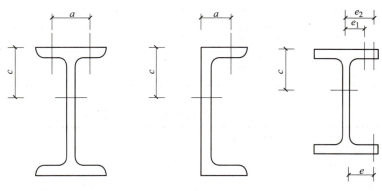

图 3-50　型钢螺栓排列

表 3-10　螺栓和铆钉的最大、最小容许距离

名称	位置和方向			最大容许间距（取两者较小值）	最小容许间距
中心间距	外排（垂直内力方向或顺内力方向）			$8d_0$ 或 $12t$	$3d_0$
	中间排	垂直内力方向		$16d_0$ 或 $24t$	
		顺内力方向	构件受压力	$12d_0$ 或 $18t$	
			构件受拉力	$16d_0$ 或 $24t$	
中心至构件边缘距离	垂直内力方向	顺内力方向		$4d_0$ 或 $8t$	$2d_0$
		剪切边或手工切割边			$1.5d_0$
		轧制边、自动气割或锯割边	高强度螺栓		$1.5d_0$
			其他螺栓或铆钉		$1.2d_0$

注：1. d_0 为螺栓或铆钉孔径，对槽孔为短向尺寸，t 为外层较薄板件厚度。
　　2. 钢板边缘与刚性构件相连的高强度螺栓最大间距，可按中间排数值。

表 3-11　角钢上螺栓或锚栓线距表　　　　（单位：mm）

单行排列	角钢肢宽	40	45	50	56	63	70	75	80	90	100	110	125
	线距 e	25	25	30	30	35	40	40	45	50	55	60	70
	钉孔最大直径	11.5	13.5	13.5	15.5	17.5	20	22	22	24	24	26	26

双行错排	角钢肢宽	125	140	160	180		200		双行并列	角钢肢宽	160	180	200
	e_1	55	60	70	70		80			e_1	60	70	80
	e_2	90	100	120	140		160			e_2	130	140	160
	钉孔最大直径	24	24	26	26		26			钉孔最大直径	24	24	26

表 3-12　工字钢和槽钢腹板上的螺栓线距表　　　　（单位：mm）

工字钢	型号	12	14	16	18	20	22	25	28	32	36	40	45	50	56	63
	线距 c_{min}	40	45	45	45	50	50	55	60	60	65	70	75	75	75	75
槽钢	型号	12	14	16	18	20	22	25	28	32	36	40	—	—	—	—
	线距 c_{min}	40	45	50	50	55	55	55	60	65	70	75				

表 3-13　工字钢和槽钢翼缘上的螺栓线距表　　　　（单位：mm）

工字钢	型号	12	14	16	18	20	22	25	28	36	40	45	50	56	63
	线距 c_{min}	40	40	50	55	60	65	65	70	80	80	85	90	95	95
槽钢	型号	12	14	16	18	20	22	25	28	36	40	—	—	—	—
	线距 c_{min}	30	35	35	40	40	45	45	45	56	60				

3.7.3　螺栓连接的构造

除上述规定外，螺栓连接还应满足如下构造。

1）每杆件在节点上及拼接接头一端，永久性螺栓数不宜少于 2 个。而对于组合构件的缀条，其端部连接可采用一个螺栓。

2）沿杆轴方向受拉的螺栓连接中的端板（法兰板），宜设置加劲肋。

3）C 级螺栓宜用于沿杆轴方向的受拉连接，在下列情况下可用于受剪连接：

① 承受静力荷载或间接动力荷载结构中的次要连接。

② 承受静力荷载的可拆卸连接。

③ 临时固定构件用的安装连接。

4）直接承受动力荷载的构件的螺栓连接应符合下列规定：

① 抗剪连接时应采用摩擦型高强度螺栓。高强度螺栓承压型连接不应用于直接承受动力荷载的结构。

② 普通螺栓受拉连接应采用双螺母或其他能防止螺栓松动的有效措施。

5）高强度螺栓抗剪承压型连接在正常使用极限状态下应符合摩擦型连接的设计要求。

6）采用承压型连接时，连接处构件接触面应清除油渍及浮锈，仅承受拉力的高强度螺栓连接，不需要对接触面进行抗滑移处理。

7）当高强度螺栓连接的环境温度为 100~150℃时，其承载力应降低 10%。

8）当型钢构件拼接采用高强度螺栓连接时，其拼接宜采用钢板。

9）在高强度螺栓连接范围内，构件接触面的处理方法应在施工图中说明。

3.7.4　普通螺栓连接计算

普通螺栓硬度及强度都比较低，**钢结构连接用螺栓**性能等级分 3.6、4.6、4.8、5.6、6.8、8.8、9.8、10.9、12.9 等 10 余个等级，其中 8.8 级及以上螺栓材质为低碳合金钢或中碳钢并经热处理（淬火、回火），统称为高强度螺栓，其余统称为普通螺栓。普通螺栓按受力性能不同，可分为**抗剪型普通螺栓**、**抗拉型普通螺栓**及**同时承受拉剪的普通螺栓**。抗剪型普通螺栓靠孔壁承压、螺栓抗剪传力；抗拉型普通螺栓靠螺栓受拉传力。

1. 普通螺栓受剪连接计算

（1）单个螺栓抗剪承载力　普通螺栓连接螺母拧紧程度较小，沿螺栓杆产生的轴向拉力很小，在抗剪连接中，连接的板件之间虽存在一些摩擦力，但摩擦很小。当承受外部剪力初始阶段，剪力很小，板件之间靠摩擦承载，构件间保持整体性，螺栓杆与螺栓孔之间保持原有空隙。当外力超过接触面最大摩擦力时，构件发生相对位移，直至孔壁与螺栓杆接触，产生承压应力，螺栓杆相应受剪（见图 3-51）。

各螺栓杆与孔壁接触使得螺栓杆件受力不

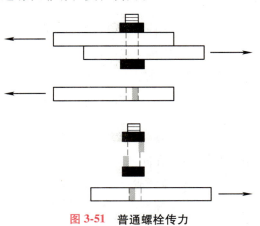

图 3-51　普通螺栓传力

均，抗剪螺栓连接达到极限承载力时，可能出现如下的破坏形式：

1）板件较厚，螺栓杆直径却很小，螺栓杆易于被剪断（见图 3-52a）。

2）板件较薄，螺栓杆直径较大，板件可能出现被拉断的现象（见图 3-52b）。

3）当螺栓孔端距太小时，端距范围内板件可能冲剪破坏的现象（见图 3-52c）。

4）当螺栓孔对板削弱过于严重时，板件在螺栓孔削弱的净截面处被剪断（见图 3-52d）。

5）当螺栓杆太长，螺栓杆可能因过大变形产生受弯破坏（见图 3-52e）。

采取措施使端距 ≥2d_0，可避免 3）情况出现；被连钢板总厚度大于 5 倍螺栓直径时，则螺栓可能出现弯曲，不必考虑弯曲破坏；情况 4）属于强度计算。

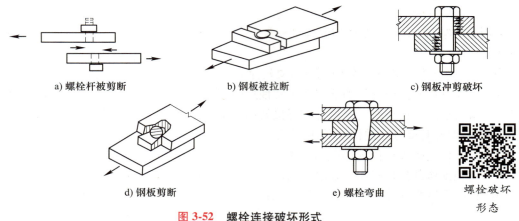

a) 螺栓杆被剪断　　b) 钢板被拉断　　c) 钢板冲剪破坏

d) 钢板剪断　　e) 螺栓弯曲　　螺栓破坏形态

图 3-52　螺栓连接破坏形式

综上所述，抗剪连接计算仅就 1）、2）两种破坏形式进行计算。计算时假定螺栓受剪面上剪应力均匀分布。

单个螺栓的抗剪承载力设计值 N_v^b 按下式计算

$$N_v^b = n_v \frac{\pi d^2}{4} f_v^b \tag{3-47}$$

式中　n_v——受剪面数，单剪 =1，双剪 =2；

　　　d——螺栓杆直径；

　　f_v^b——螺栓抗剪强度设计值。

假定螺栓承压应力均匀分布于螺栓直径平面，单个螺栓承压承载力设计值 N_c^b 按下式计算

$$N_c^b = d \sum t \cdot f_c^b \tag{3-48}$$

式中　$\sum t$——在同一方向承压构件较小总厚度，对于四剪面（见图 3-53），$\sum t$ 取 $(a+c+e)$ 或 $(b+d)$ 较小值；

　　f_c^b——螺栓承压强度设计值，取决于钢材。

普通螺栓杆螺栓连接中，**单个普通螺栓承载力设计值取受剪和孔壁承压承载力设计值中较小者**，即 $N_{min}^b = \min(N_v^b, N_c^b)$。

（2）单个螺栓受剪力的螺栓群承载

1）工况1：螺栓群承受拉力。

当外力通过形心时，各螺栓受力趋于均匀，可认为轴心力 N 使螺栓受剪时由每个螺栓平均分担，所需螺栓数 n 为

$$n = \frac{N}{N_{min}^b} \qquad (3\text{-}49)$$

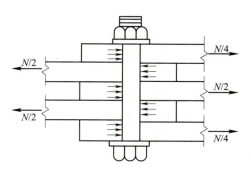

图3-53 四剪面抗剪螺栓连接

式中 N——作用螺栓群的轴心力设计值；

N_{min}^b——单个螺栓最小抗剪承载力设计值。

当构件在节点处拼接接头一端，螺栓沿轴向受力方向的连接长度过大时，螺栓受力很不均匀，端部螺栓往往先破坏，并依次逐个破坏。

当 $l_1 > 15d_0$ 时，螺栓抗剪强度设计值应乘以折减系数 η [按式（3-50）计算]，以防止端部提前破坏。

$$\eta = 1.1 - \frac{l_1}{150d_0} \geqslant 0.7 \qquad (3\text{-}50)$$

当 $l_1 \geqslant 60d_0$ 时，取 $\eta = 0.7$，d_0 为孔径。

螺栓连接中，力的传递如图3-54所示，左边板件承担 N，先通过左边螺栓传至两块拼接板，再由两块拼接板通过右边螺栓传至右边板件，实现左右板件平衡。在力的传递过程中，各部分承担力情况如图3-54c所示，板件在截面1—1处承受全部 N，在截面1—1和2—2之间只承受 $2N/3$，因为 $N/3$ 已通过第一列螺栓传给拼接板。

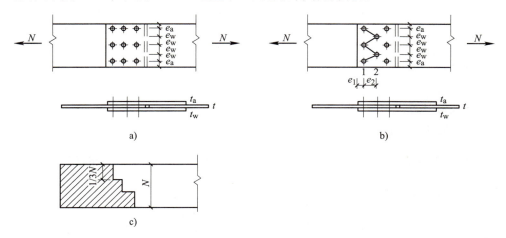

a)

b)

c)

图3-54 力传递与净截面面积

从图3-54可见，由于连接板中有螺栓孔存在，削弱了板件截面，设计时需要验算净截面的强度，以防止板件在净截面被拉断，验算公式如下

$$\sigma = N/A_n \leqslant f \tag{3-51}$$

式中　A_n——净截面面积，按下列方法计算。

图 3-54a 所示为并列螺栓，其净截面面积为

$$A_n = t(b - n_1 d_0) \tag{3-52}$$

式中　b ——板件宽度；

　　　n_1 ——单列的螺栓数；

　　　d_0 ——螺栓孔径。

在实际工程中，还有一种排序，如图 3-54b 所示，螺栓错列排序，其计算时还应考虑错列排序折线截面破坏的可能。其截面净截面面积为

$$A_n = t\left[2e_4 + (n_2 - 1)\sqrt{e_1^2 + e_2^2} - n_2 d_0\right] \tag{3-53}$$

式中　n_2——折线截面螺栓数。

【例 3-6】　两块钢板用两块拼接板以 C 级螺栓连接。已知所承受拉力为 $N = 175\text{kN}$，板件尺寸如图 3-55 所示，采用拼接板型号与构件相同，板厚均为 6mm，钢材为 Q235，螺栓杆直径 $d = 20\text{mm}$，孔径 $d_0 = 21.5\text{mm}$。试验算该拼接板。

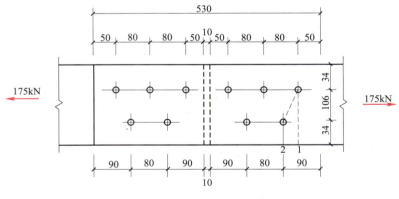

图 3-55　例 3-6 图

【解】

（1）螺栓数计算

单个的抗剪承载力设计值

$$N_v^b = n_v \frac{\pi d^2}{4} f_v^b = \left(1 \times \frac{3.1416 \times 2^2}{4} \times 140 \times \frac{1}{10}\right)\text{kN} \approx 43.98\text{kN}$$

单个螺栓的承压承载力设计值

$$N_c^b = d\sum t \cdot f_c^b = \left(2 \times 0.6 \times 305 \times \frac{1}{10}\right)\text{kN} = 36.6\text{kN}$$

单个螺栓承载力设计值 $N_{min}^b = \min(N_v^b, N_c^b) = 36.6\text{kN}$，则连接单边所需螺栓数为

$$n = N/N_{min}^b = 175/36.6 \approx 4.8$$

选用 5 根螺栓。

（2）净截面面积验算

截面 1—1 净面积为

$$A_{n1} = [(34 \times 2 + 106 - 21.5) \times 6]mm^2 = 915mm^2$$

截面 1—2 净面积为

$$A_{n2} = \{ [34 \times 2 + \sqrt{106^2 + (90 - 50)^2} - 2 \times 21.5] \times 6 \}mm^2 \approx 829.8mm^2$$

故截面 1—2 的净截面应力大，其值为

$$\sigma = N/A_n = 175 \times 10^3 N/829.8mm^2 \approx 210.9N/mm^2 < 215N/mm^2(满足要求)$$

2) 工况 2：螺栓群承受剪力、扭矩。

在计算扭矩 T 作用下焊缝产生应力时，一般假定连接件为绝对刚体，而螺栓为弹性体。在 T 作用下，板件绕螺栓群形心 O 转动（见图 3-56）。各螺栓所受剪力方向垂直于该螺栓至形心连线，剪力大小与螺栓至形心 r 成正比。

各螺栓中心至形心 O 的距离为 r_i，单个螺栓扭转作用下受力为 N_i^T，即

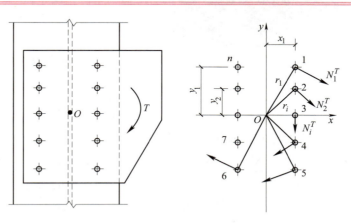

图 3-56 螺栓群受扭转作用

$$\frac{N_1^T}{r_1} = \cdots = \frac{N_i^T}{r_i} = \cdots = \frac{N_n^T}{r_n} \tag{3-54}$$

由扭矩平衡得

$$T = N_1^T r_1 + \cdots + N_i^T r_i + \cdots + N_n^T r_n \tag{3-55}$$

$$= \frac{N_1^T}{r_1} r_1^2 + \cdots + \frac{N_i^T}{r_i} r_i^2 + \cdots + \frac{N_n^T}{r_n} r_n^2 = \frac{N_i^T}{r_i} \sum r_i^2$$

因而

$$N_i^T = \frac{T r_i}{\sum r_i^2} = \frac{T r_i}{\sum x_i^2 + \sum y_i^2} \tag{3-56}$$

剪力 V 由螺栓群均匀承受，在 1 点引起的剪力为

$$N_1^V = \frac{V}{n} \tag{3-57}$$

由此可得螺栓群偏心受剪，受力最大螺栓 1 所受合力应满足下式要求

$$\sqrt{(N_{1x}^T)^2 + (N_{1y}^T + N_1^V)^2} \leq N_{min}^b \tag{3-58}$$

【例 3-7】 设计图 3-57 所示普通螺栓连接。柱翼缘厚度为 10mm，连接板厚度为 8mm，钢材采用 Q235B，荷载设计值 $F = 150kN$，偏心距 $e = 200mm$，螺栓采用 M22。

【解】 将偏心剪力移到螺栓群中心，得

$$T = Fe = (150 \times 0.2)kN \cdot m = 30kN \cdot m$$

由剪力在每个螺栓中引起的剪力为

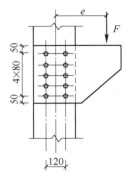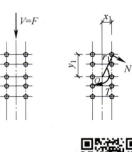

图 3-57 例 3-7 图

例 3-7 详解

$$N_1^V = \frac{F}{n} = \frac{150}{10} \text{kN} = 15 \text{kN}$$

在节点的 10 个螺栓中，1 点承受剪应力最大，取该点进行验算。

又

$$\sum x_i^2 + \sum y_i^2 = \left[10 \times 6^2 + (4 \times 8^2 + 4 \times 16^2) \right] \text{cm}^2 = 1640 \text{cm}^2$$

$$N_{1x}^T = \frac{Ty_1}{\sum x_i^2 + \sum y_i^2} = \frac{30 \times 16 \times 10^2}{1640} \text{kN} \approx 29.27 \text{kN}$$

$$N_{1y}^T = \frac{Tx_1}{\sum x_i^2 + \sum y_i^2} = \frac{30 \times 6 \times 10^2}{1640} \text{kN} \approx 10.98 \text{kN}$$

所以 $N_1 = \sqrt{(N_{1x}^T)^2 + (N_{1y}^T + N_1^V)^2} = \sqrt{29.27^2 + (10.97 + 15)^2} \text{kN} \approx 39.13 \text{kN}$

单个螺栓抗剪承载力设计值　$N_v^b = n_v \frac{\pi d^2}{4} f_v^b = 1 \times \frac{\pi \times 22^2 \times 140}{4} \text{N} \approx 53.2 \text{kN}$

单个螺栓承压承载力设计值　$N_c^b = d \sum t \cdot f_c^b = (22 \times 8 \times 305) \text{N} \approx 53.7 \text{kN}$

单个螺栓承载力设计值　$N_{min} = \min\{N_v^b, N_c^b\} = 53.2 \text{kN} > 39.13 \text{kN}$

牛腿与翼缘满足连接要求。

2. 普通螺栓受拉连接计算

（1）单个螺栓抗拉承载力　当使用普通螺栓连接时，拉力作用使螺栓连接趋于脱开，螺栓所连接的板件会对螺栓头及螺母会产生挤压作用，导致螺栓承受拉力。通过试验及工程经验，普通螺栓抗拉时最不利位置位于螺母下部的螺纹扣削弱处，此处也是普通螺栓受拉时的薄弱部位。单个普通螺栓的抗拉强度设计值 N_t^b 为

$$N_t^b = A_e f_t^b = \frac{\pi d_e^2}{4} f_t^b \tag{3-59}$$

式中　A_e——普通螺栓有效面积，可查附录 B 中表 B-1；

　　　f_t^b——普通螺栓抗拉强度设计值。

需要注意的是，螺栓受拉时所承受的总拉力受到连接板刚度的影响较大。如图 3-58a 所示，两螺栓连接板承受拉力，板件会产生弯曲变形，从而在板件局部产生"杠杆"效应。螺栓所承担的总拉力 N_t 可以认为是端板外角产生"杠杆力" Q 与外拉力 N 之和。通常来说，

经受力分析可知，板件刚度决定了"杠杆力"大小，刚度越小，板件局部变形越大，所产生的"杠杆力"也越大。因此通常情况下，板件局部都会设置加劲肋以减小杠杆作用（见图 3-58b）。《标准》中规定，普通螺栓抗拉强度设计值为钢材抗拉强度设计值的 0.8 倍。

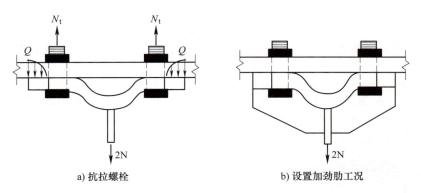

a) 抗拉螺栓   b) 设置加劲肋工况

图 3-58   抗拉螺栓连接

（2）单个螺栓受拉力的螺栓群承载

1）螺栓群承受拉力。螺栓群在承受轴心荷载作用，通常假定每个螺栓均匀受力，因此所需要螺栓的个数 n 为

$$n = \frac{N}{N_t^b} \tag{3-60}$$

式中　　N_t^b——单个螺栓抗拉承载力设计值；

　　　　N——总轴向拉力荷载。

2）螺栓群承受弯矩。弯曲是钢结构构件常见的荷载形式，图 3-59 所示为普通螺栓在弯矩作用下的受拉连接。按弹性理论计算，假定中和轴位于最下排螺栓形心 O 处，螺栓群在承受弯矩时绕 O 点水平轴转动。各排螺栓所承受的拉力大小与距 O 点位置距离有关。位置越近，

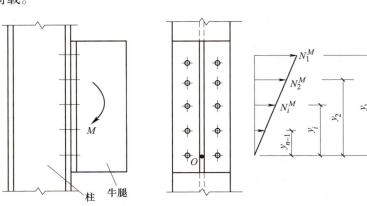

图 3-59   弯矩作用下的抗拉螺栓群计算

力臂越小，所承受弯矩也越小；反之，越大。

参照受扭计算方法，设螺栓排数为 m，则螺栓群抗弯承载力可推导如下

$$\frac{N_1^m}{y_1} = \cdots = \frac{N_2^m}{y_2} = \cdots = \frac{N_n^m}{y_n} \tag{3-61}$$

$$M = m(N_1^m y_1 + \cdots + N_i^m y_i + \cdots + N_n^m y_n) \tag{3-62}$$

$$\frac{N_1^m}{y_1}y_1^2 + \cdots + \frac{N_i^m}{y_i}y_i^2 + \cdots + \frac{N_n^m}{y_n}y_n^2 = \frac{N_i^m}{y_i}\sum y_i^2 \tag{3-63}$$

因此单个螺栓承受的拉力为

$$N_i^m = \frac{My_i}{m\sum y_i^2} \tag{3-64}$$

设计时要求受力最大的最外排螺栓的拉力不超过螺栓抗拉承载力设计值 N_t^b，即

$$N_{tmax} = N_1^m \leqslant N_t^b$$

【例 3-8】 如图 3-60 所示，短横梁与柱翼缘相连接，C 级 M20 普通螺栓（$d_0 =$ 21.5mm），梁端垫板下有永久承托，钢材采用 Q235，竖向力设计值为 $V = 250$kN，$e =$ 120mm。试问承托承受全部剪力时，螺栓承受最大拉力设计值是多少？

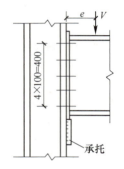
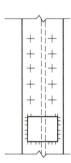

图 3-60 例 3-8 图

【解】 由题可知，螺栓群在此节点承受弯剪作用，当承托板为永久承托装置时，梁端剪力由承托承担，即螺栓群仅承受弯矩。

将 V 向螺栓群形心简化，节点产生弯矩为 $M = Ve$，螺栓群绕下排螺栓转动，因此最上排螺栓承受拉力最大，则

$$N_{tmax} = \frac{My_{max}}{m\sum y_i^2} = \frac{250 \times 0.12 \times 10^6 \times 400}{2 \times (400^2 + 300^2 + 200^2 + 100^2)}\text{N} = 20\text{kN}$$

3. 单个螺栓承受拉和剪联合作用

前述的工况中，单个螺栓均仅承受单一荷载类型，但实际工程中，螺栓连接梁柱节点往往还可能承受着多种复杂的组合荷载作用，图 3-57 所示工况中，若承托板为临时支承装置，则剪力 F 作用仍需由螺栓群承担，这种工况下螺栓群承受弯矩、剪力，而单个螺栓同时承受着拉力和剪力作用。

多重力作用下螺栓群计算

在弯矩作用下，按式（3-64）计算；在剪力作用下，螺栓受力 $N_v = V/n$。

螺栓在拉力和剪力共同作用下，应满足相关公式

$$\sqrt{\left(\frac{N_v}{N_v^b}\right)^2 + \left(\frac{N_t}{N_t^b}\right)^2} \leqslant 1.0 \tag{3-65}$$

满足式（3-65）说明，螺栓不会因受拉和受剪破坏，但当板较薄时，可能承压破坏，故

还需满足

$$N_v \leqslant N_c^b \tag{3-66}$$

式中　N_v、N_t——单个螺栓承受剪力、拉力；

N_v^b、N_c^b 和 N_t^b——单个螺栓抗剪、承压和抗拉设计值。

【例 3-9】　某钢结构牛腿与钢柱采用螺栓连接，如图 3-61 所示。钢材采用 Q235，竖向荷载设计值为 $F = 100kN$，偏心距 $e = 100mm$，水平方向拉力设计值 $N = 200kN$，作用在螺栓群形心。试问采用普通螺栓 5.6 级，M20（$A_e = 245mm^2$），受力最大的螺栓是否满足强度要求。

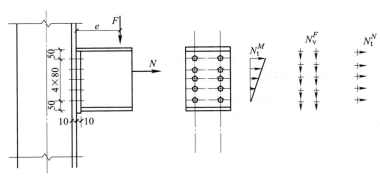

图 3-61　例 3-9 图

【解】　经分析，节点螺栓群承受拉力、剪力和弯矩如下：

螺栓群承受弯矩为

$$M = Fe = 100000N \times 100mm = 10kN \cdot m$$

假定螺栓群受弯过程中绕螺栓群最下排螺栓转动，螺栓群在承受水平荷载 N 和竖向剪力 F 时，各螺栓均匀承担。

最下排螺栓承受最小拉力为

$$N_{tmin} = \frac{N}{n} - \frac{My}{m\sum y_i^2} = \left[\frac{200 \times 10^3}{10} - \frac{10 \times 10^6 \times 0}{2 \times (80^2 + 160^2 + 240^2 + 320^2)} \right] N = 20kN$$

最上排螺栓承受最大拉力为

$$N_{tmax} = \frac{N}{n} + \frac{My_{max}}{m\sum y_i^2} = \left[\frac{200 \times 10^3}{10} + \frac{10 \times 10^6 \times 320}{2 \times (80^2 + 160^2 + 240^2 + 320^2)} \right] N \approx 28.3kN$$

最上排螺栓承受剪力为

$$N_v = \frac{F}{n} = \frac{100}{10}kN = 10kN$$

螺栓抗剪承载力设计值为　　$N_v^b = n_v \frac{\pi d^2}{4} f_v^b = \left(\frac{3.14 \times 20^2}{4} \times 190 \right) N = 59.66kN$

螺栓承压承载力设计值为　　$N_c^b = d \sum t \cdot f_c^b = (20 \times 10 \times 470) N = 94kN$

螺栓抗拉承载力设计值为　　$N_t^b = \frac{\pi d_e^2}{4} f_t^b = A_e f_t^b = (245 \times 210) N = 51.45kN$

由式（3-61）得　　$\sqrt{\left(\frac{N_v}{N_b} \right)^2 + \left(\frac{N_t}{N_t^b} \right)^2} = \sqrt{\left(\frac{10}{59.66} \right)^2 + \left(\frac{28.3}{51.45} \right)^2} \approx 0.58 < 1$

满足要求。

螺栓连接节点与焊缝连接相似，节点构造较为复杂，关键是需要区分螺栓群受力状态与单个螺栓受力状态。对于螺栓连接节点，可能承受多种复合荷载作用（拉伸、弯曲、扭转、剪切），但无论螺栓群承受何种复杂荷载，单个螺栓仅承受拉力和剪力两种荷载。找出截面最危险螺栓，并确定该单个螺栓承受的拉力及剪力，通过式（3-65）进行验算。

3.8 高强度螺栓连接构造计算

高强度螺栓性能等级通常有 10.9 级（20MnTiB 钢和 35VB 钢）和 8.8 级（20MnTiB 钢、40Cr 钢、45 号钢和 35VB 钢）。在级别划分中，小数点前为螺栓经过热处理后的最低抗拉强度，小数点后数字为屈强比（屈服强度和抗拉强度比值），如 8.8 级钢材最低抗拉强度是 $800N/mm^2$，屈服强度为 $0.8 \times 800N/mm^2 = 640N/mm^2$，高强度螺栓所用螺母和垫圈采用 45 号钢或 35 号钢。

高强度螺栓连接按其受力形式可分为**摩擦型高强度螺栓连接**和**承压型高强度螺栓连接**。摩擦型连接是靠被连接板件之间的摩擦阻力传递内力，极限状态摩擦阻力被克服。承压型连接是破坏形式与普通螺栓一致，以螺栓杆或板件的抗压极限承载状态为设计准则，最后即以螺栓杆被剪断或连接板被挤压破坏为最终极限状态。摩擦型高强度螺栓连接的孔型尺寸匹配见表 3-14。

表 3-14　摩擦型高强度螺栓连接的孔型尺寸匹配　　　　（单位：mm）

螺栓公称直径			M12	M16	M20	M22	M24	M27	M30
孔型	标准孔	直径	13.5	17.5	22	24	26	30	33
	大圆孔	直径	16	20	24	28	30	35	38
	槽孔	短向	13.5	17.5	22	24	26	30	33
		长向	22	30	37	40	45	50	55

3.8.1 高强度螺栓预拉力与抗滑移系数

1. 高强度螺栓预拉力

高强度螺栓预拉力是通过拧紧螺母来实现的，通常采用控制预拉力的方法有**扭矩法**、**转角法**或**扭剪法**。

1）扭矩法是通过可显示扭矩的特制扳手，根据事先测定的扭矩和螺栓拉力关系按下式实施扭矩，并计入必要的超张拉力。

$$T = KdP \tag{3-67}$$

式中　K——扭矩系数；

　　　d——螺栓直径；

　　　P——设计时规定的螺栓预拉力。

2）转角法分为初拧和终拧，初拧通过扳手使连接件紧密贴合，终拧是以初拧为起点，用有力扳手拧至规定角度。

3）扭剪法以扭断螺栓梅花头来控制预拉力数值，此方法简单准确，而且直观有效。

应尽量施加高强度螺栓预拉力值，但需避免螺栓在拧紧过程中出现屈服或断裂。高强度螺栓预拉力设计值 P 由下式计算

$$P = \frac{0.9 \times 0.9 \times 0.9}{1.2} f_u A_e \qquad (3-68)$$

式中　f_u——螺栓经处理后的最低抗拉强度，对 8.8 级高强度螺栓，取 $f_u = 830\text{N/mm}^2$；对 10.9 级高强度螺栓，取 $f_u = 1040\text{N/mm}^2$。

　　　A_e——螺纹处有效面积，见附录 B 中表 B-1。

式（3-68）中各数值有不同的含义：

首先，螺栓拧紧时，螺栓除产生拉应力外，还会产生剪应力。正常条件下，即螺母的螺纹和下支承面涂润滑条件下拧紧螺栓时，试验表明可考虑对应力影响系数 1.2。

其次，螺栓材质的不均匀性，引入折减系数 0.9。

再次，施工时为补偿螺栓预拉力松弛，一般超张拉 5%~10%，因此采用一个超张拉系数 0.9。

最后，由于以螺栓抗拉强度为准，为安全起见，再引入一个附加安全系数 0.9。

考虑上述因素后，得到高强度螺栓预拉力设计值见表 3-15。因此，需对此公式中的数字有明确的理解。

表 3-15　高强度螺栓预拉力设计值　　　　　　　　　（单位：kN）

螺栓的强度等级	螺栓的公称直径/mm					
	M16	M20	M22	M24	M27	M30
8.8 级	80	125	150	175	230	280
10.9 级	100	155	190	225	290	355

2. 高强度螺栓接触表面抗滑移系数

高强度螺栓接触表面抗滑移系数与连接板摩擦力有着十分密切的关系，因此使用高强度螺栓时，通常先将接触表面处理为洁净并粗糙的表面，以提高抗滑移能力。接触表面处理方法见表 3-16。

表 3-16　摩擦面的抗滑移系数 μ 值

连接处构件接触面的处理方法	构件的钢材牌号		
	Q235 钢	Q345 钢或 Q390 钢	Q420 钢或 Q460 钢
喷硬质石英砂或铸钢棱角砂	0.45	0.45	0.45
抛丸（喷砂）	0.40	0.40	0.40
钢丝刷清除浮锈①或未经处理的干净轧制面	0.30	0.35	—

① 钢丝刷除锈方向应与受力方向垂直，连接构件采用不同钢材牌号时，μ 按较低强度取值。

采用其他方法处理时，其处理工艺及抗滑移系数均需按试验确定。

此外，抗滑移系数 μ 还与板件间挤压有关，挤压力越大，μ 值越大。

3.8.2　摩擦型高强度螺栓连接计算

1. 摩擦型高强度螺栓连接受剪计算

（1）摩擦型高强度螺栓连接受剪承载力设计值　摩擦型高强度螺栓连接以被连接板件摩擦传递内力，以摩擦阻力刚被克服时为极限状态。摩擦阻力与板件法向压力、接触表面抗滑移系数及传力摩擦面的数目相关，因此摩擦型高强度螺栓连接受剪承载力设计值按下式计算

$$N_v^b = \alpha_R k n_f \mu P \tag{3-69}$$

式中　　α_R——抗力分项系数的倒数，一般取 0.9，最小板厚 ≤ 6mm 的冷弯薄壁结构取 0.8；

　　　　k——孔型系数，标准孔取 1.0，大圆孔取 0.85，内力与槽孔长向垂直时取 0.7，内力与槽孔平行时取 0.6；

　　　　n_f——传力摩擦面数；

　　　　μ——摩擦面抗滑移系数，见表 3-16；

　　　　P——单个高强度螺栓预拉力，见表 3-15。

（2）摩擦型高强度螺栓群连接的受剪计算　摩擦型高强度螺栓群连接受剪时力的分析方法和有关计算公式与普通螺栓连接相同。图 3-62 所示的摩擦型高强度螺栓群受轴力作用情形，轴力由连接一侧螺栓平均承受，所需螺栓数目为

$$n = \frac{N}{N_v^b} \tag{3-70}$$

在进行摩擦型高强度螺栓净截面强度验算时，与普通螺栓不同，要考虑由于摩擦阻力作用，即一部分剪力由孔前接触面传递（见图 3-62）。按照规范规定，孔前传力占螺栓传力的 50%，截面 1—1 处净截面传力为

$$N' = N(1 - 0.5n_1/n) \tag{3-71}$$

螺栓群承受扭矩和剪力时，单个螺栓计算方法与普通螺栓无异，应使最大受剪螺栓剪力小于或等于其抗剪承载力设计值，即 $N_{vmax} \leqslant N_v^b$。

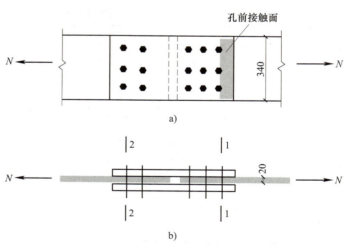

图 3-62　摩擦型高强度螺栓孔前传力

2. 摩擦型高强度螺栓连接受拉计算

摩擦型高强度螺栓经常需承受拉力。图 3-63 所示为摩擦型高强度螺栓群受拉状态连接，在外拉力 N 作用下，各螺栓受力均匀，单个螺栓分担拉力为 $N_1 = N/n$，随着外力增加，钢板间预压力减小，螺栓杆所受拉力增大，但达到螺栓抗拉承载力时，螺栓杆拉力增加幅度有限。

高强度螺栓拧紧后，螺栓受预拉力 P，被连钢板受预压力 $C = P$，当单个螺栓受外力被连

接钢板趋于分开，螺栓杆被拉长，螺栓拉力也相应由 P 增加至 $P' = P + \Delta P$，钢板间紧压力由 C 减小至 $C' = C + \Delta C$。当高强度螺栓受拉时，要求 C' 不能降过低，钢板间始终应保持一定的压紧力，使连接具有整体性。同时要求 P' 不宜增大过多，以免螺栓屈服引发应力松弛现象。《标准》规定，螺栓杆方向受拉连接中，单个高强度螺栓承载力设计值按下式确定

$$N_t^b = 0.8P \tag{3-72}$$

对于摩擦型高强度螺栓群连接，由于钢板始终紧压，螺栓抗拉时杠杆力影响可不考虑，设计时一般采用端板厚度或增设加劲肋方法以增大刚度。

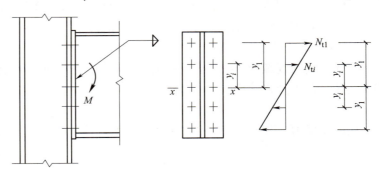

（1）摩擦型高强度螺栓群受拉　轴心力作用下螺栓群受拉，所需螺栓数目为 $n = N/N_t^b$ 个。

图 3-63　摩擦型高强度螺栓群受力分析

（2）摩擦型高强度螺栓群受弯　当摩擦型高强度螺栓群受弯时，单个摩擦型高强度螺栓承受拉力，此时应注意，由于摩擦型高强度螺栓依靠螺栓预拉力给予的摩擦力传力，故服役状态下，连接板件间不能出现脱开的情况，故摩擦型高强度螺栓受弯时认为绕螺栓群形心转动。

3. 摩擦型高强度螺栓受拉剪联合作用计算

对于摩擦型高强度螺栓，同时承受拉力、剪力和弯矩作用也是一种常见的工况，此类情况中，总剪力由全部 n 个螺栓均匀承担；按照最大受拉螺栓的拉力和剪力验算螺栓承载力，《标准》采用相关公式来表达其承载力，即

$$\frac{N_v}{N_v^b} + \frac{N_t}{N_t^b} \leq 1 \tag{3-73}$$

式中　N_v、N_t——某摩擦型高强度螺栓承受的剪力、拉力；

N_v^b、N_t^b——单个高强度螺栓抗剪、抗拉承载力的设计值。

其中，$N_v^b = 0.9kn_f \mu P$，$N_t^b = 0.8P$，将两式代入上式可得

$$N_v = 0.9kn_f \mu (P - 1.25N_t) \tag{3-74}$$

3.8.3　承压型高强度螺栓连接计算

1. 承压型高强度螺栓连接受剪计算

承压型高强度螺栓连接是以承载力极限状态，最后破坏形式及工作机理也与普通螺栓相似，即以螺栓杆被剪断或钢板被挤压破坏为极限状态，因此计算方法也与普通螺栓相似。但当剪切面在螺纹处时，高强度螺栓受剪承载力设计值应按螺栓螺纹处有效面积进行计算，所以承压型高强度螺栓抗剪承载力设计值为下式

抗剪承载力设计值
$$N_v^b = n_v \frac{\pi d^2}{4} f_v^b \tag{3-75}$$

承压承载力设计值 $\qquad N_c^b = d \sum t \cdot f_c^b$ $\qquad$ (3-76)

式中 $\quad n_v$ ——受剪面数,单剪 $=1$,双剪 $=2$;

$\quad d$ ——螺栓杆直径,若剪切面由螺纹,计算有效直径 d_e;

$\quad f_v^b$ ——螺栓抗剪强度设计值;

$\quad \sum t$ ——在不同受力方向中一个受力方向承受构件总厚度的最小值;

$\quad f_c^b$ ——螺栓抗压强度设计值,取决于钢材。

2. 承压型高强度螺栓连接受拉计算

承压型高强度螺栓受拉状态同普通螺栓相同,因为承压型高强度螺栓受拉承载力按普通螺栓受拉承载力公式计算。

3. 承压型高强度螺栓同时承受剪力及拉力状态计算

同时承受剪力和杆轴方向拉力的承压型高强度螺栓,其应符合下列公式要求

$$\sqrt{\left(\frac{N_v}{N_v^b}\right)^2 + \left(\frac{N_t}{N_t^b}\right)^2} \leqslant 1.0 \qquad (3-77)$$

$$N_v \leqslant N_c^b / 1.2 \qquad (3-78)$$

式中 $\quad N_v$、N_t ——计算的某承压型高强度螺栓承受的剪力、拉力;

$\quad N_v^b$、N_t^b 和 N_c^b ——单个承压型高强度螺栓按普通螺栓计算的受剪、受拉和承压承载力设计值。

由于高强度螺栓对被连接板有强大的紧压作用,使承压板前孔区形成三向压应力场,承压强度有所提高。但对于受杆轴方向拉力的高强度螺栓,被连接板间压紧作用随外力减小而减小,因而承压设计强度也随着降低。因此式(3-78)中的系数 1.2 是与普通螺栓计算的区别之处,《标准》规定只要有外拉力就将承压设计值除以 1.2 予以降低。

【例 3-10】 图 3-62 所示为用双盖板拼接的两块钢板。钢材采用 Q235,采用 8.8 级 M22 高强度螺栓连接,连接处构件接触面用喷硬质石英砂处理,两侧承受拉力设计值为 $N = 1000$kN,孔采用标准孔。试问如采用摩擦型及承压型高强度螺栓连接,最少分别需要多少个高强度螺栓?

【解】

(1) 采用摩擦型高强度螺栓连接

查表 3-15,8.8 级 M22 高强度螺栓,预拉力 $P = 150$kN

查表 3-16,喷硬质石英砂,Q235 钢,摩擦系数 $\mu = 0.45$

单个螺栓受剪承载力设计值为

$$N_v^b = \alpha_R k n_f \mu P = (1 \times 0.9 \times 2 \times 0.45 \times 150)\text{kN} = 121.5\text{kN}$$

所需螺栓数为 $\quad n = N/N_v^b = 1000/121.5 \approx 8.2$

取 9 个,螺栓排列如图 3-62a 右侧所示。

由图 3-62b 可见,钢板截面 1—1 最危险,故对该截面进行验算。

$$N' = N(1 - 0.5n_1/n) = 1000 \times (1 - 0.5 \times 3/9)\text{kN} \approx 833.3\text{kN}$$

$$A_n = t(b - n_1 d_0) = 2.0 \times (34 - 3 \times 2.4)\text{cm}^2 = 53.6\text{cm}^2$$

$$\sigma = N'/A_n = (833.3 \times 10^3)/(53.6 \times 10^2)\text{N/mm}^2 \approx 155.5\text{N/mm}^2 < 205\text{N/mm}^2$$

例 3-10 详解

（2）采用承压型高强度螺栓连接

单个螺栓抗剪承载力设计值

$$N_v^b = n_v \frac{\pi d^2}{4} f_v^b = \left(2 \times \frac{3.1416 \times 2.2^2}{4} \times 250 \times \frac{1}{10}\right) kN \approx 190kN$$

$$N_c^b = d \sum t \cdot f_c^b = \left(2.2 \times 2 \times 470 \times \frac{1}{10}\right) kN = 206.8kN$$

所需螺栓数量

$$n = N/N_{min}^b = 1000/190 \approx 5.3$$

取 6 个，螺栓排列如图 3-62a 左侧所示。

构件净截面强度验算，钢板截面 2—2 最危险，承压型高强度螺栓孔比摩擦型螺栓孔孔径小 0.5mm 左右，故

$$A_n = t(b - n_1 d_0) = [2.0 \times (34 - 3 \times 2.35)] cm^2 = 53.9 cm^2$$

$$\sigma = N/A_n = (1000 \times 10/53.9) N/mm^2 \approx 185.5 N/mm^2 < 205 N/mm^2$$

【例 3-11】 某节点板连接于工字形柱翼缘，如图 3-64 所示。节点钢材采用 Q235，采用 4 根 M22 的 10.9 级高强度螺栓连接，摩擦面喷硬质石英砂处理。柱翼缘及连接板厚均为 16mm，节点中心受到水平拉力 N_1 和斜向拉力 N_2 作用，$N_1 = 150kN$，$N_2 = 200kN$，采用标准圆孔，N_1 和 N_2 为 45°交角。验算螺栓为摩擦型高强度螺栓连接和承压型高强度螺栓连接时是否满足强度要求。

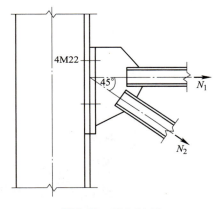

图 3-64 例 3-11 图

【解】

（1）当采用摩擦型高强度螺栓连接时

查表 3-15，10.9 级 M22 高强度螺栓，预拉力 $P = 190kN$

查表 3-16，喷硬质石英砂，Q235 钢，摩擦系数 $\mu = 0.45$

单个螺栓抗剪承载力为

$$N_v^b = \alpha_R k n_f \mu P = (1 \times 0.9 \times 1 \times 0.45 \times 190) kN = 76.95kN$$

单个螺栓抗拉承载力为

$$N_t^b = 0.8P = 0.8 \times 190kN = 152kN$$

将荷载沿角度分解，并代入式（3-73）得

$$\frac{N_v}{N_v^b} + \frac{N_t}{N_t^b} = \frac{200 \times \sin 45°}{4 \times 76.95} + \frac{200 \times \cos 45° + 150}{4 \times 152} \le 1$$

满足强度要求。

（2）当采用承压型高强度螺栓连接时

由题可查附录 A 中表 A-5 得 $f_t^b = 500 N/mm^2$，$f_v^b = 310 N/mm^2$，$f_c^b = 470 N/mm^2$

查附录 B 中表 B-1 得，M22 有效面积为 303cm²

单个螺栓抗剪承载力为 $N_v^b = n_v \frac{\pi d^2}{4} f_v^b = \left(1 \times \frac{\pi \times 22^2}{4} \times 310\right) N \approx 117.84kN$

单个螺栓承压承载力为 $N_c^b = d \sum t \cdot f_c^b = (22 \times 16 \times 470)\text{N} = 165.44\text{kN}$

单个螺栓抗拉承载力为 $N_t^b = \dfrac{\pi d_e^2}{4} f_t^b = (303 \times 500)\text{N} = 151.5\text{kN}$

代入式（3-77）得

$$\sqrt{\left(\frac{N_v}{N_v^b}\right)^2 + \left(\frac{N_t}{N_t^b}\right)^2} = \sqrt{\left(\frac{200 \times \sin45°}{4 \times 117.84}\right)^2 + \left(\frac{150 + 200 \times \cos45°}{4 \times 151.5}\right)^2} \approx 0.57 \leqslant 1$$

$$N_v = \frac{200 \times \sin45°}{4}\text{kN} \approx 35.36\text{kN} < N_c^b/1.2 \approx 137.87\text{kN}$$

满足强度要求。

本章思维导图

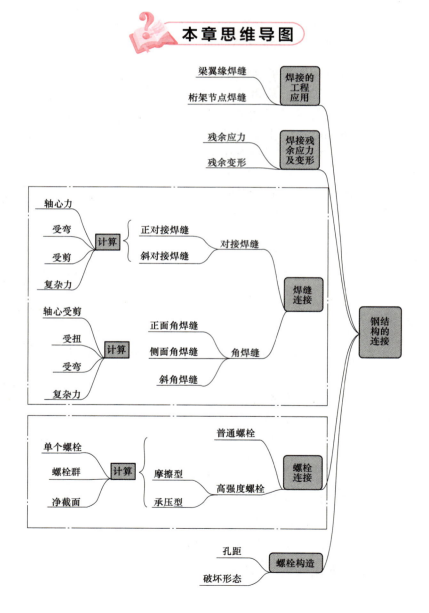

旧金山-奥克兰海湾大桥

中国在钢结构为主的桥梁建设上创造了很多世界第一,如美国的旧金山-奥克兰海湾大桥就是众多此类工程之一。这座大桥位于美国西海岸,已于1936年正式通车,是世界上跨度最大的桥梁之一。但该桥东桥在旧金山地震中遭到损坏。2006年,美国政府打算重建该桥,以总投资72亿美元(按当时汇率,折合500亿元人民币)的价格在全球招标寻找承建商。最初美国想让其国内公司承建,但由于该桥存在很多技术难题,桥梁施工难度太大,美国公司纷纷退却。最终我国上海振华重工凭借丰富的工程经验和雄厚的技术实力得以中标,这是美国钢结构桥梁首次全部交予外国公司承建,也是振华重工首次在国外承建如此高难度复杂的工程。

该桥梁钢结构达4.5万t,其中单塔柱达1.3万t,来支撑桥体7万t重量,抗震设防烈度为8度,桥面双向12车道,每天车流量约30万辆。除了极高的承载要求,美方要求异常苛刻,要求桥体焊接必须按照美国标准完成,电焊工也必须取得美国焊接协会技术认证,桥梁塔身需全部采用不等边五角形钢柱和横梁栓焊连接,尽量消除厚钢板的焊接变形及不出现裂缝。这在技术上几乎无法实现。

面对美国严格的要求和严苛的检查检验制度,我国的工程师们发扬了艰苦奋斗、不怕困难的精神,在认真严谨地完成每步施工后,都进行了比美方标准更加严苛的自检。最终各项指标均通过了美方的验收,于2011年建造完成。振华重工不仅保质保量完成了任务,还比计划提前5个月完成了工程,为国家争得了荣誉和经济效益。

大国工匠——王汝运

王汝运是中铁宝桥集团钢结构车间的电焊高级技师,他于1986年参加工作,并开始进行钢结构焊接相关技术工作。他当时仅有初中文化,焊接基础知识对他来说是一片空白,面对技术技能的不足,他勤学苦练,努力钻研,最终不仅掌握了焊条电弧焊、氩弧焊等焊接方式,而且掌握了立焊、仰焊、全位置焊、单面焊双面成型等操作要领。在此期间,为了提高文化知识和专业技能,他自费购买了大量书籍,每天都学习到深夜。就这样坚持了几十年,他学习的笔记足足攒了几大本。这都是他成长和进步的宝贵财富。

他对待技术总是刻苦钻研,有针对性地进行技能训练,补短板、夯实力,先后考取了电焊高级工资格证书、德国NE287焊工证书、美国焊接协会《钢桥焊接规范》等系列焊工资格证书,成为中铁宝桥首批认证的国际焊工。

王汝运凭借着自身的努力,取得了骄人的成绩。在国家重点工程南京二桥项目建设中,他在60℃的高温环境下,每天连续工作14h,60天后,完成了桥梁钢梁的环焊缝焊接任务,并且达到一次探伤合格率100%的好成绩。多年来,他每年完成的工时始终在小组名列前茅,其中2002年完成工时4367h,2003年达到了惊人的5619h,两年加起来相当于干了4年的工期,被大家誉为"走在时间前面的人"。

　　30 年来，王汝运参建的钢结构总吨位超过 50 万 t、累计 50 万延长米的国家和地方重点工程。其中有中国第一座公路钢箱梁斜拉桥——东营胜利黄河大桥；有中国最大的经济援助项目——缅甸仰光丁茵大桥；有中国第一座采用整体节点焊接结构的钢桁梁桥——京九铁路孙口黄河大桥；有"中国第一塔"之称的南京三桥钢塔；有中国第一条轻轨观光工程——西安曲江新区轻轨观光线路等。王汝运先后获得了"全国优秀焊接工程奖""古斯塔夫·林德恩斯奖"等国内和国际殊荣。他本人也荣膺了"全国劳动模范""陕西省首席技师""陕西省杰出能工巧匠""陕西省十大杰出工人"等许多荣誉，并于 2015 年享受到"国务院政府特殊津贴"。向这位"大国工匠"致敬，他的钻研精神和勤奋努力值得我们每个人学习。

习　题

一、简答题

1. 简述钢结构连接方式及其特点。
2. 简述焊缝质量缺陷内容及焊缝质量分级规定。
3. 简述焊接残余应力对结构刚度、强度、稳定、低温冷脆、疲劳性能的影响。
4. 简述普通螺栓、摩擦型高强度螺栓连接、承压型高强度螺栓连接的区别。
5. 简述螺栓连接破坏的几种主要形式。
6. 查阅相关资料，了解我国公司修建旧金山大桥的详细过程，对你有什么启发？
7. 从"大国工匠"小故事中我们悟到了些什么？查阅相关资料，简述我国钢结构行业还有哪些"大国工匠"。

二、计算题

1. 如图 3-65 所示，两块拼接板以焊接方式连接钢板，分别采用两面侧焊角焊缝和三面围焊角焊缝。焊脚尺寸为 6mm，钢材采用 Q235，焊条采用 E43 型，焊条电弧焊。试算两种焊接连接分别所能承担的最大拉力。

2. 某钢结构牛腿与钢柱间采用 10.9 级摩擦型高强度螺栓连接，连接构件接触面采用喷硬质石英砂，如图 3-66 所示，竖向力设计值为 $F = 310kN$，偏心距 $e = 250mm$。试计算高强度螺栓采用哪种直径规格比较合适？

3. 某节点板连接于工字形柱的翼缘，如图 3-67 所示，钢材采用 Q345，采用 4 根

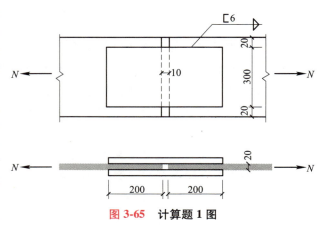

图 3-65　计算题 1 图

10.9 级承压型高强度螺栓连接，单栓有效面积 $A_e = 303.4mm^2$，节点中心到水平拉力 N_1 和斜向拉力 N_2 作用，采用标准圆孔。N_2 与 N_1 夹角为 30°，柱翼缘及连接板厚度为 16mm，若拉力设计值 $N_2 = 150kN$，N_1 的最大设计值是多少？

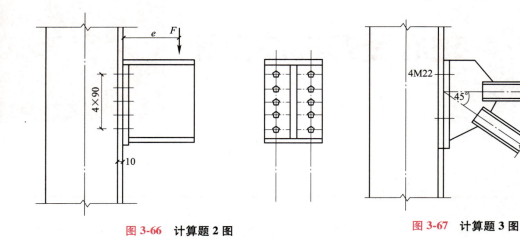

图 3-66　计算题 2 图　　　　图 3-67　计算题 3 图

轴心受力构件设计 第4章

 本章导读：

主要介绍轴心受力构件的强度和刚度计算方法，轴心受压构件的整体稳定分析与局部稳定分析；屋架或桁架杆件的设计内容，平台柱的设计内容，以及柱头、柱脚的设计方法。

本章重点：

轴心受力构件强度、整体稳定的验算方法及设计方法。

4.1 概述

房屋建筑钢结构设计时应该综合考虑三个层次的承载力计算，即截面的、构件的和结构的承载力设计计算。截面的承载力取决于材料的强度和应力性质，属于构件强度设计研究范畴；构件的承载力取决于构件几何尺度和比例，也就是取决于构件的整体刚度，研究构件在未达到极限强度之前的失稳问题，属于构件稳定（包括整体稳定和局部稳定）的设计研究范畴；结构的承载力取决于组成结构的每个构件的强度和刚度，属于整体结构体系的设计研究范畴。因此本章主要介绍轴心受力构件的强度、刚度和稳定计算方法，满足结构设计要求。

钢结构的
承载能力

钢结构构件按照截面的受力不同可以分为轴心受力构件、偏心受力构件、单向或双向受弯构件。在对整体结构进行内力分析后，根据控制截面的受力类别和特点，按照钢结构材料性质进行构件的强度和稳定设计计算，按照构件的连接节点特性进行整体结构的承载力和正常使用状态下的设计。

4.2 轴心受力构件的强度和刚度

4.2.1 概述

平面桁架、塔架和网架、网壳等杆件体系的节点均为铰接连接。当杆长区域无节间荷载时，则杆件内力只是承受轴向拉力或压力，这类杆件称为轴心受拉构件或轴心受压构件，统称为轴心受力构件。下面给出轴心受力构件在工程中应用的一些实例，如图4-1所示。

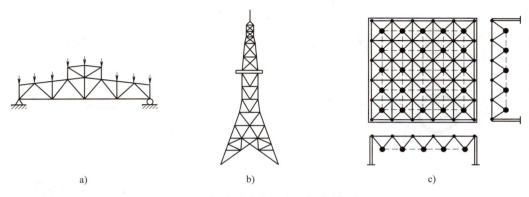

a)   b)   c)

图 4-1 轴心受力构件在工程中的应用

例如，轴心压杆经常会被用作工业建筑的工作平台支柱。柱由柱头、柱身和柱脚三部分组成（见图 4-2）。柱头用来支承平台或桁架，柱脚坐落在基础上将轴心压力传给基础。

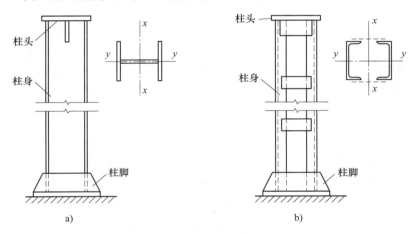

a)   b)

图 4-2 柱的组成

轴心受力构件常用截面形式可分为实腹式和格构式两大类。

实腹式构件制作简单，与其他构件连接也比较方便。其常用形式：单个型钢截面，如圆钢、钢管、角钢、T 型钢、槽钢、工字钢、H 型钢等，如图 4-3a 所示；组合截面，由型钢或钢板组合而成的截面，如图 4-3b 所示；一般桁架结构中的弦杆和腹杆，除 T 型钢外，常采用热轧角钢组合成 T 形的或十字形的双角钢组合截面，如图 4-3c 所示；在轻型钢结构中则可采用冷弯薄壁型钢截面，如图 4-3d 所示。

格构式构件容易实现压杆两主轴方向的等稳定性，具有刚度大、抗扭性能好、用料较省等特点。其截面一般由两个或多个型钢肢件组成，如图 4-4 所示，各肢件间通过缀条或缀板进行连接而成为整体。缀板和缀条统称为缀材，如图 4-5 所示。

轴心受力构件设计，应同时满足第一极限状态和第二极限状态的要求。对于承载力极限状态，受拉构件一般是强度条件控制，而受压构件需同时满足强度和稳定的要求。对于正常使用极限状态，是通过保证构件的刚度，即限制其长细比来控制的。因此，轴心受拉构件设计需分别进行强度和刚度的验算，而轴心受压构件设计需分别进行强度、稳定和刚度的验算。

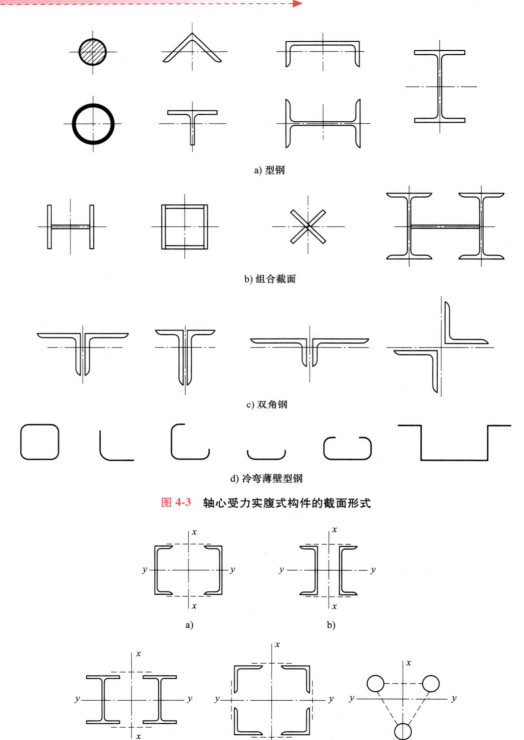

a) 型钢

b) 组合截面

c) 双角钢

d) 冷弯薄壁型钢

图 4-3　轴心受力实腹式构件的截面形式

a)　　　　　　　　b)

c)　　　　d)　　　　e)

图 4-4　轴心受力格构式构件的截面形式

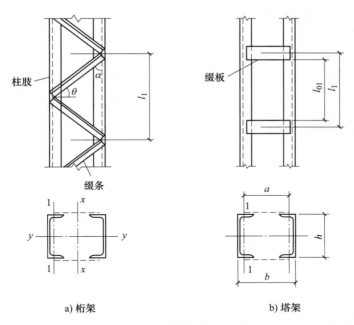

a) 桁架　　　　　　　　　　　b) 塔架

图 4-5　格构式构件的缀材布置形式

4.2.2　轴心受力构件的强度和刚度

1. 强度计算

轴心受力构件的强度承载力是以截面的平均应力达到钢材的屈服应力为极限。但当构件的截面有局部孔洞（如螺栓孔）削弱时，在孔洞附近会有应力集中现象，截面上的应力分布不均匀，如图4-6所示。在弹性阶段，孔壁边缘的最大应力 σ_{max} 可能达到构件毛截面平均应力 σ_a 的 3~4 倍。若拉力继续增加，当孔壁边缘的最大应力达到材料的屈服强度以后，应力不再继续增加而只是产生塑性变形，截面上的应力发生重新分布，最后达到均匀分布。

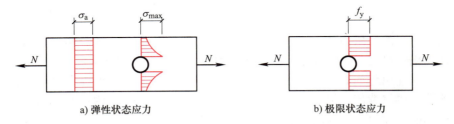

a) 弹性状态应力　　　　　　　　　b) 极限状态应力

图 4-6　有孔洞拉杆的截面应力分布

因此，对于有孔洞削弱的轴心受力构件，仍以其净截面的平均应力达到其强度限值作为设计时的控制值。这就要求在设计时应选用具有良好塑性性能的材料。

轴心受力构件的强度计算式如下

$$\sigma = \frac{N}{A_n} \leqslant f \tag{4-1}$$

式中　N——构件的轴心拉力或压力设计值；

f——钢材的抗拉强度设计值，钢材设计用强度指标见附录 A 中表 A-1；

A_n——构件的净截面面积。

1）普通螺栓连接 A_n 的确定。若普通螺栓（或铆钉）为并列布置，如图 4-7a 所示，A_n 按最危险的 Ⅰ—Ⅰ 截面计算。若普通螺栓错列布置，如图 4-7b 和图 4-7c 所示，构件既可能沿截面 Ⅰ—Ⅰ 破坏，也可能沿齿状截面 Ⅱ—Ⅱ 破坏。截面 Ⅱ—Ⅱ 的路径长度较大，但孔洞削弱的长度也较大，其净截面面积不一定比截面 Ⅰ—Ⅰ 的大。所以 A_n 应通过计算比较确定，即取截面 Ⅰ—Ⅰ 和 Ⅱ—Ⅱ 两者较小者。

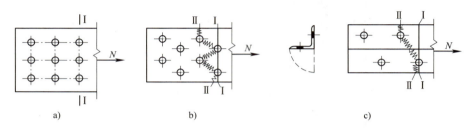

图 4-7 净截面面积 A_n 的计算

2）摩擦型高强度螺栓连接轴力 N' 的确定。当采用摩擦型高强度螺栓的对接连接时，构件的内力是依靠连接板件间的摩擦力传递的，如图 4-8 所示。螺栓连接强度指标见附录 A 中表 A-5。

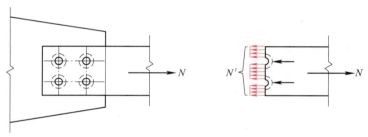

图 4-8 高强度螺栓的孔前传力

假设构件承受的拉压力 N，一进入连接盖板范围就开始由摩擦力传给盖板。对构件来说，危险截面仍然是第一排螺栓处，该处的内力较大，且有螺栓孔削弱。与普通螺栓连接不同的是，每个螺栓引起的摩擦力可认为均匀分布螺栓四周，而在螺栓孔之前就传走了一半力，过螺栓孔后再继续传递另一半力，内力变化如图 4-7b 所示，因此验算构件上第一排螺栓处危险截面的强度时，截面内力取为

$$N' = N\left(1 - 0.5\,\frac{n_1}{n}\right) \tag{4-2}$$

式中 n——连接一侧的高强度螺栓总数；

n_1——计算截面（最外排螺栓处）上的高强度螺栓数；

0.5——孔前传力系数。

验算最外排螺栓处危险截面的强度时，应按下式计算

$$\sigma = \frac{N'}{A_n} \leqslant f \tag{4-3}$$

摩擦型高强度螺栓连接的拉杆，除按式（4-3）验算净截面强度外，还应按下式验算毛截面强度

$$\sigma = \frac{N}{A} \leqslant f \tag{4-4}$$

式中 A——构件的毛截面面积。

2. 刚度计算

为满足结构正常使用要求，轴心受力构件应具有一定的刚度，以保证构件不产生过度的变形，这就要求轴心受力构件的长细比不超过规范规定的容许长细比，即

$$\lambda = \frac{l_0}{i} \leqslant [\lambda] \tag{4-5}$$

式中 λ——构件的最大长细比；

l_0——构件的计算长度；

i——截面的回转半径；

$[\lambda]$——构件的容许长细比。

当构件的长细比太大时，会产生下列不利影响：

1）在运输和安装过程中会产生弯曲或过大的变形。

2）使用期间因其自重等因素产生较大变形从而降低承载力。

3）在动力荷载作用下发生较大的振动。

4）压杆的长细比过大时，除具有前述各种不利因素外，还使得构件的极限承载力显著降低，同时，初弯曲和自重产生的挠度也将给构件的整体稳定带来不利影响。

压杆的计算长度问题，一般材料力学教材都有所阐述，但都是结合理想化时的边界条件。从弯曲边界条件来说，或为完全自由转动的铰，或为绝对不能转动的刚性嵌固。实际构件端部的构造情况既不可能没有一点转动约束，也不可能丝毫不发生转动。有的设计规范如美国《钢结构建筑设计规范》（ANSI/AISC 360-05）在它的条文解释部分建议，在设计中采用比较接近实际的计算长度系数 μ，见表4-1。

表 4-1 计算长度系数

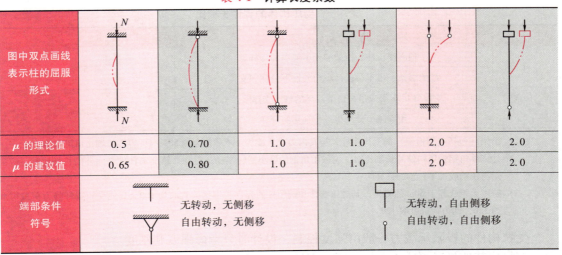

图中双点画线表示柱的屈服形式						
μ 的理论值	0.5	0.70	1.0	1.0	2.0	2.0
μ 的建议值	0.65	0.80	1.0	1.0	2.0	2.0
端部条件符号	无转动，无侧移 自由转动，无侧移			无转动，自由侧移 自由转动，自由侧移		

在表4-1中，1，2项的 μ 系数建议值都比理论值要大一点，因为这里至少有一端嵌固。其中两端嵌固和下端嵌固、上端转动固定的，放大得多一些。这些不同程度的放大，原因是嵌固和转动固定实际上难以完全做到。第6项的建议 μ 值，虽然上端边界条件是转动固定，并没有放大，原因是下端的铰支柱脚有相当大的转动约束。相比之下，第4项似乎有些保守，完全没有考虑铰支端经常存在的约束，这主要是因为桁架中有些杆件取 $\mu=1.0$ 比较妥当。设计为铰支的轴心受压柱脚，有不同的构造形式，如果采用圆柱形枢轴，则和理想铰接相当接近，但其构造复杂而且价格昂贵，现已极少采用。

《标准》在总结了钢结构长期使用经验的基础上，根据构件的重要性和荷载情况，对受拉构件的容许长细比规定了不同的要求和数值，见表4-2。规范对压杆容许长细比的规定更为严格，见表4-3。

表4-2　受拉构件的容许长细比

项次	构件名称	承受静力荷载或间接承受动力荷载的结构			直接承受动力荷载的结构
		一般建筑结构	对腹杆提供平面外支点的弦杆	有重级工作制起重机的厂房	
1	桁架的杆件	350	250	250	250
2	吊车梁或吊车桁架以下的柱间支撑	300	—	200	—
3	其他拉杆、支撑、系杆	400	—	350	—

注：1. 除对腹杆提供平面外支点的弦杆外，承受静力荷载的结构中，可仅计算受拉构件在竖向平面内的长细比。
　　2. 对于直接或间接承受动力荷载的结构，计算单角钢受拉构件的长细比时，应采用角钢的最小回转半径；但在计算交叉杆件平面外的长细比时，应采用与角钢肢边平行轴的回转半径。
　　3. 中、重级工作制吊车桁架的下弦杆长细比不宜超过200。
　　4. 在设有夹钳或刚性料耙等硬钩式起重机的厂房中，支撑（表中第2项除外）的长细比不宜超过300。
　　5. 受拉构件在永久荷载与风荷载组合作用下受压时，其长细比不宜超过250。
　　6. 跨度大于或等于60m的桁架，其受拉弦杆和腹杆的长细比不宜超过300（承受静力荷载）或250（承受动力荷载）。

表4-3　受压构件的容许长细比

项次	构件名称	容许长细比
1	轴心受压柱、桁架和天窗架中的压杆	150
	柱的缀条、吊车梁或吊车桁架以下的柱间支撑	
2	支撑（吊车梁或吊车桁架以下的柱间支撑除外）	200
	用以减小受压构件长细比的杆件	

注：1. 桁架（包括空间桁架）的受压腹杆，当其内力小于或等于承载能力的50%时，容许长细比值可取为200。
　　2. 计算单角钢受压构件的长细比时，应采用角钢的最小回转半径；但在计算交叉杆件平面外的长细比时，应采用与角钢肢边平行轴的回转半径。
　　3. 跨度大于或等于60m的桁架，其受压弦杆和端压杆的容许长细比值宜取为100，其他受压腹杆静力荷载可取为150，动力荷载可取120。

受拉构件的极限承载力一般由强度控制，设计时只考虑强度和刚度。

钢材比其他材料更适于受拉，所以钢拉杆不仅用于钢结构，还用于钢与钢筋混凝土或木材的组合结构中。此种组合结构的受压构件用钢筋混凝土或木材制作，而拉杆用钢材做成。

【例4-1】　图4-9所示一有中级工作制吊车的厂房屋架的双角钢拉杆，截面为2∠100×10，角钢上有交错排列的普通螺栓孔，孔径$d=20mm$。试计算此拉杆所能承受的最大拉力及容许达到的最大计算长度。钢材为Q235。

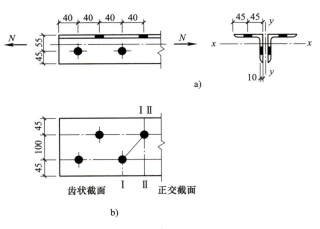

图4-9　例4-1图

【解】　查型钢表可知，2∠100×10角钢，$i_x=3.05cm$，$i_y=4.52cm$，$f=215N/mm^2$，角钢的厚度为10mm。在确定危险截面之前把它展开，如图4-9b所示。

正交截面的净截面面积为

$$A_n=[2\times(45+100+45-20\times1)\times10]mm^2=3400mm^2$$

齿状截面的净截面面积为

$$A_n=[2\times(45+\sqrt{100^2+40^2}+45-20\times2)\times10]mm^2\approx3154mm^2$$

所以得知危险截面是齿状截面。

此拉杆所能承受的最大拉力为$N=A_nf=(3154\times215)N=678110N=678.11kN$

容许的最大计算长度为

$$对x轴，l_{0x}=[\lambda]\cdot i_x=(350\times3.05)cm=1067.5cm$$

$$对y轴，l_{0y}=[\lambda]\cdot i_y=(350\times4.52)cm=1582cm$$

最大轴向拉力为670kN，杆件最大计算长度为1000mm。

4.2.3　轴心受压构件的稳定

1. 轴心受压构件的整体稳定

屈服、屈曲
与失稳

当轴心受压构件的长细比较大而截面又没有孔洞削弱时，一般情况下强度条件不起控制作用，不必进行强度计算，而整体稳定条件则成为确定构件截面的控制因素。

（1）整体稳定的临界应力　轴心受压构件的整体稳定临界应力和许多因素有关，一般确定方法有下列四种：

1）屈曲准则。屈曲准则是建立在理想轴心压杆的假定上的，弹性阶段以欧拉临界力为基础，弹塑性阶段以切线模量临界力为基础，通过提高安全系数来考虑初偏心、初弯曲等不利影响。

屈曲形式：①弯曲屈曲，只发生弯曲变形，截面绕一个主轴旋转，如图 4-10a 所示；②扭转屈曲，绕纵轴扭转，如图 4-10b 所示；③弯扭屈曲，既有弯曲变形，也有扭转变形，如图 4-10c 所示。

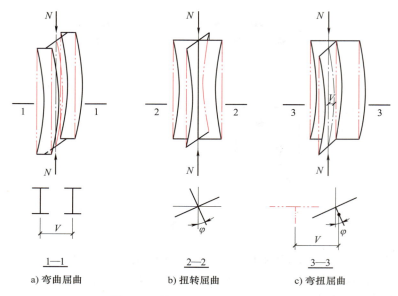

a) 弯曲屈曲　　　　b) 扭转屈曲　　　　c) 弯扭屈曲

图 4-10　轴心压杆的屈曲变形情况

2）边缘屈服准则。实际柱与理想的轴心压杆的受力性能之间是有很大差别的，这时因为实际柱是带有初始缺陷的构件。边缘屈服准则是以有初偏心和初弯曲等缺陷的压杆为计算模型，截面边缘应力达到屈服强度即视为压杆达到承载能力的极限。

3）最大强度准则。以边缘屈服准则导出的柏利（Perry）公式，实质上是强度公式而不是稳定公式，而且所表达的并不是压杆承载能力的极限。因为边缘纤维屈服以后塑性还可以深入截面，压力还可以继续增加，最大强度准则仍以有初始缺陷（初偏心、初弯曲和残余应力等）的压杆为出发点，但考虑塑性深入截面，以构件最后破坏时所能达到的最大压力值作为压杆的极限承载能力值。

4）经验公式。临界应力主要根据试验资料确定，这时由于早期对柱弹性阶段的稳定理论还研究得很少，只能从实验数据中提出经验公式。

（2）轴心受压构件的柱子曲线　压杆失稳时临界应力 σ_{cr} 与长细比 λ 之间的关系曲线称为柱子曲线。试验结果表明，压杆的极限承载力并不仅仅取决于长细比，随着截面形状、弯曲方向、残余应力水平及分布情况的不同，构件的极限承载能力有很大差异。《标准》所采用的轴心受压柱子曲线是按最大强度准则确定的。柱子曲线合并归纳为四组，取每组中柱子曲线的平均值作为代表曲线，即图 4-11 中的 a、b、c、d 四条曲线。

组成板件厚度 $t \geq 40mm$ 的轴心受压构件的截面分类见表 4-4，而 $t<40mm$ 的截面分类见表 4-3。

一般的截面情况属于 b 类。轧制圆管及轧制普通工字钢绕 x 轴失稳时，其残余应力影响

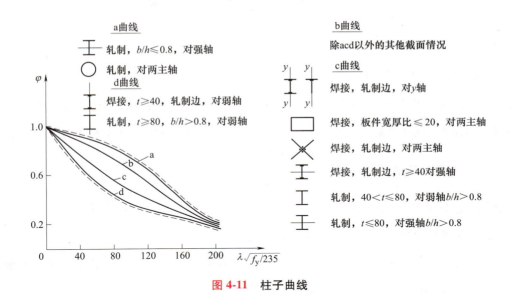

图 4-11 柱子曲线

较小，故属 a 类。格构式构件绕虚轴的稳定计算，由于此时不宜采用塑性深入截面的最大强度准则，参考《冷弯薄壁型钢结构技术规范》（GB 50018—2017），采用边缘屈服准则确定的值与曲线 b 接近，故取用曲线 b。当槽形截面用于格构式柱的分肢时，由于分肢的扭转变形受到缀件的牵制，所以计算分肢绕其自身对称轴的稳定时，可用曲线 b。翼缘为轧制或剪切边的焊接工字形截面绕弱轴失稳时，边缘的残余压应力使承载能力降低，故将其归入曲线 c。

板件厚度 $t \geq 40$mm 的轧制工字形截面和焊接实腹截面，残余应力不但沿板件宽度方向变化，在厚度方向的变化也比较显著，另外厚板质量较差也会对稳定带来不利影响，故应按照表 4-4 进行分类。

（3）轴心受压构件的整体稳定计算 轴心受压构件毛截面上的平均应力不应大于整体稳定的临界应力，考虑抗力分项系数 γ_R 后，即为

$$\sigma = \frac{N}{A} \leq \frac{\sigma_{cr}}{\gamma_R} = \frac{\sigma_{cr}}{f_y} \cdot \frac{f_y}{\gamma_R} = \varphi f$$

《标准》对轴心受压构件的整体稳定计算采用下列公式

$$\frac{N}{\varphi A} \leq f \tag{4-6}$$

式中 φ——轴心受压构件的整体稳定系数，$\varphi = \dfrac{\sigma_{cr}}{f_y}$。

1）整体稳定系数 φ 值可以拟合成 Perry 公式的形式来表示，即

$$\varphi = \frac{\sigma_{cr}}{f_y} = \frac{1}{2}\left\{ \left[1 + (1 + \varepsilon_0)\frac{\sigma_E}{f_y} \right] - \sqrt{\left[1 + (1 + \varepsilon_0)\frac{\sigma_E}{f_y} \right]^2 - 4\frac{\sigma_E}{f_y}} \right\} \tag{4-7}$$

此时 φ 值不再以截面的边缘屈服为准则，而是先按最大强度理论确定出构件的极限承载力后再反算出 ε_0 值。ε_0 值实质为考虑初弯曲、残余应力等综合影响的等效初弯曲率。对

于四条柱子曲线，ε_0 的取值为

　　a 类截面：$\varepsilon_0 = 0.152\bar{\lambda} - 0.014$。

　　b 类截面：$\varepsilon_0 = 0.300\bar{\lambda} - 0.035$。

　　c 类截面：$\varepsilon_0 = 0.595\bar{\lambda} - 0.094（\bar{\lambda} \leq 1.05$ 时）；$\varepsilon_0 = 0.302\bar{\lambda} + 0.216（\bar{\lambda} > 1.05$ 时）。

　　d 类截面：$\varepsilon_0 = 0.915\bar{\lambda} - 0.132（\bar{\lambda} \leq 1.05$ 时）；$\varepsilon_0 = 0.432\bar{\lambda} + 0.375（\bar{\lambda} > 1.05$ 时）。

式中　$\bar{\lambda}$——无量纲长细比，$\bar{\lambda} = \dfrac{\lambda}{\pi}\sqrt{\dfrac{f_y}{E}}$。

　　上述 ε_0 值只适用于当 $\bar{\lambda} > 0.215（\lambda > 20\sqrt{235/f_y}$）时，将以上 ε_0 值代入式（4-7）中，就是表 4-5~表 4-8 中当 $\bar{\lambda} > 0.215$ 时的 φ 值表达式。

　　当 $\bar{\lambda} \leq 0.215（\lambda \leq 20\sqrt{235/f_y}$）时，Perry 公式不再适用，《标准》采用一条近似曲线，使 $\bar{\lambda} = 0.215$ 与 $\bar{\lambda} = 0$（此时 $\varphi = 1.0$）相衔接，即

$$\varphi = 1 - \alpha_1\bar{\lambda}^2 \tag{4-8}$$

系数 α_1 等于 0.41（a 类截面）、0.65（b 类截面）、0.73（c 类截面）和 1.35（d 类截面）。

　　为了设计计算方便，整体稳定系数 φ 值可以根据表 4-4 和表 4-5 的截面分类和构件的长细比数值，按附录 C 查出。

表 4-4　轴心受压构件的截面分类（板厚 $t \geq 40\text{mm}$）

截 面 形 式		对 x 轴	对 y 轴
轧制工字形或 H 形截面	$t < 80\text{mm}$	b 类	c 类
	$t \geq 80\text{mm}$	c 类	d 类
焊接工字形截面	翼缘为焰切边	b 类	b 类
	翼缘为轧制或剪切边	c 类	d 类
焊接箱形截面	板件宽厚比 > 20	b 类	b 类
	板件宽厚比 ≤ 20	c 类	c 类

表 4-5 轴心受压构件的截面分类（板厚 $t<40\text{mm}$）

截 面 形 式			对 x 轴	对 y 轴
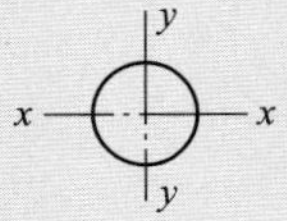 轧制			a 类	a 类
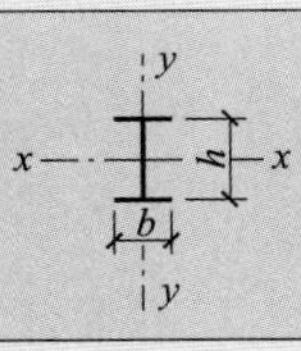 轧制，$b/h \leqslant 0.8$			a 类	b 类
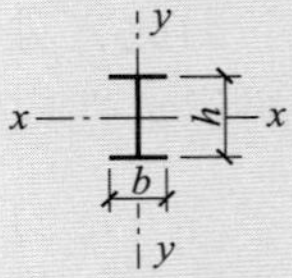 轧制，$b/h>0.8$ 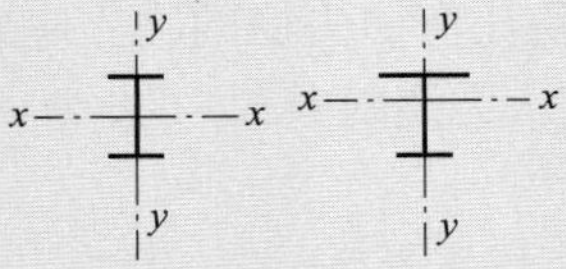	焊接，翼缘为焰切边 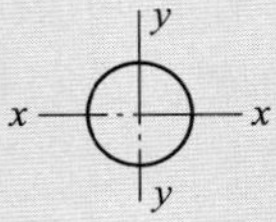	焊接	b 类	b 类
	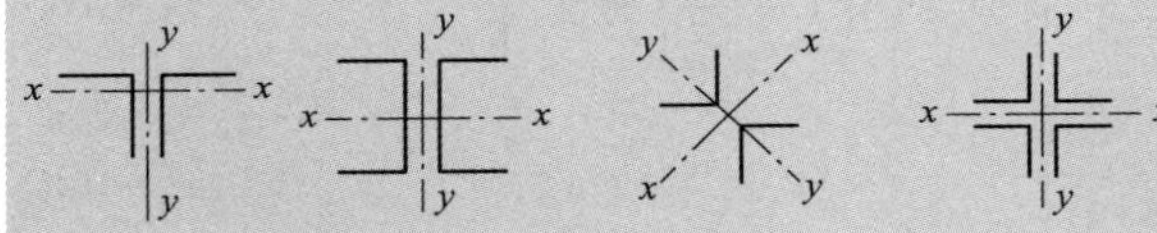 轧制 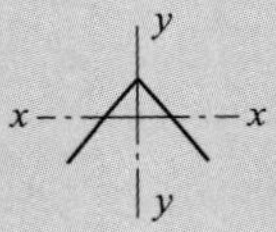	轧制等边角钢	b 类	b 类
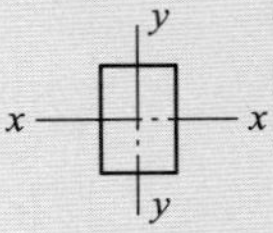 轧制，焊接板件宽厚比>20 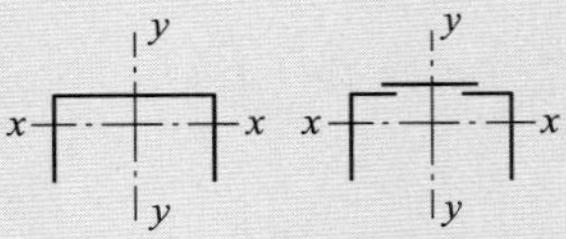	轧制或焊接		b 类	b 类
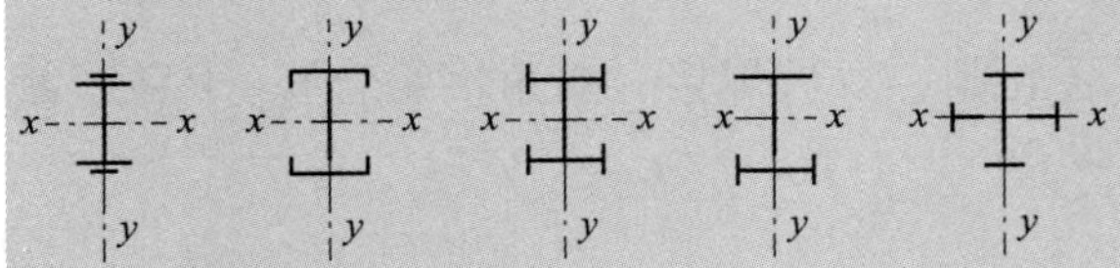 焊接 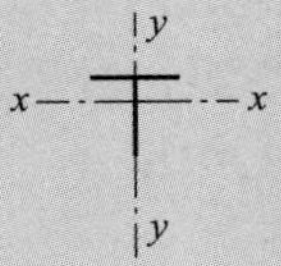		轧制截面和翼缘为焰切边的焊接截面	b 类	b 类
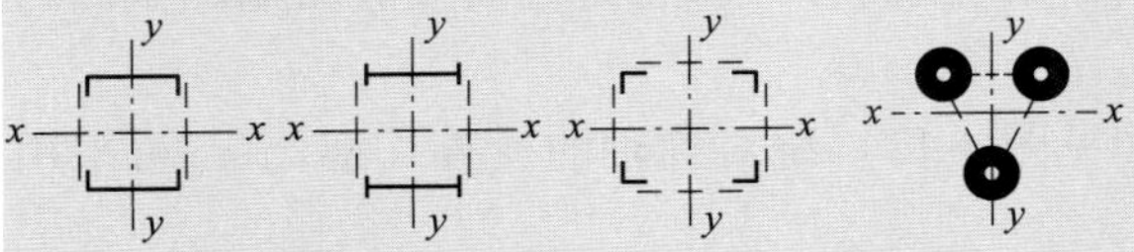 格构式 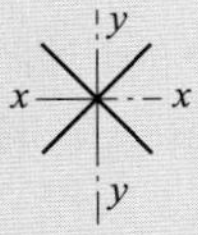		焊接，板件边缘焰切	b 类	b 类
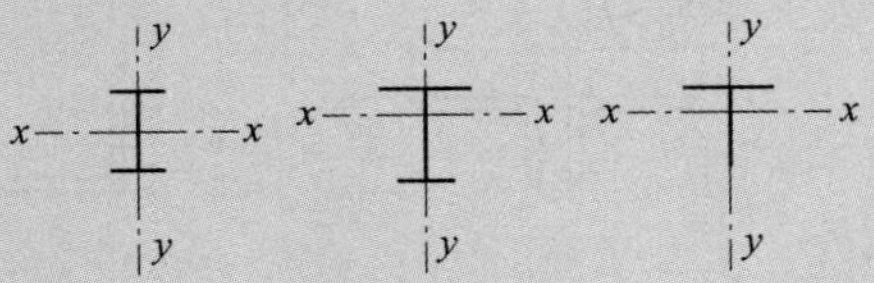 焊接，翼缘为轧制或剪切边			b 类	c 类
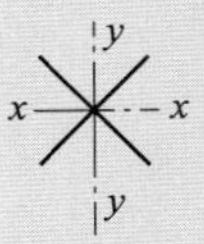 焊接，板件边缘轧制或剪切 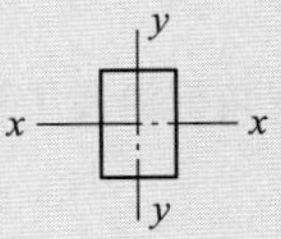	焊接，板件宽厚比≤20		c 类	c 类

2）确定构件长细比 λ 根据下列规定确定。

对于截面为双轴对称工字形构件

$$\begin{cases} \lambda_x = l_{0x}/i_x \\ \lambda_y = l_{0y}/i_y \end{cases} \tag{4-9}$$

式中 l_{0x}、l_{0y}——构件对主轴 x 和 y 的计算长度；

i_x、i_y——构件截面对主轴 x 和 y 的回转半径。

对于截面为双轴对称十字形构件：λ_x 或 λ_y 取值不得小于 $5.07\frac{b}{t}$（b/t 为悬伸板件宽厚比）。

对于单轴对称截面，由于截面形心与剪心（剪切中心）不重合，在弯曲的同时总伴随着扭转，即形成扭转屈曲。在相同情况下，扭转失稳比弯曲失稳的临界应力要低。因此，对双板 T 形和槽形等单轴对称截面进行扭转分析后，认为绕对称轴（设为 y 轴）的稳定性应计及扭转效应，按下列换算长细比代替 λ_y：

$$\lambda_{yz} = \frac{1}{\sqrt{2}} \left[(\lambda_y^2 + \lambda_z^2) + \sqrt{(\lambda_y^2 + \lambda_z^2)^2 - 4\left(1 - \frac{e_0^2}{i_0^2}\right)\lambda_y^2 \lambda_z^2} \right]^{\frac{1}{2}} \tag{4-10}$$

$$\lambda_z^2 = \frac{i_0^2 A}{I_t/25.7 + I_\omega/l_\omega^2} \tag{4-11}$$

式中 e_0——截面形心至剪心的距离；

i_0——截面对剪心的极回转半径，$i_0^2 = e_0^2 + i_x^2 + i_y^2$；

λ_y——构件绕对称轴的长细比；

λ_z——扭转屈曲的换算长细比；

I_t——毛截面抗扭惯性矩；

I_ω——毛截面扇形惯性矩，对 T 形截面（轧制、双板焊接、双角钢组合）、十字形截面和角形截面 $I_\omega = 0$；

A——毛截面面积；

l_ω——扭转屈曲的计算长度，对两端铰接端部截面可自由翘曲或两端嵌固端部截面的翘曲完全受到约束的构件，取 $l_\omega = l_{0y}$。

对于单角钢截面和双角钢组合 T 形截面（见图 4-12）绕对称轴的换算长细比 λ_{yz} 可采用下列简化方法确定：

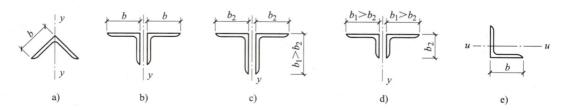

a)   b)   c)   d)   e)

图 4-12 单角钢截面和双角钢组合 T 形截面

① 等边单角钢截面（见图 4-12a）。

当 $b/t \le 0.54 l_{0y}/b$ 时
$$\lambda_{yz} = \lambda_y \left(1 + \frac{0.85b^4}{l_{0y}^2 t^2}\right) \tag{4-12}$$

当 $b/t > 0.54 l_{0y}/b$ 时
$$\lambda_{yz} = 4.78 \frac{b}{t} \left(1 + \frac{l_{0y}^2 t^2}{13.5b^4}\right) \tag{4-13}$$

式中 b、t——角钢肢宽度、厚度。

② 等边双角钢截面（见图 4-12b）。

当 $b/t \le 0.58 l_{0y}/b$ 时
$$\lambda_{yz} = \lambda_y \left(1 + \frac{0.475b^4}{l_{0y}^2 t^2}\right) \tag{4-14}$$

当 $b/t > 0.58 l_{0y}/b$ 时
$$\lambda_{yz} = 3.9 \frac{b}{t} \left(1 + \frac{l_{0y}^2 t^2}{18.6b^4}\right) \tag{4-15}$$

③ 长肢相并的不等边双角钢截面（见图 4-12c）。

当 $b_2/t \le 0.48 l_{0y}/b_2$ 时
$$\lambda_{yz} = \lambda_y \left(1 + \frac{1.09b_2^4}{l_{0y}^2 t^2}\right) \tag{4-16}$$

当 $b_2/t > 0.48 l_{0y}/b_2$ 时
$$\lambda_{yz} = 5.1 \frac{b_2}{t} \left(1 + \frac{l_{0y}^2 t^2}{17.4b_2^4}\right) \tag{4-17}$$

④ 短肢相并的不等边双角钢截面（见图 4-12d）。

当 $b_1/t \le 0.56 l_{0y}/b_1$ 时
$$\lambda_{yz} = \lambda_y$$

当 $b_1/t > 0.56 l_{0y}/b_1$ 时
$$\lambda_{yz} = 3.7 \frac{b_1}{t} \left(1 + \frac{l_{0y}^2 t^2}{52.7b^4}\right)$$

单轴对称的轴心压杆在绕非对称主轴以外的任一轴失稳时，应按照弯扭屈曲计算其稳定性。当计算等边单角钢构件绕平行轴（见图 4-12e 所示的 u 轴）的稳定时，可用下式计算其换算长细比 λ_{uz}，并按 b 类截面确定 φ 值：

当 $b/t \le 0.69 l_{0u}/b$ 时
$$\lambda_{uz} = \lambda_u \left(1 + \frac{0.25b^4}{l_{0u}^2 t^2}\right) \tag{4-18}$$

当 $b/t > 0.69 l_{0u}/b$ 时
$$\lambda_{uz} = 5.4b/t \tag{4-19}$$

式中，$\lambda_u = l_{0u}/i_u$。

无任何对称轴且又非极对称的截面（单面连接的不等边单角钢除外）不宜用作轴心受压构件。

对单面连接的单角钢轴心受压构件，考虑折减系数后，可不考虑弯扭效应。当槽形截面用于格构式构件的分肢，计算分肢绕对称轴（y 轴）的稳定性时，不必考虑扭转效应，直接用 λ_y 查出 φ_y 值。

2. 轴心受压构件的局部稳定

轴心受压构件都是由一些板件组成的，一般板件的厚度与板的宽度相比都较小，设计时应考虑局部稳定问题。图 4-13 所示为一工字形截面轴心受压构件发生局部失稳时的变形形态，其中，图 4-13a 表示腹板失稳情况，图 4-13b 表示翼缘失稳情况。构件丧失局部稳定后还可能继续维持着整体的平衡状态，但由于部分板件屈曲后退出工作，使构件的有效承载截面减小，从而降低了构件的整体承载能力，加速了构件的整体失稳。

在单向压应力作用下，板件的临界应力可用下式表达

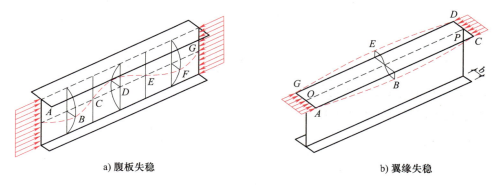

a) 腹板失稳　　　　　　　　　　　　　b) 翼缘失稳

图 4-13　轴心受压构件的局部稳定

$$\sigma_{cr} = \frac{\sqrt{\eta}\chi\beta\pi^2 E}{12(1 - \nu^2)}\left(\frac{t}{b}\right)^2 \tag{4-20}$$

式中　χ——板边缘的弹性约束系数；

　　　β——屈曲系数；

　　　η——弹性模量折减系数，根据轴心受压构件局部稳定的试验资料，可取为

$$\eta = 0.1013\lambda^2\left(1 - 0.0248\lambda^2 \frac{f_y}{E}\right)\frac{f_y}{E} \tag{4-21}$$

局部稳定验算考虑等稳定性，保证板件的局部失稳临界应力（见式 4-20）不小于构件整体稳定的临界应力（φf_y），即

$$\frac{\sqrt{\eta}\chi\beta\pi^2 E}{12(1 - \nu^2)}\left(\frac{t}{b}\right)^2 \geq \varphi f_y \tag{4-22}$$

由式（4-22）即可确定出板件宽厚比的限值，下面以工字形截面的板件为例。

1）翼缘宽厚比限制。由于工字形截面的腹板一般较翼缘板薄，腹板对翼缘板几乎没有嵌固作用，因此翼缘可视为三边简支一边自由的均匀受压板。此时，取屈曲系数 $\beta = 0.425$、弹性约束系数 $\chi = 1.0$，由式（4-22）可以得到翼缘板悬伸部分的宽厚比 b/t 与长细比 λ 的关系曲线，此曲线的关系式较为复杂，为了便于应用，采用下列简单的直线式表达

$$\frac{b}{t} \leq (10 + 0.1\lambda)\sqrt{\frac{235}{f_y}} \tag{4-23}$$

式中　λ——构件两方向长细比的较大值，当 $\lambda < 30$ 时，取 $\lambda = 30$，当 $\lambda > 100$ 时，取 $\lambda = 100$。

2）腹板高厚比限值。腹板可视为四边支承板，此时取屈曲系数 $\beta = 4$。当腹板发生屈曲时，翼缘板作为腹板纵向边的支承，对腹板将起一定的弹性嵌固作用，这种嵌固作用可使腹板的临界应力提高，根据试验可取弹性约束系数 $\chi = 1.3$。经简化后得到腹板高厚比 h_0/t_w 的简化表达式为

$$\frac{h_0}{t_w} \leq (25 + 0.5\lambda)\sqrt{\frac{235}{f_y}} \tag{4-24}$$

其他截面构件的板件宽厚比限值见表 4-6。对箱形截面中的板件（包括双层翼缘板的外层板），其宽厚比限值是近似借用了箱形梁翼缘板的规定；对圆管截面，是根据材料为理想弹塑性体，轴向压应力达屈服强度的前提下导出的。

表 4-6　轴心受压构件板件宽厚比限值

截面及板件尺寸	宽厚比限值
双 T 组合角钢、焊接组合工字、T 形	$\frac{b}{t}\left(\text{或}\frac{b_1}{t}\right) \leqslant (10 + 0.1\lambda)\sqrt{\frac{235}{f_y}}$ $\frac{b_1}{t} \leqslant (15 + 0.2\lambda)\sqrt{\frac{235}{f_y}}$ $\frac{h_0}{t_w} \leqslant (25 + 0.5\lambda)\sqrt{\frac{235}{f_y}}$
焊接组合箱形、焊接组合方形、加强翼缘焊接组合工字形	$\frac{b_0}{t}\left(\text{或}\frac{h_0}{t_w}\right) \leqslant 40\sqrt{\frac{235}{f_y}}$
焊接钢管	$\frac{d}{t} \leqslant 100\frac{235}{f_y}$

当工字形截面的腹板高厚比 h_0/t_w 不满足式（4-24）的要求时，除了加厚腹板外，还可采用有效截面的概念进行计算。因为四边支承理想平板在屈曲后还有很大的承载能力，一般称为屈曲后强度。板件的屈曲后强度主要来自于平板中间的横向张力，即薄膜应力。因而板件屈曲后还能继续承载，此时板内的纵向压应力不均匀，如图 4-14a 所示。

若近似以图 4-14a 中虚线所示的应力图形来代替板件屈曲后纵向压应力的分布，即引入等效宽度 b_e 和有效截面 $b_e t_w$ 的概念。考虑腹板部分退出工作，实际平板可由一块应力等于 f_y 但宽度只有 b_e 的等效平板来代替。计算时，腹板截面面积仅考虑两侧宽度各为 $20t_w\sqrt{235/f_y}$（相当于 $b_e/2$）的部分，如图 4-14b 所示，但计算构件的稳定系数 φ 时仍可用全截面。

当腹板高厚比不满足要求时，也可在腹板中部设置纵向加劲肋，用纵向加劲肋加强后的腹板仍按式（4-24）计算，但 h_0 应取翼缘与纵向加劲肋之间的距离，如图 4-15 所示。

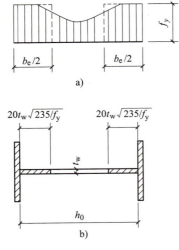

图 4-14　腹板屈曲后的有效截面

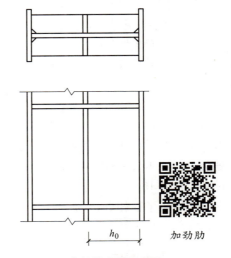

图 4-15　实腹柱的腹板加劲肋

4.3 实腹式轴心受压柱的设计

4.3.1 截面形式

实腹式轴心受压柱一般采用双轴对称截面,以避免弯扭失稳。常用的截面形式有轧制普通工字钢、H 型钢、焊接工字钢截面、型钢和钢板的组合截面、圆管和方管截面等,如图 4-16 所示。

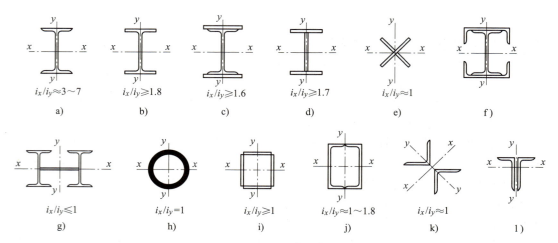

图 4-16 轴心受压实腹柱常用截面形式

选择轴心受压实腹柱的截面时,应考虑以下四个原则:

1)材料的面积分布应尽量展开,以增加截面的惯性矩和回转半径,提高柱的整体稳定性和刚度。

2)使两个主轴方向等稳定性,即 $\varphi_x = \varphi_y$,以达到经济效果。

3)便于与其他构件进行连接。

4)尽可能构造简单,制造省工,取材方便。

进行截面选择时一般应根据内力大小、两个方向的计算长度,以及制造加工量、材料供应等情况综合进行考虑。单根轧制普通工字钢由于 y 轴的回转半径小得多,因而只适用于计算长度 $l_{0x} \geqslant 3l_{0y}$ 的情况,如图 4-16a 所示。热轧宽翼缘 H 型钢最大优点是制造省工,腹板较薄,可以做到与截面的高度相同(HW 型),因而具有很好的截面特性,如图 4-16b 所示。用三块板焊接而成的工字形截面及十字形截面组合灵活,容易实现截面分布合理,制造并不复杂,如图 4-16d 和图 4-16e 所示。用型钢组成的截面适用于压力很大的柱,如图 4-16c、图 4-16f、图 4-16g 所示。管形截面从图 4-16h、图 4-16i、图 4-16j 从受力性能来看,由于两个方向的回转半径相近,因而最适合于两方向计算长度相等的轴心受压柱。这类构件为封闭式,内部不易生锈,但与其他构件的连接和构造比较麻烦。

4.3.2 截面设计

截面设计时,首先按上述原则选定合适的截面形式,然后初步选择截面尺寸,最后进行强度、整体稳定、局部稳定、刚度等的验算。具体步骤如下：

1）假定柱的长细比 λ，求出需要的截面面积 A。一般假定 $\lambda = 50 \sim 100$，当压力大而计算长度小时，取较小值；反之，取较大值。根据长细比 λ、截面类别（a、b、c、d）和钢材牌号（Q235、Q345）可查得稳定系数 φ，则所需的截面面积为

$$A = \frac{N}{\varphi f} \tag{4-25}$$

2）求两个主轴所需要的回转半径。

$$i_x = \frac{l_{0x}}{\lambda}, i_y = \frac{l_{0y}}{\lambda}$$

3）由已知截面面积 A、两个主轴的回转半径 i_x、i_y，优先选用轧制型钢，如普通工字钢、H 型钢等。当现有型钢规格不满足所需截面尺寸时，可以采用组合截面，这时需先初步定出截面的轮廓尺寸，一般是根据回转半径确定所需截面的高度 h 和宽度 b。

$$h \approx \frac{i_x}{\alpha_1}; b \approx \frac{i_y}{\alpha_2}$$

式中　α_1、α_2——系数，表示 h、b 和回转半径 i_x、i_y 之间的近似数值关系，常用截面可由表 4-7 查得，也可见附录 D 中表 D-1。

表 4-7　各种截面回转半径的近似值

截面类型							
$i_x = \alpha_1 h$	$0.43h$	$0.38h$	$0.38h$	$0.40h$	$0.30h$	$0.28h$	$0.32h$
$i_y = \alpha_2 b$	$0.24b$	$0.44b$	$0.60b$	$0.40b$	$0.215b$	$0.24b$	$0.20b$

例如，由三块钢板组成的工字形截面，$\alpha_1 = 0.43$，$\alpha_2 = 0.24$。

4）由所需要的 A、h、b 等，再考虑构造要求、局部稳定及钢材规格等，确定截面的初选尺寸。

5）构件强度、稳定和刚度验算。

① 当截面有削弱时，需进行强度验算。

$$\sigma = \frac{N}{A_n} \leq \beta f \tag{4-26}$$

式中　A_n——构件的净截面面积；

β——强度折减系数。

②整体稳定验算。

$$\sigma = \frac{N}{\varphi A} \leq f \tag{4-27}$$

③ 局部稳定验算。如上所述，轴心受压构件的局部稳定是以限制其组成板件的宽厚比来保证的。对于热轧型钢截面，板件的宽厚比较小，一般能满足要求，可不验算。对于组合截面，则应根据表 4-6 的规定对板件的宽厚比进行验算。

④ 刚度验算。轴心受压实腹柱的长细比应符合规范所规定的容许长细比要求。

$$\lambda = \frac{l_0}{i} \leqslant [\lambda] \tag{4-28}$$

事实上，在进行整体稳定验算时，长细比已预先求出，以确定整体稳定系数 φ，因而刚度验算可与整体稳定验算同时进行。

4.3.3 构造要求

当实腹柱腹板的高厚比 $h_0/t_w > 80$ 时，为防止腹板在施工和运输过程中发生变形，提高柱的抗扭刚度，应设置横向加劲肋。横向加劲肋的间距不得大于 $3h_0$，其截面尺寸要求为双侧加劲肋的外伸宽度 b_s 不应小于（$h_0/30+40$）mm，厚度 t_s 应大于外伸宽度的 1/15。轴心受压实腹柱的纵向焊缝（翼缘与腹板的连接焊缝）受力很小，不必计算，可按构造要求确定焊缝尺寸，焊缝强度指标见附录 A 中表 A-4。

【例 4-2】 图 4-17a 所示为一管道支架，其支柱的设计压力为 $N = 1600$kN（设计值），柱两端铰接，钢材为 Q235，截面无孔眼削弱。试设计此支柱的截面：①用普通轧制工字钢；②用热轧 H 型钢；③用焊接工字形截面，翼缘板为焰切边。

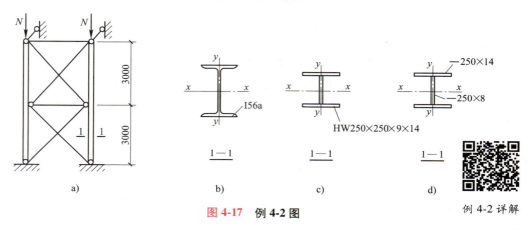

图 4-17 例 4-2 图

例 4-2 详解

【解】 支柱在两个方向的计算长度不相等，故取图 4-17b 所示的截面使强轴与 x 轴方向一致，弱轴与 y 轴方向一致。这样，柱在两个方向的计算长度分别为：$l_{0x} = 600$cm，$l_{0y} = 300$cm。

1. 轧制工字钢（见图 4-17b）

1）试选截面。假定 $\lambda = 90$，对于轧制工字钢，当绕 x 轴失稳时属于 a 类截面，由附录 C 中表 C-1 查得 $\varphi_x = 0.714$；当绕 y 轴失稳时，属于 b 类截面，由附录 C 中表 C-3 查得 $\varphi_y = 0.621$。需要的截面几何量为

$$A = \frac{N}{\varphi_{\min}f} = \frac{1600 \times 10^3}{0.621 \times 215 \times 10^2}cm^2 \approx 119.8cm^2$$

$$i_x = \frac{l_{0x}}{\lambda} = \frac{600}{90}cm \approx 6.67cm; \quad i_y = \frac{l_{0y}}{\lambda} = \frac{300}{90}cm \approx 3.33cm$$

试选 I56a，$A = 135cm^2$，$i_x = 22.0cm$，$i_y = 3.18cm$。

2）截面验算。因截面无孔眼削弱，可不验算强度。又因轧制工字钢的翼缘和腹板均较

厚，可不验算局部稳定。只需进行整体稳定和刚度验算。

$$\lambda_x = \frac{l_{0x}}{i_x} \approx \frac{600}{22.0} \approx 27.3 < [\lambda] = 150; \lambda_y = \frac{l_{0y}}{i_y} \approx \frac{300}{3.18} \approx 94.3 < [\lambda] = 150$$

λ_y 远大于 λ_x，故由 λ_y 查附录 C 中表 C-3 得 $\varphi = 0.591$。整体稳定验算如下：

$$\frac{N}{\varphi A} = \frac{1600 \times 10^3}{0.591 \times 135 \times 10^2} \text{N/mm}^2 \approx 200.5\text{N/mm}^2 < f = 205\text{N/mm}^2$$

2. 热轧 H 型钢

1）试选截面，如图 4-17c 所示。选用热轧 H 型钢宽翼缘的形式，其截面宽度较大，长细比的假设值可适当减小，因此假设 $\lambda = 60$。对于宽翼缘 H 型钢，因 $b/h > 0.8$，所以不论对 x 轴或 y 轴都属于 b 类截面。根据 $\lambda = 60$、b 类截面、钢材 Q235，由附录 C 中表 C-3 查得 $\varphi = 0.807$，所需截面几何量为

$$A = \frac{N}{\varphi f} = \frac{1600 \times 10^3}{0.807 \times 215 \times 10^2} \text{cm}^2 \approx 92.2\text{cm}^2$$

$$i_x = \frac{l_{0x}}{\lambda} = \frac{600}{60}\text{cm} = 10.0\text{cm}; i_y = \frac{l_{0y}}{\lambda} = \frac{300}{60}\text{cm} = 5.0\text{cm}$$

试选 HW250×250×9×14，$A = 92.18\text{cm}^2$，$i_x = 10.8\text{cm}$，$i_y = 6.29\text{cm}$。

2）截面验算。因截面无孔眼削弱，可不验算强度。又因为热轧型钢，也可不验算局部稳定，只需进行整体稳定和刚度验算。

$$\lambda_x = \frac{l_{0x}}{i_x} = \frac{600}{10.8} \approx 55.6 < [\lambda] = 150; \lambda_y = \frac{l_{0y}}{i_y} = \frac{300}{6.29} \approx 47.7 < [\lambda] = 150$$

因对 x 轴和 y 轴，φ 值均属 b 类，故由较大长细比 $\lambda_x = 55.6$ 查附录 C 中表 C-3 得 $\varphi = 0.83$，有

$$\frac{N}{\varphi A} = \frac{1600 \times 10^3}{0.83 \times 92.18 \times 10^2} \text{N/mm}^2 \approx 209\text{N/mm}^2 < f = 215\text{N/mm}^2$$

3. 焊接工字形截面（见图 4-17d）

1）试选截面。参照 H 型钢截面，选用截面如图 4-17d 所示，翼缘 2-250×14，腹板 1-250×8，其截面几何特性值：$A = (2 \times 25 \times 1.4 + 25 \times 0.8)\text{cm}^2 = 90\text{cm}^2$

$$I_x = \left[\frac{1}{12} \times (25 \times 27.8^3 - 24.2 \times 25^3)\right]\text{cm}^4 \approx 13250\text{cm}^4$$

$$I_y = \left(2 \times \frac{1}{12} \times 1.4 \times 25^3\right)\text{cm}^4 \approx 3646\text{cm}^4$$

$$i_x = \sqrt{\frac{13250}{90}}\text{cm} \approx 12.13\text{cm}; i_y = \sqrt{\frac{3646}{90}}\text{cm} \approx 6.36\text{cm}$$

2）整体稳定和长细比验算。

$$\lambda_x = \frac{l_{0x}}{i_x} = \frac{600}{12.13} \approx 49.5 < [\lambda] = 150; \lambda_y = \frac{l_{0y}}{i_y} = \frac{300}{6.36} \approx 47.2 < [\lambda] = 150$$

因对 x 轴和 y 轴，φ 值均属 b 类，故由较大长细比 $\lambda_x = 49.5$，查附录 C 中表 C-3 得 $\varphi = 0.859$。

$$\frac{N}{\varphi A} = \frac{1600 \times 10^3}{0.859 \times 90 \times 10^2} \text{N/mm}^2 \approx 207\text{N/mm}^2 < f = 215\text{N/mm}^2$$

3）局部稳定验算。

翼缘外伸部分 $\dfrac{b}{t}=\dfrac{12.1}{1.4}\approx 8.6 < (10+0.1\lambda)\sqrt{\dfrac{235}{f_y}}=14.95$

腹板的局部稳定 $\dfrac{h_0}{t_w}=\dfrac{25}{0.8}=31.25 < (25+0.5\lambda)\sqrt{\dfrac{235}{f_y}}=49.75$

截面无孔眼削弱，不必验算强度。

4）构造。因腹板高厚比小于 80，故不必设置横向加劲肋。翼缘与腹板的连接焊缝最小焊脚尺寸 $h_{min}=1.5\sqrt{t}=1.5\times\sqrt{14}\ mm\approx 5.6mm$，采用 $h_f=6mm$。

以上采用三种不同截面的形式对本例中的支柱进行了设计，由计算结果可知，轧制普通工字钢截面要比热轧 H 型钢截面和焊接工字形截面约大 50%，因为普通工字钢绕弱轴的回转半径太小，因而支柱的承载能力是由弱轴所控制的。对于轧制 H 型钢和焊接工字形截面，由于其两个方向的长细比非常接近，基本上做到了等稳定性，用料最经济。但焊接工字形截面的焊接工作量大，在设计轴心受压实腹柱时宜优先选用 H 型钢。

4.4 格构式轴心受压构件（柱）

4.4.1 格构柱的截面形式

轴心受压格构柱一般采用双轴对称截面，如用两根槽钢（见图 4-18a、b）或 H 型钢（见图 4-18c）作为肢件，两肢件间用缀条（见图 4-19a）或缀板（见图 4-19b）连成整体。槽钢肢件的槽口可以向内（见图 4-18a），也可以向外（见图 4-18b），前者外观平整优于后者。通过调整格构柱的两肢件的距离可实现对两个主轴的等稳定性。

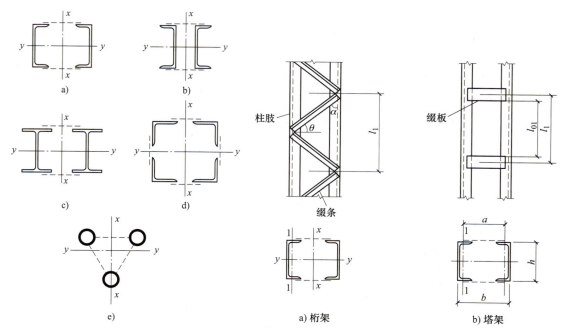

图 4-18　格构式构件的常用截面形式

图 4-19　格构式构件的缀材布置

a) 桁架　　b) 塔架

在柱的横截面上穿过肢件腹板的轴叫作实轴，如图 4-19 中的 y 轴，穿过两肢件之间缀材面的轴称为虚轴，如图 4-19 中的 x 轴。

用四根角钢组成的四肢柱，如图 4-18d 所示，其四面用缀材相连，适用于长度较大受力较小的柱，两个主轴 x-x 和 y-y 均为虚轴。三面用缀材相连的三肢柱，如图 4-18e 所示，一般用圆管作肢件，其截面是几何不变的三角形，受力性能较好，两个主轴也都为虚轴。四肢柱和三肢柱的缀材通常采用缀条。

缀条一般采用单角钢制成，而缀板通常采用钢板制成。

4.4.2 格构柱绕虚轴的换算长细比

格构柱绕实轴的稳定计算与实腹式构件相同。格构柱绕虚轴的整体稳定临界力比长细比相同的实腹式构件低。

轴心受压构件整体弯曲后，沿杆长各截面上将存在弯矩和剪力。对实腹式构件，剪力引起的附加变形很小，对临界力的影响只占 3/1000 左右。因此，在确定实腹式轴心受压构件整体稳定的临界力时，仅仅考虑了由弯矩作用所产生的变形，而忽略了剪力所产生的变形。对于格构式柱，当绕虚轴失稳时，情况有所不同，因各肢件之间并不是连续的板，而只是每隔一定距离用缀条或缀板联系起来。柱的剪切变形较大，剪力造成的附加挠曲影响就不能忽略。在格构式柱的设计中，对虚轴失稳的计算，常以加大长细比的方法来考虑剪切变形的影响，加大后的长细比称为换算长细比。

《标准》对缀条柱和缀板柱采用不同的换算长细比计算公式。

1. 双肢缀条柱

根据弹性稳定理论，当考虑剪力的影响后，其临界力 N_{cr} 的表达式为

$$N_{cr} = \frac{\pi^2 EA}{\lambda_x^2} \cdot \frac{1}{1 + \dfrac{\pi^2 EA}{\lambda_x^2 \gamma}} = \frac{\pi^2 EA}{\lambda_{0x}^2} \tag{4-29}$$

式中　λ_{0x}——格构柱绕虚轴临界力换算为实腹柱临界力的换算长细比；

$$\lambda_{0x} = \sqrt{\lambda_x^2 + \pi^2 EA\gamma} \tag{4-30}$$

λ_x——格构柱对虚轴的长细比；

A——格构柱的毛截面面积；

γ——单位剪力作用下的剪切角。

现取图 4-20a 的一段进行分析，以求出单位剪切角 γ。

如图 4-20b 所示，在单位剪力作用下一侧缀材所受剪力 $V_1 = 1/2$。设一个节间内两侧斜缀条的面积之和为 A_1，其内力为 $N_d = 1/\cos\alpha$，斜缀条长 $l_d = l_1/\sin\alpha$，则斜缀条的轴向变形为

$$\Delta_d = \frac{N_d l_d}{EA_1} = \frac{l_1}{EA_1 \sin\alpha\cos\alpha}$$

式中　α——斜缀条与水平杆的夹角。

假设变形和剪切角是有限的微小值，则由 Δ_d 引起的水平变位 Δ 为

$$\Delta = \frac{\Delta_d}{\cos\alpha} = \frac{l_1}{EA_1 \sin\alpha\cos^2\alpha}$$

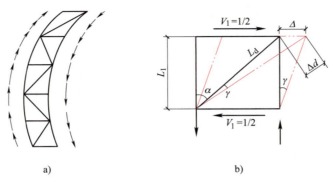

a)   b)

图 4-20   缀条柱的剪切变形

故剪切角 γ 为

$$\gamma = \frac{\Delta}{l_1} = \frac{1}{EA_1 \sin\alpha \cos^2\alpha} \qquad (4\text{-}31)$$

将式（4-31）代入式（4-30）中得

$$\lambda_{0x} = \sqrt{\lambda_x^2 + \frac{\pi^2}{\sin\alpha \cos^2\alpha} \cdot \frac{A}{A_1}} \qquad (4\text{-}32)$$

一般斜缀条与水平杆的夹角为 $20° \sim 50°$，在此常用范围，$\pi^2/(\sin\alpha\cos^2\alpha)$ 的值变化不大（见图 4-21），我国规范加以简化取为常数 27，由此得双肢缀条柱的换算长细比为

$$\lambda_{0x} = \sqrt{\lambda_x^2 + 27\frac{A}{A_1}} \qquad (4\text{-}33)$$

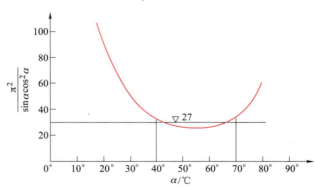

图 4-21 $\pi^2/(\sin\alpha\cos^2\alpha)$ 的值

需要注意的是，当斜缀条与水平杆的夹角不在 $20° \sim 50°$ 时，$\pi^2/(\sin\alpha\cos^2\alpha)$ 值将比 27 大很多，式（4-33）偏于不安全，此时应将式（4-30）计算换算长细比 λ_{0x}，而不采用常量值 27。

2. 双肢缀板柱

双肢缀板柱中缀板与肢件可视为刚接，因而分肢和缀板组成一个多层框架，假定变形时反弯点在各节点的中点，如图 4-22a 所示。

若只考虑分肢和缀板在横向剪力作用下的弯曲变形，取隔离体如图 4-22b 所示，可得单位剪力作用下缀板弯曲变形引起的分肢水平变位为

$$\Delta_1 = \frac{l_1}{2}\theta_1 = \frac{l_1}{2}\cdot\frac{al_1}{12EI_b} = \frac{al_1^2}{24EI_b}$$

分肢本身弯曲变形时引起的水平变位为

$$\Delta_2 = \frac{l_1^3}{48EI_1}$$

由此得剪切角 γ 为

$$\gamma = \frac{\Delta_1 + \Delta_2}{0.5l_1} = \frac{al_1}{12EI_b} + \frac{l_1^2}{24EI_1}$$

$$= \frac{l_1^2}{24EI_1}\left(1 + 2\frac{I_1/l_1}{I_b/a}\right)$$

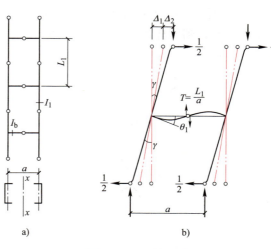

图 4-22　双肢缀板柱

将此 γ 值代入式（4-30），并令 $K_1 = I_1/l_1$，$K_b = I_b/a$，得换算长细比 λ_{0x} 为

$$\lambda_{0x} = \sqrt{\lambda_x^2 + \frac{\pi^2 A l_1^2}{24 I_1}\left(1 + 2\frac{K_1}{K_b}\right)}$$

假设分肢截面面积为 $A_1 = 0.5A$，并注意有 $A_1 l_1^2/I_1 = \lambda_1^2$，则

$$\lambda_{0x} = \sqrt{\lambda_x^2 + \frac{\pi^2}{12}\left(1 + 2\frac{K_1}{K_b}\right)\lambda_1^2} \qquad (4\text{-}34)$$

式中　$\lambda_1 = l_{01}/i_1$——分肢的长细比，i_1 为分肢截面对其弱轴的回转半径，l_{01} 为缀板间的净距离；

　　　　$K_1 = I_1/l_1$——单个分肢的线刚度，l_1 为缀板中心距，I_1 为分肢截面绕其弱轴的惯性矩；

　　　　$K_b = I_b/a$——两侧缀板线刚度之和，I_b 为两侧缀板的惯性矩，a 为分肢轴线之间的距离。

根据《标准》的规定，缀板线刚度之和 K_b 与分肢线刚度之比应大于或等于 6，即 $K_b/K_1 \geq 6$，则式（4-34）中的 $\frac{\pi^2}{12}\left(1 + 2\frac{K_1}{K_b}\right) \approx 1$。因此《标准》规定双肢缀板柱的换算长细比采用下式

$$\lambda_{0x} = \sqrt{\lambda_x^2 + \lambda_1^2} \qquad (4\text{-}35)$$

若在某些特殊情况无法满足 $K_b/K_1 \geq 6$ 的要求时，则换算长细比 λ_{0x} 应按式（4-35）计算。

四肢柱和三肢柱的换算长细比，参见《标准》。

4.4.3　缀材设计

1. 轴心受压格构柱的横向剪力

轴心压力作用下，格构柱绕虚轴发生弯曲而达到临界状态。

图 4-23 所示为一两端铰支轴心受压柱，绕虚轴弯曲时的挠曲线假定为正弦曲线，跨中幅值最大为 v_0，则压杆轴线的挠度曲线为

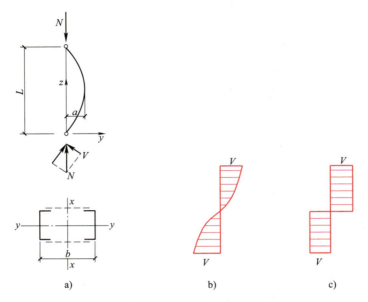

图 4-23　剪力计算简图

$$y = v_0 \sin \frac{\pi z}{l}$$

压杆任一横截面的弯矩为

$$M = Ny = N v_0 \sin \frac{\pi z}{l}$$

压杆任一横截面的剪力为

$$V = \frac{\mathrm{d}M}{\mathrm{d}y} = N \frac{\pi v_0}{l} \cos \frac{\pi z}{l}$$

即剪力按余弦曲线分布（见图 4-23b），最大值在杆件的两端，为

$$V_{\max} = \frac{N\pi}{l} v_0 \qquad (4\text{-}36)$$

跨度中点的挠度 v_0 可由边缘纤维屈服准则导出。当截面边缘最大应力达到屈服强度时，有

$$\frac{N}{A} + \frac{N v_0}{I_x} \cdot \frac{b}{2} = f_y$$

即

$$\frac{N}{A f_y} \left(1 + \frac{v_0}{i_x^2} \cdot \frac{b}{2} \right) = 1$$

上式中，令 $\dfrac{N}{A f_y} = \varphi$，并取 $b \approx i_x / 0.44$（见表 4-7），得

$$v_0 = 0.88 i_x (1 - \varphi) \frac{1}{\varphi} \qquad (4\text{-}37)$$

将式（4-37）中的 v_0 值代入式（4-36）中，得

$$V_{\max} = \frac{0.88\pi(1-\varphi)}{\lambda_x} \cdot \frac{N}{\varphi} = \frac{1}{k} \cdot \frac{N}{\varphi}$$

式中，$k = \dfrac{\lambda_x}{0.88\pi(1-\varphi)}$。

经过对双肢格构柱的计算分析，在常用的长细比范围 $\lambda_x = 40 \sim 160$，k 值受长细比 λ_x 的影响很小，可取为常数。对于 Q235 钢构件，取 $k = 85$；对于 Q345、Q390 和 Q420 钢构件，取 $k \approx 85\sqrt{235/f_y}$。因此，轴心受压格构柱平行于缀材面的剪力为

$$V_{\max} = \frac{N}{85\varphi}\sqrt{\frac{f_y}{235}}$$

式中　φ——按虚轴换算长细比确定的整体稳定系数。

令 $N = \varphi Af$，即得《标准》规定的最大剪力的计算式为

$$V = \frac{Af}{85}\sqrt{\frac{f_y}{235}} \tag{4-38}$$

在设计中，将剪力 V 沿柱长度方向取为定值，相当于简化图 4-23c 的分布图形。

2. 缀条的设计

缀条的布置一般采用单系缀条，如图 4-24a 所示，也可采用缀条如图 4-24b 所示。缀条为弦杆平行桁架的腹杆，横截面上的剪力由缀条承担。在横向剪力作用下，一个斜缀条的轴心力为

$$N_1 = \frac{V_1}{n\cos\alpha} \tag{4-39}$$

式中　V_1——分配到一个缀材面上的剪力；

　　　n——一个缀材面承受剪力 V_1 的斜缀条数，单系缀条时，$n = 1$，交叉缀条时，$n = 2$；

　　　α——缀条与横向剪力的夹角，如图 4-24 所示。

由于剪力的方向不定，斜缀条可能受拉也可能受压，设计时按轴心压杆选择截面。

缀条一般采用单角钢，与柱单边连接，钢材强度设计值乘以下列折减系数 η：等边角钢，$\eta = 0.6 + 0.0015\lambda$，但不大于 1.0；

短边相连的不等边角钢，$\eta = 0.5 + 0.0025\lambda$，但不大于 1.0；

长边相连的不等边角钢，$\eta = 0.70$。式中的 λ 为缀条的长细比，对中间无联系的单角钢压杆，按最小回转半径计算，当 $\lambda < 20$ 时，取 $\lambda = 20$。

交叉缀条体系（如图 4-24b 所示的横缀条）按压力 $N = V_1$ 进行设计。为了减小分肢的计算长度，单系缀条（如图 4-24a 所示的一般需加横缀条），其截面尺寸一般取与斜缀条相同，也可按容许长细比 $[\lambda] = 150$ 确定。

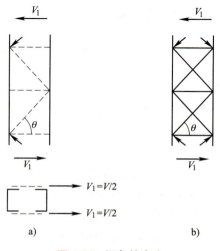

图 4-24　缀条的内力

3. 缀板的设计

缀板柱视为一多层框架体系（柱肢视为框架立柱，缀板视为横梁）。当它整体挠曲时，假定各层分肢中点、缀板中点为反弯点，如图 4-25a 所示。从柱中取出图 4-25b 所示的脱离体，可得缀板内力为

剪力

$$T = \frac{V_1 l_1}{a} \qquad (4-40)$$

弯矩（与肢件连接处）

$$M = T \cdot \frac{a}{2} = \frac{V_1 l_1}{2} \qquad (4-41)$$

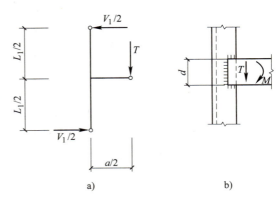

图 **4-25** 缀板计算简图

式中　l_1——缀板中心线间的距离；
　　　a——肢件轴线间的距离。

缀板与柱肢之间用角焊缝相连，角焊缝承受剪力和弯矩的共同作用。由于角焊缝的强度设计值小于钢材强度设计值，故只需用上述 M 和 T 验算缀板与肢件间的连接焊缝。

缀板应有一定的刚度。《标准》规定，同一截面处两侧缀板线刚度之和不得小于一个柱肢线刚度的 6 倍。一般取宽度 $d \geqslant 2a/3$，如图 4-25b 所示，厚度 $t \geqslant a/40$，且不小于 6mm。端缀板宜适当加宽，取 $d = a$。

4.4.4　格构柱的设计步骤

格构柱的设计需首先选择柱肢截面和缀材的形式，中小型柱可用缀板或缀条柱，大型柱宜用缀条柱。然后按下列步骤进行设计：

1）按照实轴（y-y 轴）的整体稳定性选择柱截面，其方法与实腹柱的计算方法相同。

2）按对虚轴（x-x 轴）的整体稳定确定两分肢的距离。

为了获得等稳定性，应使两方向的长细比相等，即使 $\lambda_{0x} = \lambda_{0y}$。

缀条柱（双肢）：由 $\lambda_{0x} = \sqrt{\lambda_x^2 + 27\dfrac{A}{A_1}} = \lambda_y$ 得

$$\lambda_x = \sqrt{\lambda_y^2 - 27\frac{A}{A_1}} \qquad (4-42)$$

缀板柱（双肢）：由 $\lambda_{0x} = \sqrt{\lambda_x^2 + \lambda_1^2} = \lambda_y$ 得

$$\lambda_x = \sqrt{\lambda_y^2 - \lambda_1^2} \qquad (4-43)$$

按式（4-42）或式（4-43）计算得出 λ_x 后，即可得到对虚轴的回转半径 $i_x = l_{0x}/\lambda_x$，根据表 4-7，可得柱在缀材方向的宽度 $b \approx i_x/\alpha_1$，也可由已知截面的几何量直接算出柱的宽度 b。

3）验算对虚轴的整体稳定性，不合适时应修改柱宽 b 再进行验算。

4）设计缀条或缀板（包括它们与分肢的连接）。

进行以上计算时应注意以下三个方面的内容：

1）柱对实轴的长细比 λ_y 和对虚轴的换算长细比 λ_{0x} 均不得超过容许长细比 $[\lambda]$。

2）缀条柱的分肢长细比 $\lambda_1 = l_1/i_1$ 不得超过柱两方向长细比（对虚轴为换算长细比）较大值的 0.7 倍，否则分肢可能先于整体失稳。

3）缀板柱的分肢长细比 $\lambda_1 = l_{01}/i_1$ 不应大于 40，并不应大于柱较大长细比 λ_{max} 的 0.5 倍（当 $\lambda_{max} < 50$ 时，取 $\lambda_{max} = 50$），也是为了保证分肢不先于整体失稳。

4.4.5 柱的横隔

格构柱的横截面为中部空心的矩形，抗扭刚度较差。为了提高格构柱的抗扭刚度，保证柱子在运输和安装过程中的截面形状不变，沿柱长度方向应设置一系列横隔结构。对于大型实腹柱，如工字形或箱形截面，也应设置横隔，如图 4-26 所示。

横隔的间距不得大于柱子较大宽度的 9 倍或 8m，且每个运送单元的端部均应设置横隔。

当柱身某一处受有较大水平集中力作用时，也应在该处设置横隔，以免柱肢局部受弯，有效地传递外力。横隔可用钢板（见图 4-26a、图 4-26c、图 4-26d）或交叉角钢（见图 4-26b）做成。工字钢截面实腹柱的横隔只能用钢板，它与横向加劲肋的区别在于它与翼缘宽度相同（见图 4-26c），而横向加劲肋则通常较窄。箱形截面实腹柱的横隔，有一边或两边不能预先焊接，可先焊两边或三边，装配后再在柱壁钻孔用电渣焊焊接其他边，如图 4-26d 所示。

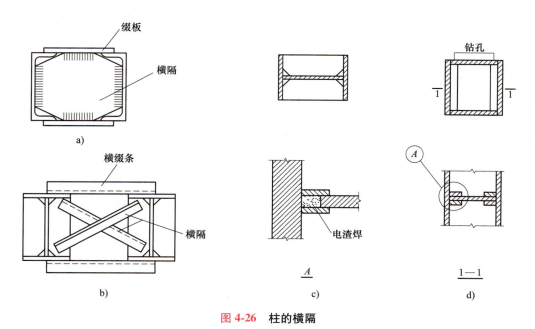

图 4-26 柱的横隔

【例 4-3】 设计一缀板柱，柱高 6m，两端铰接，轴心压力为 1000kN（设计值），钢材为 Q235，截面无孔眼削弱。

【解】 柱的计算长度为 $l_{0x} = l_{0y} = 6\text{m}$。

1）按实轴的整体稳定选择柱的截面。

假设 $\lambda_y = 70$，截面类别为 b 类，钢材为 Q235。查附录 C 中表 C-3 得 $\varphi_y = 0.751$。

所需的截面面积为 $A = \dfrac{N}{\varphi_y f} = \dfrac{1000 \times 10^3}{0.751 \times 215} \text{mm}^2 \approx 6193 \text{mm}^2 = 61.93 \text{cm}^2$

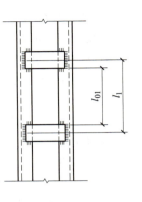

选用 $2 [22a$，$A = 63.6 \text{cm}^2$，$i_y = 8.67 \text{cm}$。

验算整体稳定性，$\lambda_y = \dfrac{l_{0y}}{i_y} = \dfrac{600}{8.67} \approx 69.2 < [\lambda] = 150$（满足要求）

查附录 C 中表 C-3 得 $\varphi_y = 0.756$

$\dfrac{N}{\varphi_y A} = \dfrac{1000 \times 10^3}{0.756 \times 63.6 \times 10^2} \text{N/mm}^2 \approx 208 \text{N/mm}^2 < f = 215 \text{N/mm}^2$

2）确定柱宽 b。

假定 $\lambda_1 = 35$（约等于 $0.5\lambda_y$），则有

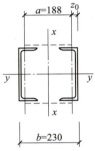

$$\lambda_x = \sqrt{\lambda_y^2 - \lambda_1^2} = \sqrt{69.2^2 - 35^2} \approx 59.7$$

$$i_x = \dfrac{l_{0x}}{\lambda_x} = \dfrac{6000}{59.7} \text{mm} \approx 10.05 \text{cm}$$

采用图 4-27 的截面形式，由 $i_x \approx 0.44b$，得 $b \approx i_x/0.44 = 22.8 \text{cm}$，取 $b = 230 \text{mm}$。

图 4-27　缀板柱截面

单个槽钢的截面数据（见图 4-27）：

$$z_0 = 2.1 \text{cm}，\quad I_1 = 158 \text{cm}^4，\quad i_1 = 2.23 \text{cm}$$

整个截面对虚轴的数据：

$$I_x = [2 \times (158 + 31.8 \times 9.4^2)] \text{cm}^4 \approx 5936 \text{cm}^4$$

$$i_x = \sqrt{\dfrac{5936}{63.6}} \text{cm} \approx 9.66 \text{cm}$$

$$\lambda_x = \dfrac{600}{9.66} \approx 62.1$$

$$\lambda_{0x} = \sqrt{\lambda_x^2 + \lambda_1^2} = \sqrt{62.1^2 + 35^2} \approx 71.3 < [\lambda] = 150$$

查附录 C 中表 C-3 得 $\varphi_x = 0.743$

整体稳定验算

$$\dfrac{N}{\varphi_x A} = \dfrac{1000 \times 10^3}{0.743 \times 63.6 \times 10^2} \text{N/mm}^2 \approx 212 \text{N/mm}^2 < f = 215 \text{N/mm}^2（满足要求）$$

3）缀板和横隔。

缀板的计算长度 $l_{01} = \lambda_1 i_1 = (35 \times 2.23) \text{cm} \approx 78.1 \text{cm}$

选用—180×8，$l_1 = (78.1 + 18) \text{cm} = 96.1 \text{cm}$，采用 $l_1 = 96 \text{cm}$。

分肢线刚度　$K_1 = \dfrac{I_1}{l_1} = \dfrac{158}{96} \text{cm}^3 \approx 1.65 \text{cm}^3$

两侧缀板线刚度之和　$K_b = \dfrac{I_b}{a} = \left(\dfrac{1}{18.8} \times 2 \times \dfrac{1}{12} \times 0.8 \times 18^3 \right) \text{cm}^3 \approx 41.36 \text{cm}^3 > 6K_1 = 9.84 \text{cm}^3$

横向剪力　$V = \dfrac{Af}{85}\sqrt{\dfrac{f_y}{235}} = \left(\dfrac{63.6 \times 10^2 \times 215}{85} \times \sqrt{\dfrac{235}{235}} \right) \text{N} \approx 16087\text{N}$

$$V_1 = \dfrac{V}{2} \approx 8044\text{N}$$

缀板与分肢连接处的内力为　$T = \dfrac{V_1 l_1}{a} = \dfrac{8044 \times 960}{188}\text{N} \approx 41076\text{N}$

$$M = T \cdot \dfrac{a}{2} = \dfrac{V_1 l_1}{2} = \dfrac{8044 \times 960}{2}\text{N} \cdot \text{mm} \approx 3.86 \times 10^6 \text{N} \cdot \text{mm}$$

取角焊缝的焊脚尺寸 $h_f = 6\text{mm}$，不考虑焊缝绕角部分长，采用 $l_w = 180\text{mm}$。

剪力 T 产生的剪应力（顺焊缝长度方向）　$\tau_f = \dfrac{41076}{0.7 \times 6 \times 180}\text{N/mm}^2 \approx 54.3\text{N/mm}^2$

弯矩 M 产生的应力（垂直焊缝长度方向）　$\sigma_f = \dfrac{6 \times 3.86 \times 10^6}{0.7 \times 6 \times 180^2}\text{N/mm}^2 \approx 170.2\text{N/mm}^2$

折合应力　$\sqrt{\left(\dfrac{\sigma_f}{1.22} \right)^2 + \tau_f^2} = \sqrt{\left(\dfrac{170.2}{1.22} \right)^2 + 54.3^2}\text{N/mm}^2 \approx 150\text{N/mm}^2 < f_f^w = 160\text{N/mm}^2$

（满足要求）

横隔采用钢板，间距应小于 9 倍柱宽（9×23cm＝207cm）。此柱的简图如图 4-28 所示。

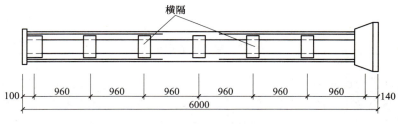

图 4-28　缀板柱简图

4.5　柱头和柱脚

单个构件必须通过相互连接才能形成结构整体，轴心受压柱通过柱头直接承受上部结构传来的荷载，同时通过柱脚将柱身的内力可靠地传给基础。最常见的上部结构是梁格系统。梁与柱的连接节点设计必须遵循传力可靠、构造简单和便于安装的原则。

4.5.1　梁与柱的连接

梁与轴心受压柱的连接只能是铰接，若为刚接，则柱将承受较大弯矩成为受压受弯柱。梁与柱铰接时，梁可支承在柱顶上，如图 4-29a～c 所示，也可连于柱的侧面，如图 4-29d、e 所示。梁支于柱顶时，梁的支座反力通过柱顶板传给柱身。顶板与柱用焊缝连接，顶板厚度一般取 16～20mm。为了便于安装定位，梁与顶板用普通螺栓连接。图 4-29a 所示的构造方案，将梁的反力通过支承加劲肋直接传给柱的翼缘。两相邻梁之间留一定的空隙，以便于安装，最后用夹板和构造螺钉连接。

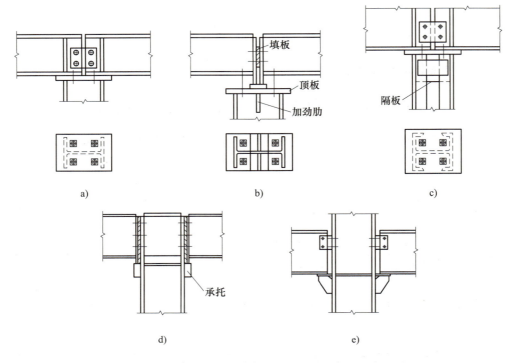

图 4-29　梁与柱的铰接连接

这种连接方式构造简单，对梁长度尺寸的制作要求不高。其缺点是当柱顶两侧梁的反力不等时将使柱偏心受压。图 4-29b 所示的构造方案，梁的反力通过端部加劲肋的突出部分传给柱的轴线附近，因此即使两相邻梁的反力不等，柱仍接近于轴心受压。梁端加劲肋的底面应刨平顶紧于柱顶板。由于梁的反力大部分传给柱的腹板，因而腹板不能太薄而必须用加劲肋加强。两相临梁之间可留一些空隙，安装时嵌入合适尺寸的填板并用普通螺栓连接。对于格构柱，为了保证传力均匀并托住顶板，应在两柱肢之间设置竖向隔板，如图 4-29c 所示。

在多层框架的中间梁柱中，横梁只能在柱侧相连。图 4-29d、e 所示是梁连接柱侧面的铰接构造。梁的反力由端加劲肋传给支托，支托可采用 T 形，如图 4-29d 所示，支托与柱翼缘间用角焊缝连接。用厚钢板做支托的方案适用于承受较大的压力，但制作与安装的精度要求较高。支托的端面必须刨平，并与梁的端加劲肋顶紧，以便直接传递压力。考虑到荷载偏心的不利影响，支托与柱的连接焊缝按梁支座反力的 1.25 倍计算。为方便安装，梁端与柱间应留空隙加填板并设置构造螺栓。当两侧梁的支座反力相差较大时，应考虑偏心，按压弯柱计算。

4.5.2　柱脚

柱脚的构造应和基础有牢固的连接，使柱身的内力可靠地传给基础。轴心受压柱的柱脚主要传递轴心压力，与基础连接一般采用铰接，如图 4-30

柱脚

124

所示。

图 4-30 是几种常见的平板式铰接柱脚。由于基础混凝土强度远比钢材低，所以必须增大柱底的面积，以增加其与基础顶部的接触面积。

图 4-30a 所示是一种最简单的柱脚构造形式，在柱下端仅焊一块底板，柱中压力由焊缝传至底板，再传给基础。这种柱脚只能用于小型柱，如果用于大型柱，底板会太厚。

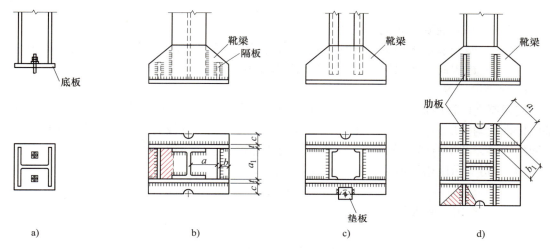

图 4-30　平板式铰接柱脚

一般的铰接柱脚常采用图 4-30b ~ d 的形式，在柱端部与底板之间增设一些中间传力部件，如靴梁、隔板和肋板等，这样可以将底板分隔成几个区格，使底板的弯矩减小，同时增加柱与底板的连接焊缝长度。在靴梁外侧设置肋板，底板做成正方形或接近正方形，如图 4-30d 所示。

布置柱脚中的连接焊缝时，应考虑施焊的方便与可能。如图 4-30b 所示隔板的内侧，图 4-30c 和图 4-30d 中靴梁中央部分的内侧，都不宜布置焊缝。

柱脚是利用预埋在基础中的锚栓来固定其位置的。铰接柱脚连接中，两个基础预埋锚栓在同一轴线。图 4-31 所示均为铰接柱脚，底板的抗弯刚度较小，锚栓受拉时，底板会产生弯曲变形，柱端的转动抗力不大，因而可以实现柱脚铰接的功能。如果用完全符合力学图形的铰，将给安装工作带来很大困难，而且构造复杂，一般情况没有这种必要。

铰接柱脚不承受弯矩，只承受轴向压力和剪力。剪力通常由底板与基础表面的摩擦力传递。当此摩擦力不够时，应在柱脚底板下设置抗剪键，抗剪键可用方钢、短 T 字钢或 H 型钢做成，如图 4-31 所示。

铰接柱脚通常仅按承受轴向压力计算，轴向压力 N 一部分由柱身传给靴梁、肋板等，再传给底板，最后传给基础；另一部分是经柱身与底板间的连接焊缝传给底板，再传给基础。然而实际工程中，柱端难以做到齐

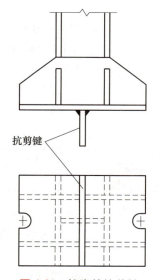

图 4-31　柱脚的抗剪键

平，而且为了便于控制柱长的准确性，柱端可能比靴梁缩进一些，如图 4-30c 所示。

1. 底板的面积

底板的平面尺寸决定于基础材料的抗压能力，基础对底板的压应力可近似认为是均匀分布的，这样所需要的底板净面积 A_n（底板轮廓面积减去锚栓孔面积）应按下式确定

$$A_n \geqslant \frac{N}{\beta_c f_c} \tag{4-44}$$

式中　f_c——基础混凝土的抗压强度设计值；

　　　β_c——基础混凝土局部承压时的强度提高系数，只有当 C50 及以上等级的混凝土才考虑提高，所以柱脚设计通常取值为 1.0。

2. 底板的厚度

底板厚度由板的抗弯强度决定。底板可视为一支承在靴梁、隔板和柱端的平板，它承受基础传来的均匀反力。靴梁、肋板、隔板和柱端面均可视为底板的支承边，并将底板分隔成不同的区格，其中有四边支承、三边支承、两相邻边支承和一边支承等区格。

1）四边支承区格板单位宽度上的最大弯矩。

$$M = \alpha q a^2 \tag{4-45}$$

式中　q——作用于底板单位面积上的压应力，$q = N/A_n$；

　　　a——四边支承区格的短边长度；

　　　α——系数，根据长边 b 与短边 a 之比按表 4-8 取用。

表 4-8　α 与 b_1/a_1 的关系

b_1/a_1	1.0	1.1	1.2	1.3	1.4	1.5	1.6	1.7	1.8	1.9	2.0	3.0	4.0	>4.0
α	0.048	0.055	0.063	0.069	0.075	0.081	0.086	0.091	0.095	0.099	0.101	0.119	0.125	0.125

2）三边支承区格和两相邻边支承区格。

$$M = \beta q a_1^2 \tag{4-46}$$

式中　a_1——对三边支承区格为自由边长度；对两相邻边支承区格为对角线长度，如图 4-30b~d 所示；

　　　β——系数，根据 b_1/a_1 值由表 4-9 查得。对三边支承区格，b_1 为垂直于自由边的宽度；对相邻边支承区格，b_1 为内角顶点至对角线的垂直距离，如图 4-30b~d 所示。

表 4-9　β 与 b_1/a_1 的关系

b_1/a_1	0.3	0.4	0.5	0.6	0.7	0.8	0.9	1.0	1.1	≥1.2
β	0.026	0.042	0.056	0.072	0.085	0.092	0.104	0.111	0.120	0.125

当三边支承区格的 $b_1/a_1 < 0.3$，可按悬臂长度为 b_1 的悬臂板计算。

3）一边支承区格（即悬臂板）。

$$M = 0.5qc^2 \tag{4-47}$$

式中　c——悬臂长度（见图 4-30b）。

这几部分板承受的弯矩一般不相同，取各区格板中的最大弯矩 M_{max} 按式（4-48）来确定底板厚度 t。

$$t \geqslant \sqrt{\frac{6M_{\max}}{f}}$$
（4-48）

设计时靴梁和隔板的布置应尽可能使各区格板中的最大弯矩相差不大，以免计算所需的底板过厚。

底板厚度通常为 20~40mm，最薄一般不得小于 14mm，以保证底板具有必要的刚度，从而满足基础反力是均布的假设。

3. 靴梁的计算

靴梁的高度由其与柱边连接所需的焊缝长度决定，此连接焊缝承受柱身传来的压力。靴梁的厚度比柱翼缘厚度略小。

靴梁按支承于柱边的双悬臂梁计算，根据所承受的最大弯矩和最大剪力值，验算靴梁的抗弯和抗剪强度。

4. 隔板与肋板的计算

为了支承底板，隔板应具有一定刚度，因而隔板的厚度不得小于其宽度的 1/50，一般比靴梁略薄些，高度略小些。

隔板可视为支承于靴梁上的简支梁，荷载可按承受图 4-30b 中阴影面积的底板反力计算，按此荷载所产生的内力验算隔板与靴梁的连接焊缝及隔板本身的强度。注意隔板内侧的焊缝不易施焊，计算时不能考虑其承担力。

肋板按悬臂梁计算，承受的荷载为图 4-30d 所示的阴影部分的底板反力。肋板与靴梁间的连接焊缝及肋板本身的强度，均应按其承受的弯矩和剪力来计算。

【例 4-4】　设计焊接工字形截面柱设计其柱脚。轴心压力的设计值为 1700kN，柱脚钢材为 Q235，焊条为 E43 型。基础混凝土的抗压强度设计值 $f_c = 7.5\mathrm{N/mm}^2$。

【解】　采用图 4-30b 所示的柱脚形式。

1. 底板尺寸

需要的底板净面积 $A_n = \dfrac{N}{f_c} = 226700\mathrm{mm}^2$

采用 450mm×600mm 的底板（见图 4-32），毛面积为 450mm×600mm = 270000mm²，减去锚栓孔面积（约 4000mm²），大于所需净面积。

基础对底板反力

$$\sigma = \frac{N}{A_n} = \frac{1700 \times 10^3}{270000 - 4000}\mathrm{N/mm}^2 \approx 6.4\mathrm{N/mm}^2$$

底板的区格有三种，现分别计算其单位宽度的弯矩。

区格①为四边支承板，$b_1/a_1 = 278/200 = 1.39$，查表 4-8，$\alpha = 0.0744$。

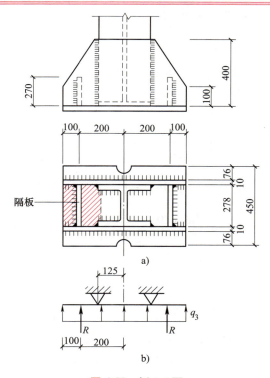

图 4-32　例 4-4 图

$$M_1 = \alpha\sigma a^2 = (0.0744 \times 6.4 \times 200^2)\text{N}\cdot\text{mm} \approx 19046\text{N}\cdot\text{mm}$$

区格②为三边支承板，$b_1/a_1 = 100/278 \approx 0.36$，查表4-9，$\beta = 0.0356$。

$$M_2 = \beta\sigma a_1^2 = (0.0356 \times 6.4 \times 278^2)\text{N}\cdot\text{mm} \approx 17608\text{N}\cdot\text{mm}$$

区格③为悬臂部分，$M_3 = \dfrac{1}{2}\sigma c^2 = \left(\dfrac{1}{2} \times 6.4 \times 76^2\right)\text{N}\cdot\text{mm} = 18483.2\text{N}\cdot\text{mm}$

这几种区格的弯矩值相差不大，不必调整底板平面尺寸和隔板位置。

最大弯矩　$M_{\max} = 19046\text{N}\cdot\text{mm}$

底板厚度　$t \geqslant \sqrt{\dfrac{6M_{\max}}{f}} = \sqrt{\dfrac{6 \times 19046}{205}}\text{mm} \approx 23.61\text{mm}$，取 $t = 24\text{mm}$

2. 隔板计算

将隔板视为两端支承于靴梁的简支梁，其线荷载为

$$q_1 = (200 \times 6.4)\text{N/mm} = 1280\text{N/mm}$$

隔板与底板的连接（仅考虑外侧一条焊缝）为正面角焊缝，$\beta_f = 1.22$。取 $h_f = 10\text{mm}$，焊缝强度计算：

$$\sigma_f = \dfrac{1280}{1.22 \times 0.7 \times 10}\text{N/mm}^2 \approx 150\text{N/mm}^2 < f_f^w = 160\text{N/mm}^2 (满足要求)$$

隔板与靴梁的连接（外侧一条焊缝）为侧面角焊缝，所受隔板的支座反力为

$$R = \left(\dfrac{1}{2} \times 1280 \times 278\right)\text{N} \approx 178000\text{N}$$

设 $h_f = 8\text{mm}$，焊缝长度（隔板高度）为

$$l_w = \dfrac{R}{0.7h_f f_f^w} = \dfrac{178000}{0.7 \times 8 \times 160}\text{mm} \approx 199\text{mm}$$

取隔板高270mm，设隔板厚度 $t = 8\text{mm} > b/50 = 278\text{mm}/50 \approx 5.6\text{mm}$，验算隔板抗剪及抗弯强度。

$$V_{\max} = R = 178000\text{N}$$

$$\tau = 1.5\dfrac{V_{\max}}{ht} = 1.5 \times \dfrac{178000}{270 \times 8}\text{N/mm}^2 \approx 124\text{N/mm}^2 < f_v = 125\text{N/mm}^2 (满足要求)$$

$$M_{\max} = \left(\dfrac{1}{8} \times 1280 \times 278^2\right)\text{N}\cdot\text{mm} \approx 12.37 \times 10^6 \text{N}\cdot\text{mm}$$

$$\sigma = \dfrac{M_{\max}}{W} = \dfrac{6 \times 12.37 \times 10^6}{8 \times 270^2}\text{N/mm}^2 \approx 127\text{N/mm}^2 < f = 215\text{N/mm}^2 (满足要求)$$

3. 靴梁的计算

靴梁与柱身的连接（4条焊缝），按承受柱的压力 $N = 1700\text{kN}$ 计算，此焊缝为侧面角焊缝，

设 $h_f = 10\text{mm}$，其长度 $l_w = \dfrac{N}{4 \times 0.7h_f f_f^w} = \dfrac{1700 \times 10^3}{4 \times 0.7 \times 10 \times 160}\text{mm} \approx 379\text{mm}$。

取靴梁的高400mm。

靴梁作为支承于柱边的悬伸梁（见图4-32b），设厚度 $t = 10\text{mm}$，验算其抗剪和抗弯强度。

$$V_{\max} = (178000 + 86 \times 6.4 \times 175)\text{N} = 274320\text{N}$$

$$\tau = 1.5\,\frac{V_{max}}{ht} = 1.5 \times \frac{274320}{400 \times 10}\mathrm{N/mm^2} \approx 103\mathrm{N/mm^2} < f_v = 125\mathrm{N/mm^2}(满足要求)$$

$$M_{max} = (178000 \times 75 + \frac{1}{2} \times 86 \times 6.4 \times 175^2)\mathrm{N \cdot mm} \approx 21.78 \times 10^6\mathrm{N \cdot mm}$$

$$\sigma = \frac{M_{max}}{W} = \frac{6 \times 21.78 \times 10^6}{10 \times 400^2}\mathrm{N/mm^2} \approx 81.7\mathrm{N/mm^2} < f = 215\mathrm{N/mm^2}(满足要求)$$

靴梁与底板的连接焊缝和隔板与底板的连接焊缝传递全部柱的压力，设焊缝的焊脚尺寸均为 $h_f = 10\mathrm{mm}$。

所需的焊缝总计算长度 $\quad \sum l_w = \dfrac{N}{1.22 \times 0.7 h_f f_f^w} = \dfrac{1700 \times 10^3}{1.22 \times 0.7 \times 10 \times 160}\mathrm{mm} \approx 1244\mathrm{mm}$

显然焊缝的实际计算总长度已超过此值。

柱脚与基础的连接按构造采用两个 20mm 的锚栓。

本章思维导图

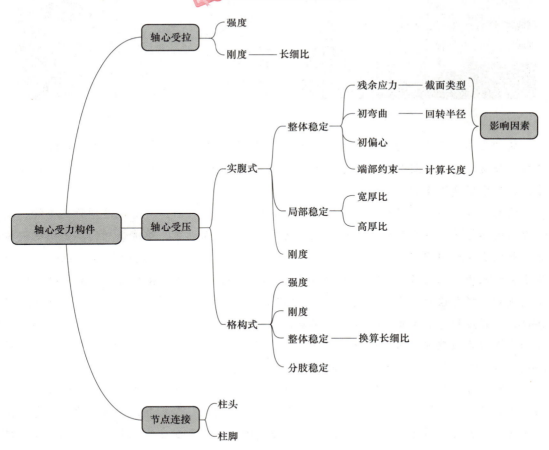

📖【拓展阅读】

钢铁骄"奥"——从"鸟巢"到"冰丝带"

当世界迈入21世纪，回顾人类发展的历史，可以发现其中一个显著的特点就是其活动空间的不断改善与扩充。在各种交流活动中，体育比赛无疑是一种最激动人心的方式。比如，奥林匹克体育竞赛馆、世界杯足球比赛场……在世界各地崛起。

而近些年来，我国建造的最著名的体育场馆有国家体育场——"鸟巢"（见图4-33）和国家速滑馆——"冰丝带"（见图4-34）。前者是2008年北京奥运会主体育场，被誉为"世界建筑史上的奇迹"；后者是2022年北京冬奥会标志性场馆，是中国智慧建造的高点。

图4-33 "鸟巢"　　　　　　　　　　　图4-34 "冰丝带"

从"鸟巢"到"冰丝带"，两任"双奥"系列场馆的总设计师李久林带领团队攻坚克难、精益求精、不断超越，用匠心书写传奇，为奥运场馆建设提供中国智慧、中国方案，推动中国建造走向世界的舞台。

这两个著名的奥运场馆的整体均采用了钢结构为主要材料，其外观造型雅致奇特，设计理念国际超前。在李久林和团队攻克的众多高难技术课题中，难度最大的就是钢结构施工。长轴333m、4.2万t的钢结构在"鸟巢"跨度最大的南北方向的柱脚和柱子上，产生了巨大应力，只有采用Q460E这种高强度钢才能解决结构的承重问题。李久林和团队下定决心，联合设计单位、分包单位、材料供应商等开展技术攻关，自主研制建筑用Q460E高强度钢。新型钢材焊接性能较差，工期紧张，李久林又主动揽过重任，马不停蹄开始了焊接方法确定、工人焊接培训等一整套技术试验创新，拿下了高强度钢这个"拦路虎"，撑起了国家体育场的钢铁脊梁，堪称钢铁骄"奥"。

有时工匠精神并非单指某个个体，而是一个群体。两个体育场馆的建设始终贯穿着大国的工匠精神，从规划到设计再到建造，都有着严格的规范与标准，但所有的参与者仅仅把这种标准当作一道底线，绝非最终目标。他们的目标就是在底线之上追求卓越，追求极致。

习 题

一、填空题

1. 轴心压杆格构柱进行分肢稳定计算的目的是保证（　　　）。

2. 轴心稳定系数 φ 根据（　　　）。

3. 轴心受压构件的承载能力极限状态有（　　　）和（　　　）。

4. 在轴心压力一定的前提下，轴压柱脚底板的面积是由（　　　）决定的。

二、简答题

1. 在考虑实际轴心压杆的临界力时，应考虑哪些初始缺陷的影响？

2. 在计算格构式轴心受压构件的整体稳定时，对虚轴为什么要采用换算长细比？

3. 轴心压杆有哪些屈曲形式？

4. 轴心受压构件的局部稳定的概念是什么？

5. 轴心受力构件典型柱头和柱脚的设计步骤是什么？

6. 请查找相关文献，了解我国的规范与美国、欧洲联盟的规范有哪些不同？在不同规范下，如何对不同类型截面构件的承载力进行计算？

三、计算题

1. 图 4-35 所示为一支架，其支柱的压力设计值 $N=1600\text{kN}$，柱两端铰接，钢材为 Q235，容许长细比 $[\lambda]=150$。截面无孔眼削弱。支柱选用 I56a（$f=205\text{N/mm}^2$），$A=135\text{cm}^2$，$i_x=22.0\text{cm}$，$i_y=3.18\text{cm}$。①验算此支柱的承载力；②说明如果支柱失稳会发生什么样的失稳形式。

2. 某轴心受压柱如图 4-36 所示。柱两端铰接，柱高 6m，钢材采用 Q235。轴心压力设计值 $N=1500\text{kN}$，如采用热轧 H 型钢 HW7250×250×9×14，试进行轴心受压稳定性计算，其最大压应力为多少？

3. 某轴心受拉构件为焊接工字形截面，如图 4-37 所示。两翼缘选用—350×12，腹板—350×6，板件为火焰

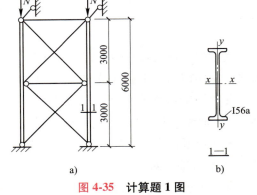

图 4-35 计算题 1 图

切割边，钢材为 Q235，承受轴心受拉设计值为 1500kN，翼缘上有螺栓孔 4 个，孔径 $d_0=22\text{mm}$。计算构件两方向惯性矩、回转半径及长细比，并验算截面强度。

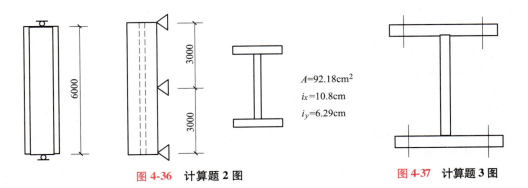

图 4-36 计算题 2 图　　　　图 4-37 计算题 3 图

$A=92.18\text{cm}^2$

$i_x=10.8\text{cm}$

$i_y=6.29\text{cm}$

本章导读：

　　主要介绍梁的类型和强度、梁的局部压应力和组合应力；受弯构件的截面设计方法，受弯构件的整体稳定及局部稳定的概念，型钢梁、焊接梁设计及梁的连接等内容。

本章重点：

　　梁的强度、梁的整体稳定、焊接梁及型钢梁设计计算及梁的连接计算。

5.1　概述

　　受弯构件指的是承受垂直于构件轴线荷载的构件。常见的受弯构件包括结构框架梁、屋盖梁、屋面檩条、工业建筑的工作平台梁、吊车梁等，还包括桥梁中常用的桥面梁等。

　　受弯钢梁截面有两个正交的形心主轴——x 轴和 y 轴。其中绕 x 轴的惯性矩、截面模量最大，也称为强轴；而绕 y 轴又称为弱轴。对于工字形、T 形及箱形截面，平行于强轴的板称为翼缘，平行于弱轴的板称为腹板（见图 5-1）。按弯曲方向不同，截面弯曲问题可分为平面内问题和平面外问题，截面绕 x（强）轴转动的工况称为平面内弯曲，绕 y（弱）轴转动的工况称为平面外弯曲。

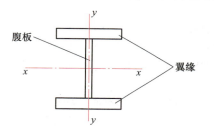

平面内与
平面外

图 5-1　工字形截面

　　通常钢梁可分为型钢梁和焊接组合梁两类（见图 5-2），型钢梁构造简单，设计时优先采用。型钢梁又分为热轧型钢梁和冷弯薄壁型钢梁两种。热轧型钢梁常采用热轧工字钢、热轧 H 型钢和热轧槽钢三种，H 型钢最为常用，翼缘内外边缘平行，与其他构件连接方便。用于结构梁的 H 型钢通常采用窄翼缘型 H 型钢（NH）。槽钢扭转中心在腹板外侧，弯曲时将产生扭转，受荷不利，仅在构造上使荷载作用线接近扭转中心，才能保证截面不发生扭转而被采用。由于轧制条件限制，热轧型钢腹板厚度大，因而用钢量较大。檩条和墙梁等受弯构件通常采用冷弯薄壁型钢较经济，但防腐要求很高。

　　上述型钢梁适用于一般承载状态下，当梁承受荷载及跨度较大的情况时，以及当轧制条件无法满足梁承载力和刚度的要求时，就应采用组合梁。组合梁按其连接方法和使用方法可

a) 热轧工字钢 b) 槽钢 c) 热轧H型钢 d) 冷弯C型钢 e) 冷弯Z型钢 f) 冷弯双C型钢

g) 焊接工字钢 h) 加板焊接截面 i) 焊接组合梁 j) 铆接梁 k) 箱型梁 l) 钢与混组合梁

工字钢和H型钢
截面对比

工字钢   H型钢

m) 型钢梁

n) 焊接梁

o) 热轧槽钢

图5-2 钢梁的类型

分为**焊接组合梁、铆接组合梁**或**栓接组合梁**，以及**钢与混凝土组合梁**。

最常见的焊接组合梁形式是由三块钢板焊接而成的工字形截面。为充分利用钢材，可将受力较大的翼缘板采用强度较高钢材，受力小的腹板采用强度略低的钢材，制成异种钢组合梁；或将工字形钢腹板切开，焊接成适应弯矩变化的楔形梁（见图5-3a）或蜂窝梁（见图5-3b）。

还有一种常见的形式就是在钢梁上浇筑钢筋混凝土板，形成钢-混组合板，通过连接件（焊钉等）将钢梁和混凝土连接成钢与混凝土组合梁。将侧向刚度很大的混凝土板与钢梁组合在一起，很大程度地避免了钢梁发生失稳，因此通常组合梁不需验算稳定性，减少了

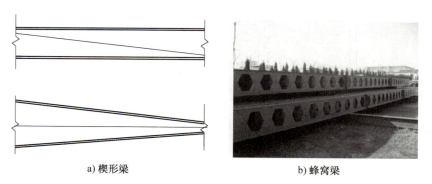

a) 楔形梁   b) 蜂窝梁

图 5-3   楔形梁和蜂窝梁

加劲肋钢板。组合梁较为灵活，截面材料应用更加合理充分。

钢梁可做成简支梁、连续梁、悬臂梁等，简支梁用钢材多，应用范围较广，制造、安装、拆换较为方便，而且不受温度变化和支座沉降的影响。

梁的设计必须同时满足承载力和正常使用两个极限状态。静载下钢梁承载极限包括强度、整体稳定和局部稳定三个方面的内容。设计时要求在荷载作用下，梁的抗弯强度、抗剪强度、局部承压强度和折算应力不超过相应的材料强度设计值；保证梁不会发生整体失稳；组合梁的板件不会出现局部失稳。对于直接承受重复荷载作用的梁，如吊车梁，还应进行相应的疲劳计算。正常使用极限状态主要指梁的刚度，设计时要求在荷载标准值作用下，梁的最大挠度不应超过《标准》规定的容许挠度。

5.2   梁的强度和刚度

5.2.1   截面板件宽厚比等级

钢构件一般是由板件构成，如焊接工字钢是由两片翼缘和一片腹板焊接而成。如果钢材仅受拉的话，理论上可达到屈服或更高强度，但如果钢材受压则可能存在局部失稳的可能性，钢材局部失稳和屈曲荷载与板件宽厚比有关，宽厚比越大，屈曲荷载越小。因此板件宽厚比直接决定了钢构件的承载及变形能力。在设计中，构件截面按板件宽厚比划分为不同类别，对应不同的承载能力和变形能力。

表 5-1 给出了常用工字钢和箱形截面用受弯构件或压弯构件的截面分类等级与宽厚比关系。其中 α_0 为腹板应力梯度，按下式计算

$$\alpha_0 = \frac{\sigma_{\max} - \sigma_{\min}}{\sigma_{\max}}$$

(5-1)

式中 $\sigma_{\max}$——腹板计算高度边缘的最大压应力；

$\sigma_{\min}$——腹板计算高度另一边缘相应的应力，压应力取正值，拉应力取负值。

根据截面承载力和塑性转动变形能力的不同，我国将截面根据其板件宽厚比分为 5 个等级，如图 5-4 中黑色区域为进入塑性区域。其中板件宽厚比不超过 S1 的截面，保证塑性铰发生全截面塑性设计要求的转动能力时，也不会发生局部屈曲，称为一级塑性转动截面。S2 级截面称为二级塑性截面，可达全截面塑性，但由于发生局部屈曲，塑性转动能力有限。S3

截面为弹塑性截面，翼缘全部屈服，腹板可发展不超过 1/4 截面高度的塑性时不至于发生局部屈曲。S4 级截面为弹性截面，边缘纤维达屈服应力时，板件不会发生局部失稳。S5 级截面为薄壁截面，在边缘纤维达屈服应力前，腹板可能发生局部屈曲，应按照利用腹板屈曲后强度方法进行设计。截面分类决定截面板件分类。

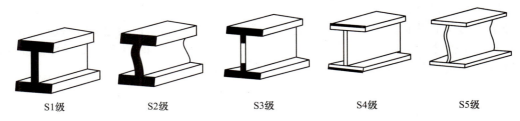

S1级　　S2级　　S3级　　S4级　　S5级

图 5-4　S1~S5 级截面

表 5-1　受弯构件截面板件宽厚比等级限值

构件	截面板件宽厚比等级		S1 级	S2 级	S3 级	S4 级	S5 级
压弯构件（框架柱）	H 形截面	翼缘 b/t	$9\varepsilon_k$	$11\varepsilon_k$	$13\varepsilon_k$	$15\varepsilon_k$	20
		腹板 h_0/t_w	$(33+13\alpha_0^{1.3})\varepsilon_k$	$(38+13\alpha_0^{1.39})\varepsilon_k$	$(40+18\alpha_0^{1.5})\varepsilon_k$	$(45+25\alpha_0^{1.66})\varepsilon_k$	250
	箱形截面	壁板（腹板）间翼缘 b_0/t	$30\varepsilon_k$	$35\varepsilon_k$	$40\varepsilon_k$	$45\varepsilon_k$	—
	圆钢管截面	径厚比 D/t	$50\varepsilon_k^2$	$70\varepsilon_k^2$	$90\varepsilon_k^2$	$100\varepsilon_k^2$	—
受弯构件（梁）	工字形截面	翼缘 b/t	$9\varepsilon_k$	$11\varepsilon_k$	$13\varepsilon_k$	$15\varepsilon_k$	20
		腹板 h_0/t_w	$65\varepsilon_k$	$72\varepsilon_k$	$93\varepsilon_k$	$124\varepsilon_k$	250
	箱形截面	壁板（腹板）间翼缘 b_0/t	$25\varepsilon_k$	$32\varepsilon_k$	$37\varepsilon_k$	$42\varepsilon_k$	—

注：1. ε_k 为钢号修正系数，其值为 235 与钢材号中屈服强度数值的比值的平方根。

　　2. b 为工字形、H 形截面的翼缘外伸宽度，t、h_0、t_w 分别为翼缘厚度、腹板净高、腹板宽度。对轧制型截面，腹板净高不包括腹板过渡处圆弧段；对于箱形截面，b_0、t 分别为壁板间的距离、壁板厚度；D 为圆管截面外径。

　　3. 箱形截面梁及单向受弯的箱形截面柱，其腹板限值可根据 H 形截面腹板采用。

　　4. 腹板的宽厚比可通过设置加劲肋减小。

5.2.2　梁的强度

根据梁的受力状态，梁的截面应力包括弯曲正应力、剪应力、局部承压应力、折算应力、扭转正应力和扭转剪应力，设计时要求在荷载设计值作用下，均不超过《标准》规定的相应强度设计值。

1. 梁的弯曲强度

梁截面的弯曲强度为弯曲正应力的最大值，弯曲正应力随着弯矩增加而变化，梁的弯曲通常可分为弹性、弹塑性及塑性三个工作阶段。

（1）弹性工作阶段　当荷载较小时，截面上弯曲应力 σ 呈三角形直线分布，截面上各点弯曲应力均小于屈服应力 f_y（见图 5-5a），荷载继续增加，直至截面边缘纤维应力达到 f_y，相应弯矩为梁弹性工作阶段最大弯矩，其值为 $M_{ex} = W_{nx}f_y$，式中 W_{nx} 为梁对 x 轴净截面模量，即扣除截面上孔洞削弱后的截面模量。

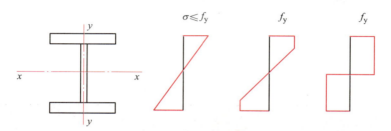

a) 弹性阶段应力　　b) 弹塑性阶段应力　　c) 塑性阶段应力

图 5-5　梁截面的正应力分布

（2）弹塑性工作阶段　荷载继续增加，截面上、下各有部分高度应力达到屈服应力 f_y，截面中间部分区域仍保持弹性工作状态，此时梁处于弹塑性工作阶段（见图 5-5b）。

（3）塑性工作阶段　荷载再继续增大，塑性区逐渐向截面中央扩展，中央弹性区逐渐缩小，直至弹性区消失，截面全部进入塑性阶段，荷载不再增加，而变形继续发展，截面形成塑性铰（见图 5-5c）。梁的承载能力达到了极限。极限弯矩为

$$M_{px} = (S_{1nx} + S_{2nx})f_y = W_{pnx}f_y \tag{5-2}$$

式中　S_{1nx}、S_{2nx}——塑性中和轴以上、以下净截面对中和轴的面积矩；

　　　　W_{pnx}——梁对塑性中和轴 x 轴的净截面塑性模量，$W_{pnx} = S_{1nx} + S_{2nx}$。

塑性中和轴是截面面积的平分线，即塑性中和轴两边面积相等。在双轴对称截面中，塑性中和轴和弹性中和轴重合。

令塑性铰极限弯矩 M_p 与弹性最大弯矩 M_e 之比 $F = \dfrac{M_p}{M_e} = \dfrac{W_{pn}}{W_n}$，可见 γ 只取决于截面几何形状，而与材料性质无关，称为截面形状系数。矩形截面 $F = 1.5$；圆形截面 $F = 1.7$；对于工字形截面，F 为 $1.10 \sim 1.17$。在常规设计中，为避免梁出现过大的非弹性变形，增加梁的安全储备，通常将极限弯矩取于 M_p 和 M_e 之间，即令钢梁在受弯时部分区域发展塑性，而非全截面塑性。通常情况下定义 $\gamma \leqslant F$，γ 称为<u>截面塑性发展系数</u>。

需要注意的是，需要计算疲劳的梁，以最外侧纤维应力达到屈服强度作为极限承载标志。冷弯薄壁型钢梁以截面边缘屈服作为极限状态。

一般受弯的梁，宜适当考虑截面的塑性发展，以截面部分进入塑性为承载能力的极限。根据以上分析，梁的抗弯强度按下列公式验算：

单向弯曲　　　　　　　　$$\sigma = \frac{M_x}{\gamma_x W_{nx}} \leqslant f \qquad (5\text{-}3)$$

双向弯曲　　　　　　　　$$\sigma = \frac{M_x}{\gamma_x W_{nx}} + \frac{M_y}{\gamma_y W_{ny}} \leqslant f \qquad (5\text{-}4)$$

式中　M_x、M_y——绕 x 轴、y 轴弯矩；

W_{nx}、W_{ny}——对 x 轴、y 轴的净截面模量，当截面板件宽厚比等级为 S1、
　　　　　S2、S3 或 S4 级时，应取全截面模量，当截面板件宽厚比
　　　　　等级为 S5 级时，应取有效截面模量；

f——钢材抗弯强度设计值；

γ_x、γ_y——截面塑性发展系数。

截面塑性
发展系数

γ_x、γ_y 的取值方法如下：对一般梁，当截面板件宽厚比等级为 S4 或 S5 时，截面塑性发展系数应取 1.0，需计算疲劳的梁，$\gamma_x = \gamma_y = 1.0$；当截面板件宽厚比等级为 S1、S2、S3 时，对工字形截面 $\gamma_x = 1.05$，$\gamma_y = 1.20$，对箱形截面 $\gamma_x = \gamma_y = 1.05$，其他截面可按表 5-2 采用。

表 5-2　截面塑性发展系数

项次	截面形式	γ_x	γ_y
1	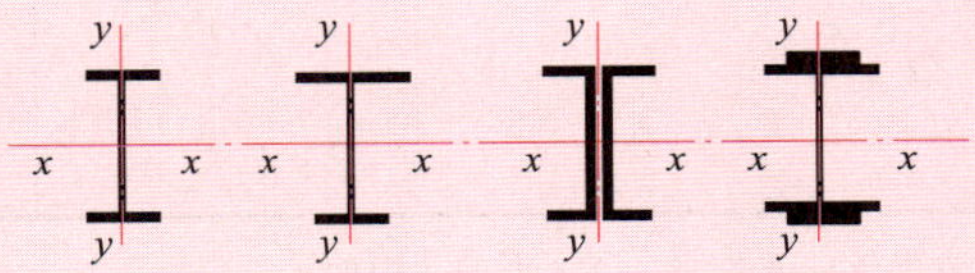	1.05	1.2
2	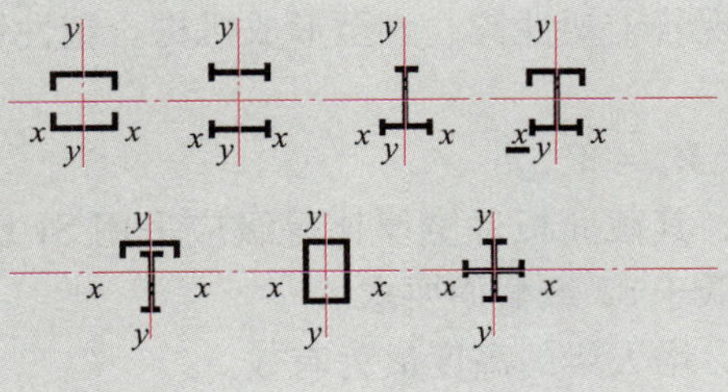	1.05	1.05
3	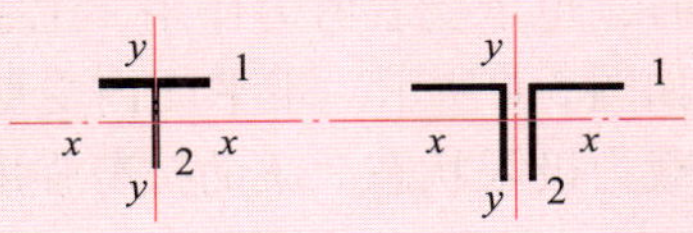	$\gamma_{x1} = 1.05$ $\gamma_{x2} = 1.2$	1.2
4	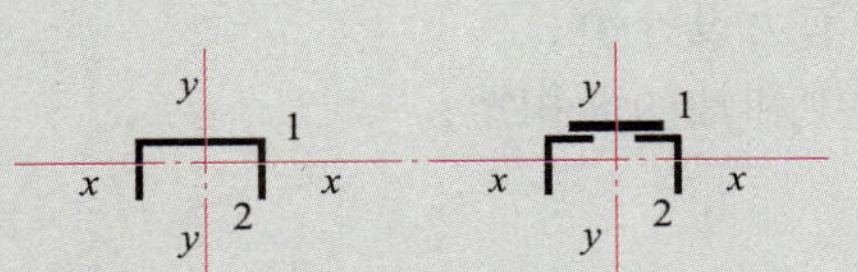	$\gamma_{x1} = 1.05$, $\gamma_{x2} = 1.2$	1.05

（续）

项次	截面形式	γ_x	γ_y
5	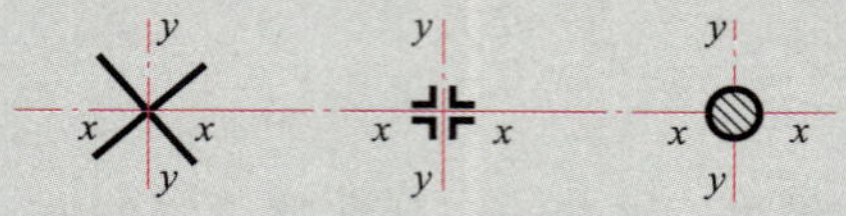	1.2	1.2
6	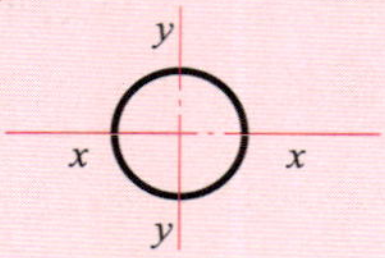	1.15	1.15
7	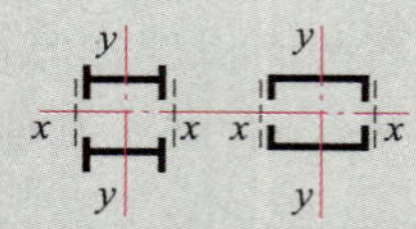	1.0	1.05
8	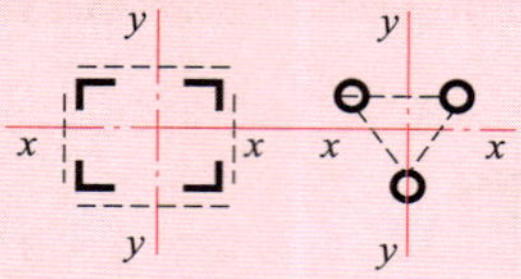	1.0	1.0

注：当压弯构件受压翼缘的自由外伸宽度与其宽度之比大于 $13\sqrt{235/f_y}$ 时，应取 $\gamma_x = 1.0$。

不直接承受动力荷载的固端梁、连续梁和由实腹构件组成的单层框架结构的框架梁等超静定梁允许采用塑性设计，允许截面出现若干塑性铰，直至形成机构。塑性铰截面的弯矩应满足下式要求

$$M_x = W_{pnx}f \tag{5-5}$$

先形成塑性铰并发生塑性转动截面，其截面板件宽厚比等级应采用 S1 级，最后形成塑性铰截面，其截面板件宽厚比等级不应低于 S2 级截面要求。

当梁的抗弯强度不满足设计要求时，增大梁的高度最为有效。

2. 梁的剪切强度

在大多情况下，梁在承受弯曲作用的同时，也承受着剪力作用，工字形和槽形钢截面最大剪应力发生在中和轴处，腹板剪应力分布如图 5-6 所示。主平面内受剪的实腹梁，当截面最大剪应力达到钢材抗剪屈服强度时，为承载力极限状态。梁的抗剪强度应按下式验算

$$\tau = \frac{VS}{It_w} \leqslant f_v \tag{5-6}$$

式中　V——计算截面沿腹板平面作用的剪力设计值；

　　　S——计算剪应力处以上毛截面对中和轴的面积矩；

　　　I——毛截面惯性矩；

　　　t_w——腹板厚度；

　　　f_v——钢材的抗剪强度设计值。

　　当梁抗剪强度不足时，可以采取增大腹板面积的方法，但腹板高度一般是由梁的刚度条件和构造决定的，因此通常采用增大腹板厚度的方法来增加梁的抗剪强度。一般而言，型钢腹板较厚，可以满足上述要求。因此只有剪力最大截面处有较大削弱时，才要求进行抗剪强度计算。

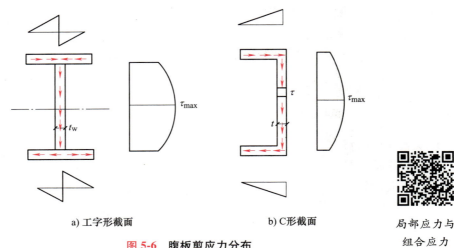

a) 工字形截面　　　　　　　　　　　b) C形截面　　　　　局部应力与组合应力

图 5-6　腹板剪应力分布

3. 梁的局部承压强度

　　当梁的翼缘承受沿腹板平面作用的集中荷载或支座反力，且该处还未设置加劲肋时，应验算腹板计算高度边缘的局部承压强度（见图 5-7）。梁的局部承压强度按下式计算

$$\sigma_{\mathrm{c}} = \frac{\psi F}{t_{\mathrm{w}} l_{\mathrm{z}}} \leqslant f \tag{5-7}$$

$$l_{\mathrm{z}} = 3.25 \sqrt[3]{\frac{I_{\mathrm{R}} + I_{\mathrm{f}}}{t_{\mathrm{w}}}} \tag{5-8}$$

　　简化算法：跨中 $l_{\mathrm{z}} = a + 5h_{\mathrm{y}} + 2h_{\mathrm{R}}$　　梁端 $l_{\mathrm{z}} = a + 2.5h_{\mathrm{y}} + a_1$

式中　　F——集中荷载，对动力荷载应考虑动力系数；

　　　　ψ——集中荷载增大系数，重级工作制吊车梁取 1.35，其他梁取 1.0；

　　　　t_{w}——腹板厚度；

　　　　l_{z}——集中荷载在腹板计算高度边缘的假定分布长度；

　　　　I_{R}——轨道绕自身形心轴惯性矩；

　　　　I_{f}——梁上翼缘绕翼缘中面惯性矩；

　　　　a——集中荷载沿梁跨度方向的支撑长度，对钢轨上轮压可取 50mm；

　　　　h_{y}——自梁顶面至腹板计算高度边缘距离；

　　　　h_{R}——轨道高度，无轨道时取 0；

　　　　a_1——梁端到支座板外边缘距离。

　　梁的计算高度 h_0 对轧制型钢梁，取腹板与上下翼缘相连处内弧起点距离；对焊接组合梁，为腹板高度；对铆接组合梁，为上下翼缘与腹板连接的铆钉线间最近距离。

　　如果上述计算不能满足要求时，应在固定集中荷载或支座处，设置支承加劲肋，对腹板进行加强。

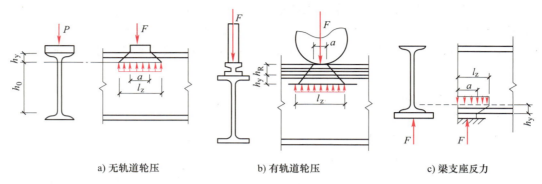

a) 无轨道轮压　　　　　　　b) 有轨道轮压　　　　　　　c) 梁支座反力

图 5-7　常见的局部压力作用

4. 梁截面的折算应力

组合梁若同时受较大正应力、剪应力和局部压应力，同时受较大正应力和剪应力（此工况下在腹板计算高度边缘处），按下式验算该处折算应力

$$\sqrt{\sigma^2 + \sigma_c^2 - \sigma\sigma_c + 3\tau^2} \leqslant \beta_1 f \tag{5-9}$$

$$\sigma = \frac{My_{max}}{I_n} \tag{5-10}$$

式中　σ、τ、σ_c——腹板计算高度边缘同一点上同时产生的正应力、剪应力、局部应力，均以拉应力为正值，压应力为负值；

y_{max}——梁截面距形心最远纤维距离；

I_n——梁净截面惯性矩；

β_1——强度增大系数，当 σ 与 σ_c 同号或 $\sigma_c = 0$ 时，取 $\beta_1 = 1.1$，当 σ 与 σ_c 异号时，取 $\beta_1 = 1.2$；

f——钢材的抗压强度设计值。

【例 5-1】　某车间钢梁如图 5-8 所示，截面宽厚比等级为 S3 级，不承受动力荷载，两个三分点处各承受荷载为 $P = 30kN$，钢梁采用 Q235 钢材制成。1）计算截面 x 轴惯性矩 I_x 及抗弯截面模量 W_x；2）验算梁的抗剪强度及抗弯强度；3）计算 1 截面上 A 点折算应力。

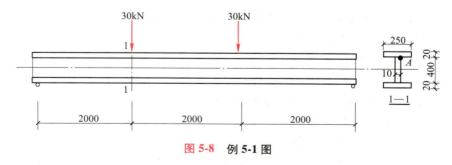

图 5-8　例 5-1 图

【解】　1）

$$I_x = \left[\frac{1}{12} \times 400^3 \times 10 + 2 \times 250 \times 20 \times \left(\frac{420}{2} \right)^2 \right] mm^4 \approx 49433 cm^4$$

$$W_x = I_x \Big/ \left(\frac{40}{2} + 2 \right) \mathrm{cm}^3 \approx 2247.0 \mathrm{cm}^3$$

2）由梁的弯矩图及剪力图可知，梁最大剪力及弯矩均出现在 1 截面上。

1 截面上弯矩 $M_1 = (30 \times 2) \mathrm{kN \cdot m} = 60 \mathrm{kN \cdot m}$，最大剪力为 30kN。

用式(5-3)验算梁的抗弯强度。

$$\sigma = \frac{M_x}{\gamma_x W_{nx}} = \frac{60 \times 10^6}{1.05 \times 2250 \times 10^3} \mathrm{N/mm}^2 \approx 25.4 \mathrm{N/mm}^2 \leqslant f = 205 \mathrm{N/mm}^2 \text{（满足要求）}$$

用式（5-6）验算梁的抗剪强度。最大剪应力出现在截面中部，该处以上毛截面对中和轴的面积矩为

$$S = \left[250 \times 20 \times \left(\frac{400}{2} + 10 \right) + 200 \times 10 \times 100 \right] \mathrm{mm}^3 = 1250000 \mathrm{mm}^3$$

$$\tau = \frac{VS}{It_w} = \frac{30 \times 10^3 \times 1250000}{49433 \times 10^4 \times 10} \mathrm{N/mm}^2 \approx 7.59 \mathrm{N/mm}^2 \leqslant f_v = 125 \mathrm{N/mm}^2 \text{（满足要求）}$$

3）1 截面 A 点折算应力由式（5-9）计算。

$$S_A = \left[250 \times 20 \times \left(\frac{400}{2} + 10 \right) \right] \mathrm{mm}^3 = 1050000 \mathrm{mm}^3$$

A 点正应力 $\quad \sigma_A = \frac{M_x}{I_x} y_A = \left(\frac{60 \times 10^6}{49433 \times 10^4} \times 200 \right) \mathrm{N/mm}^2 \approx 24.3 \mathrm{N/mm}^2$

A 点剪应力 $\quad \tau = \frac{VS}{It_w} = \frac{30 \times 10^3 \times 1050000}{49433 \times 10^4 \times 10} \mathrm{N/mm}^2 \approx 6.37 \mathrm{N/mm}^2$

A 点折算应力

$$\sqrt{\sigma^2 + 3\tau^2} = \sqrt{24.3^2 + 3 \times 6.37^2} \mathrm{N/mm}^2 \approx 26.69 \mathrm{N/mm}^2 < (1.1 \times 215) \mathrm{N/mm}^2$$
$$= 236.5 \mathrm{N/mm}^2 \text{（满足要求）}$$

5. 梁的扭转应力

一般情况而言，当梁荷载作用线未通过截面的剪切中心（简称"剪心"）从而产生扭转，根据支承条件不同，分为自由扭转（也称为圣维南扭转）和约束扭转（也称为弯曲扭转）两种形式（见图 5-9）。

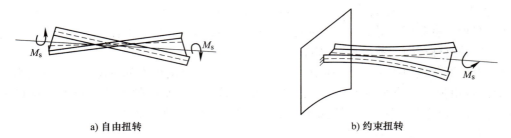

a) 自由扭转   b) 约束扭转

图 5-9 扭转示意图

（1）截面剪心 实腹式构件的组成板件通常都属于薄壁板件。杆件在横向弯曲时截面剪应力 τ 可假定沿壁厚均布，并沿板件轴线作用，剪应力在板件中形成剪力流，如图 5-10

所示。整个截面上剪力流的合力沿截面坐标轴 x 方向、y 方向的两个分力交点就称为剪切中心，以 S 表示。

如图 5-10 所示，双轴对称的截面，如工字钢截面，翼缘中的剪应力合力会相互抵消，因此截面剪应力合力即腹板的剪应力，此合力通过截面形心 C。若横向荷载同样通过形心，则梁截面不会产生扭转。

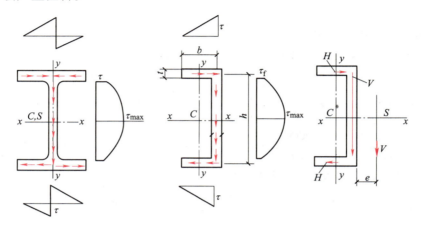

图 5-10　剪心与截面扭转

但对于单轴对称的截面，如槽形截面，荷载为平行于 y 轴作用，翼缘中剪应力的合力 H 会形成力偶。槽形截面三个剪力的总合力，数值大小为 V，方向与 y 轴平行，作用点距腹板中心线为 e，由平衡方程，有

$$Hh = Ve \tag{5-11}$$

$$H = \tau_f \times \frac{1}{2}bt = \frac{VS_1}{I_x t} \times \left(bh\frac{h}{2}\right) \times \frac{1}{2}bt = \frac{Vb^2 th}{4I_x} \tag{5-12}$$

$$e = \frac{H}{V}h = \frac{b^2 th^2}{4I_x} \tag{5-13}$$

截面中剪应力的总合力作用线与对称轴交点 S 即称为剪心。外荷载通过剪心时，梁只发生弯曲；若不通过剪心时，则发生弯曲同时还会产生剪力。

由上述分析可知，截面剪心的位置与截面形状有关。常见截面剪心的位置如下：

1) 双轴对称截面及对形心成点对称的截面，剪心与截面形心重合。

2) 单轴对称截面，剪心在对称轴上。

3) 由矩形薄板中线相交于一点组成的截面，各薄板中的剪力都通过该点，即为剪心。

（2）自由扭转　若截面为非圆截面构件扭转时，原为平面的横截面将不再保持平面，而发生翘曲。若等截面杆件受到扭矩作用，且同时满足以下两个条件：

1) 截面上有反向等值的扭矩。

2) 构件端部纵向纤维不受约束，截面可自由翘曲。

此类扭转称为自由扭转。自由扭转时各截面翘曲变形相同，纵向纤维保持直线且长度保持不变，截面上只有剪应力，没有纵向正应力。

根据弹性力学计算方法，开口薄壁构件自由扭转时，扭矩与扭转率有

$$M_t = GI_t \frac{\mathrm{d}\varphi}{\mathrm{d}z} \qquad\qquad (5\text{-}14)$$

$$\tau_{\max} = \frac{M_t t}{I_t} \qquad\qquad (5\text{-}15)$$

式中　M_t——截面自由扭转扭矩；

　　　G——材料剪变模量；

　　　φ——截面扭转角；

　　　I_t——截面抗扭惯性矩，$I_t \approx \frac{1}{3}bt^3$；

　　　GI_t——截面抗扭刚度；

　　　$\tau_{\max}$——最大扭转剪应力；

　　　t——截面厚度。

（3）约束扭转　若由于边界支承或外力作用约束了截面的翘曲，此情况称为约束扭转。约束扭转时，截面上将产生一个纵向正应力，称为翘曲正应力。当然必然产生与翘曲正应力平衡的剪应力，称为翘曲剪应力。

如图 5-11 所示，双轴对称工字形截面悬臂构件，在悬臂端部承受外扭矩 M_t 使上下翼缘朝不同方向弯曲。由于悬臂端截面可自由翘曲而固定端截面完全不能翘曲，因此中间各截面受到不同程度的约束。

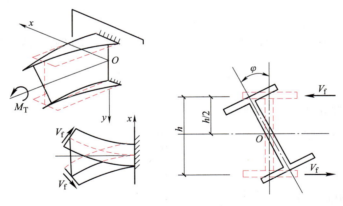

图 5-11　约束扭转示意图

外力扭矩 M_T 应包括自由扭转产生的扭矩 M_t 与截面翘曲剪应力形成的翘曲扭矩 M_w 之和，即

$$M_T = M_t + M_w \qquad\qquad (5\text{-}16)$$

任意截面，扭转角为 φ，上下翼缘在水平方向位移均为 u 时，则有

$$u = \frac{h}{2}\varphi \qquad\qquad (5\text{-}17)$$

由弯矩曲率关系可知，一个翼缘承受弯矩为

$$M_F = -EI_F \frac{\mathrm{d}^2 u}{\mathrm{d}z^2} = -EI_F \frac{h}{2}\frac{\mathrm{d}^2\varphi}{\mathrm{d}z^2} \qquad\qquad (5\text{-}18)$$

一个翼缘承受的剪力为

$$V_F = \frac{dM_F}{dz} = -EI_F \frac{h}{2} \frac{d^3\varphi}{dz^3} \tag{5-19}$$

式中 I_F——一个翼缘对腹板轴的惯性矩。

忽略腹板影响，翘曲扭矩 M_w 为

$$M_w = V_F h = -EI_F \frac{h^2}{2} \frac{d^3\varphi}{dz^3} \tag{5-20}$$

I_w 称为翘曲常数（扇形惯性矩），令 $I_w = I_F h^2/2$，代入上式得

$$M_T = -EI_w \frac{d^3\varphi}{dz^3} + GI_t \frac{d\varphi}{dz} \tag{5-21}$$

此为约束扭转的平衡微分方程，不同截面 I_w 取值不同。EI_w 为翘曲刚度。

单轴对称的工字形截面
$$I_w = \frac{I_1 I_2}{I_1 + I_2} h^2 \tag{5-22}$$

式中 I_1 和 I_2——工字形截面较大翼缘和较小翼缘对工字形截面对称轴 y 的惯性矩；

h——上下翼缘形心间距离，h 较大时可取全高。

双轴对称的工字形截面
$$I_w = 1/4 I_y h^2 \tag{5-23}$$

T 形截面、十字形截面、角形截面，取 $I_w = 0$。

约束扭转在产生剪应力同时产生约束扭转正应力，对工字形截面该应力为

$$\sigma_w = \frac{M_f}{I_f} x = -E \frac{hx}{2} \varphi'' \tag{5-24}$$

对于冷弯薄壁型槽钢及 Z 型钢

$$\sigma_w = \frac{B}{W_w} \tag{5-25}$$

$$B = M_f h \tag{5-26}$$

式中 B——双力矩，对于工字形截面；

W_w——截面扇形模量。

5.2.3 梁的刚度

通俗来说，梁的刚度可理解为梁抵抗变形的量度，通常用挠度表示梁的变形。当梁的挠度超过某一大小数值时，不仅会威胁到使用的安全，也会给人以不舒适的感觉。因此在设计中应对梁的刚度进行验算。梁在荷载作用下的挠度应满足下式要求

$$v \leqslant [v] \tag{5-27}$$

式中 v——由作用在梁上的荷载标准值产生最大挠度。

$[v]$——梁的容许挠度值，见附录 E 中表 E-1。

梁的挠度可按我们已学过的计算力学的方法计算，也可按结构静力计算手册取用。注意

挠度验算通常按毛截面验算。

简支梁在均布荷载作用下，跨中挠度计算公式为

$$v = \frac{5}{384} \cdot \frac{ql^4}{EI} \tag{5-28}$$

式中　q——作用在梁上的均布荷载标准值。

简支梁在跨中集中荷载作用下，跨中挠度计算公式为

$$v = \frac{1}{48} \cdot \frac{Fl^3}{EI} \tag{5-29}$$

式中　F——集中荷载标准值。

5.3　梁的整体稳定

5.3.1　梁的整体稳定概念

为保证梁有足够的抗弯刚度，通常钢梁被设计成高而窄的形式，即受弯曲荷载的方向的刚度较大，但侧向刚度较小。

如图 5-12 所示，梁的侧向支承作用较弱。当荷载较小时，梁仅发生平面内的弯曲，关于平面内弯曲的问题，我们已经在 5.1 节熟知。随着荷载继续增大，当荷载增加到某数值时，平面内弯曲，会突然发生侧向弯曲并伴随扭转，梁丧失承载能力，这种现象称为梁的整体失稳。梁在稳定平衡状态所承担的极限荷载（弯矩）称为临界荷载（弯矩）。

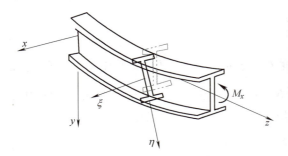

图 5-12　丧失整体稳定现象

5.3.2　梁整体稳定计算

1. 梁的整体稳定系数

简支梁在承受纯弯曲荷载时，梁端均承受弯矩，且弯矩沿梁长度方向均匀分布，支座处截面可以自由翘曲，可以绕 x 轴和 y 轴自由转动，但不能绕 z 轴转动和侧动。

根据弹性稳定理论，可得出单轴对称截面简支梁在不同荷载作用下的弹性临界弯矩通用公式为

$$M_{cr} = \frac{\pi}{l} \sqrt{EI_y GI_t} \sqrt{1 + \frac{\pi^2}{l^2} \frac{EI_w}{GI_t}} \tag{5-30}$$

式中　EI_y——侧向抗弯刚度；

　　　　GI_t——抗扭刚度；

　　　　EI_w——翘曲刚度。

由此可见，简支梁在纯弯曲作用下，临界弯矩与侧向抗弯刚度、抗扭刚度及翘曲刚度相关，则简支梁的临界应力为

$$\sigma_{cr} = \frac{M_{cr}}{W_x} \tag{5-31}$$

式中　W_x——梁截面对 x 轴毛截面模量。

梁若保持整体稳定，应满足 $M \leqslant \dfrac{M_{cr}}{\gamma_R}$，则

$$\frac{M_x}{W_x} \leqslant \frac{M_{cr}}{W_x} \cdot \frac{1}{\gamma_R} = \frac{\sigma_{cr}}{\gamma_R} = \frac{\sigma_{cr}}{f_y} \cdot \frac{f_y}{\gamma_R} \tag{5-32}$$

式中　f_y——钢材的屈服强度。

式（5-32）中，定义 $\varphi_b = \dfrac{\sigma_{cr}}{f_y}$ 为梁的整体稳定系数。

因此可得到最大刚度主平面内受弯梁的整体稳定系数应满足

$$\frac{M_x}{\varphi_b W_x f} \leqslant 1.0 \tag{5-33}$$

式中　M_x——绕强轴作用的最大弯矩设计值；

　　　　W_x——按受压最大纤维确定的梁毛截面模量，当宽厚比等级为 S5 级时，取有效截面模量 W_e 计算；

　　　　f——钢材的强度设计值。

为了简化计算，《标准》中取抗扭刚度 $I_t \approx \dfrac{1}{3} A t_1^2$，$I_w \approx \dfrac{1}{4} I_y h^2$，其中 A 为梁的毛截面面积，t_1 为梁受压翼缘厚度，将 $E = 206 \times 10^3 \text{N/mm}^2$，$I_y = A i_y^2$，$\lambda_y = l_1/i_y$，并取 $f_y = 235 \text{MPa}$，可得到双轴对称工字形截面简支梁纯弯曲时稳定系数近似值计算公式为

$$\varphi_b = \frac{4320}{\lambda_y^2} \frac{Ah}{W_x} \sqrt{1 + \left(\frac{\lambda_y t_1}{4.4h}\right)^2} \frac{235}{f_y} \tag{5-34}$$

但在实际工程中，多数情况下是受横向荷载作用，或不同翼缘截面的工况，为了可以应用与多种工况的一般情况简支梁，梁的稳定系数表达为

$$\varphi_b = \beta_b \frac{4320}{\lambda_y^2} \frac{Ah}{W_x} \left(\sqrt{1 + \left(\frac{\lambda_y t_1}{4.4h}\right)^2} + \eta_b\right) \left(\frac{235}{f_y}\right)^2 \tag{5-35}$$

式中　β_b——梁整体稳定等效弯矩系数，按附录 F 中表 F-1 查得；

　　　　λ_y——梁的侧向支撑点间长度对弱轴的长细比；

　　　　h——梁截面高度；

　　　　η_b——截面不对称影响系数。

双轴对称截面，$\eta_b = 0$，加强受压翼缘 $\eta_b = 0.8(2\alpha_b - 1)$，加强受拉翼缘 $\eta_b = 2\alpha_b - 1$。其中 $\alpha_b = I_1/(I_1 + I_2)$，$I_1$ 和 I_2 分别为受压翼缘和受拉翼缘对 y 轴的惯性矩。

大量研究表明，当 $\varphi_b > 0.6$ 时，可采用 $\varphi_b' = 1.07 - \dfrac{0.282}{\varphi_b} \le 1.0$ 代替 φ_b 进行梁整体稳定计算。

轧制普通工字钢简支梁的整体稳定系数，可按附录 F 中表 F-2 查得，当 $\varphi_b > 0.6$ 时，可采用 $\varphi_b' = 1.07 - \dfrac{0.282}{\varphi_b} \le 1.0$ 代替 φ_b 进行梁整体稳定计算。

承受均匀分布弯矩的梁，当 $\lambda_y \le 120\varepsilon_k$ 时，其整体稳定系数 φ_b 可按下列近似公式求得：

工字形双轴对称
$$\varphi_b = 1.07 - \frac{\lambda_y^2}{44000\varepsilon_k^2} \le 1.0 \tag{5-36}$$

工字形单轴对称
$$\varphi_b = 1.07 - \frac{W_x}{(2\alpha_b + 0.1)Ah} \cdot \frac{\lambda_y^2}{14000\varepsilon_k^2} \le 1.0 \tag{5-37}$$

T 形截面（弯矩作用在对称轴平面，绕 x 轴）：

① 弯矩使翼缘受压。

双角钢组成的 T 形截面
$$\varphi_b = 1 - 0.0017\lambda_y/\varepsilon_k \le 1.0 \tag{5-38}$$

剖分钢板组成的 T 形截面
$$\varphi_b = 1 - 0.0022\lambda_y/\varepsilon_k \le 1.0 \tag{5-39}$$

② 弯矩使翼缘受拉且腹板宽厚比不大于 $18\varepsilon_k$。
$$\varphi_b = 1 - 0.0005\lambda_y/\varepsilon_k \le 1.0 \tag{5-40}$$

式（5-36）~式（5-40）已经考虑了非弹性屈曲问题，因此当算的值大于 0.6 时，不再需要替代换算。

在两个主平面内均受弯的 H 形或工字形截面构件，其绕强轴和弱轴的弯矩为 M_x 和 M_y 时，整体稳定按下式验算

$$\frac{M_x}{\varphi_b W_x f} + \frac{M_y}{\gamma_y W_y f} \le 1 \tag{5-41}$$

式中　W_x 和 W_y——按受压最大纤维确定的对强轴和弱轴的毛截面模量；

　　　φ_b——绕强轴弯曲确定的梁整体稳定系数；

　　　f——钢材的强度设计值。

需要注意的是，式（5-41）为一个经验公式，在公式中引入 γ_y 并非绕弱轴出现塑性的意思，而是通过这一系数适当降低绕弱轴弯曲的影响。梁整体稳定属于构件整体性能，不便在同截面取 M_x 和 M_y 计算，通常取梁跨中 1/3 范围内为 M_y 最大值。

【例 5-2】　某厂房平台钢梁，跨度 5m，钢材为 Q235，次梁选用 HN350×175×7×11，梁荷载设计值（包含自重）为 $q = 35\text{kN/m}$。试验算该梁整体稳定性。

例 5-2 详解

【解】　查型钢表可确定 HN350×175×7×11 截面属性。

$I_x = 13700\text{cm}^4$，$W_x = 782\text{cm}^3$；$A = 63.66\text{cm}^2$；$i_x = 14.7\text{cm}$；$i_y = 3.93\text{cm}$

$$\xi = \frac{l_1 t_1}{b_1 h} = \frac{5000 \times 11}{175 \times 350} \approx 0.898 \ < \ 2.0$$

$$\beta_b = 0.69 + 0.13\xi = 0.69 + 0.13 \times 0.898 \approx 0.807$$

$$\varphi_b \approx \beta_b \frac{4320}{\lambda_y^2} \frac{Ah}{W_x}\left(\sqrt{1 + \left(\frac{\lambda_y t_1}{4.4h}\right)^2} + \eta_b\right)\left(\frac{235}{f_y}\right)^2$$

$$\approx 0.807 \times \frac{4320}{127^2} \times \frac{63.66 \times 35}{782} \times \left[\sqrt{1 + \left(\frac{127 \times 1.1}{4.4 \times 35}\right)^2} + 0\right] \times \frac{235}{235}$$

$$\approx 0.83 > 0.6(应进行稳定系数修正调整)$$

$$\varphi_b' = 1.07 - \frac{0.282}{\varphi_b} = 1.07 - \frac{0.282}{0.83} \approx 0.73 < 1.0$$

跨中弯矩 $\quad M_x = \frac{1}{8}ql^2 = \frac{1}{8} \times 35 \times 5^2 \text{kN} \cdot \text{m} \approx 109.4 \text{kN} \cdot \text{m}$

$$\frac{M_x}{\varphi_b' W_x} = \frac{109.4 \times 10^6}{0.73 \times 782 \times 10^3} \approx 191.6 \text{N/mm}^2 < f = 215 \text{N/mm}^2(满足要求)$$

2. 梁的整体稳定的保证方法

对于梁而言，梁的整体稳定性至关重要。当梁上有铺板（楼盖梁的楼面板或公路桥、人行天桥面板等）密铺时，应使其与梁的受压翼缘牢固相连。

另外《标准》中规定，当符合下列情况之一时，梁的整体稳定可以得到保证而不必计算：

1）有铺板密铺在梁的受压翼缘上并与其牢固连接，能阻止梁受压翼缘侧向位移。

2）箱形截面简支梁，其截面尺寸满足 $h/b_0 \leq 6$，且 $l_1/b_0 \leq 95\varepsilon_k^2$ 时，其中 l_1 为受压翼缘侧向支承点间距离（见图5-13）。

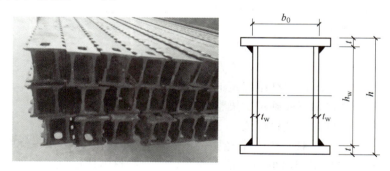

图5-13 箱形截面梁

5.4 梁的局部稳定

梁构件一般都是由翼缘和腹板等构件组成，如果板件过于宽（高）而且过于薄，当板中应力积累到某一数值后，受压板件可能偏离其平面位置，从而出现凹曲变形，这种现象称为梁局部失稳（见图5-14）。热轧梁通常板件宽厚比较小，均可满足S1~S3级要求，又称为局部屈曲，局部稳定性不需计算。而对于焊接梁，应按构造或计算方法验算其局部稳定。

5.4.1 受压翼缘局部稳定

梁的翼缘远离形心，材料比较容易得到充分利用，受弯构件的受压翼缘沿厚度方向应力变化较小，可近似作为受均布应力作用的板件。一般采用一定厚度的钢板，使其临界应力不低于屈服强度，旨在充分发挥材料强度，保证翼缘不提前发生失稳现象。一般采用限制宽厚比方法保证梁受压翼缘的稳定性。

工字形截面受压翼缘与压杆较为相似，可视为从腹板外侧挑出的外伸部分作为三边简支（腹板端、两侧支承）、一边自由的板件考虑（见图 5-15），翼缘处于两短边的均匀压力下。经临界应力计算，翼缘上的平均应力为 $0.95f_y$，临近屈服应力，按照《标准》分类，翼缘属于 S4 级截面，翼缘外伸宽厚比限制为

$$b_1/t \leqslant 15\varepsilon_k \tag{5-42}$$

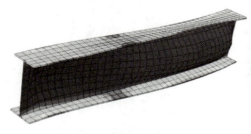

图 5-14　梁的局部失稳　　　　　**图 5-15　工字钢翼缘板**

若超静定梁采用塑性设计方法，其截面要出现塑性铰，则必须有足够的转动能力，翼缘应变发展很快，要求宽厚比达到 S1 程度，这对翼缘宽厚比提出更高要求，翼缘宽厚比限值为

$$b_1/t \leqslant 9\varepsilon_k \tag{5-43}$$

若简支梁截面允许有部分出现塑性，翼缘宽厚比也有更严格限值，要求满足 S3 级要求，即

$$b_1/t \leqslant 13\varepsilon_k \tag{5-44}$$

5.4.2　腹板局部稳定

对于钢构件而言，腹板相对翼缘较薄，且所受到更为复杂的应力，比如有弯矩引起的正应力 σ，剪力引起的不均匀剪应力 τ，或者是梁上作用的较大集中荷载而在腹板产生的较大局部压力 σ_c，不同的应力状态都可能导致局部失稳现象。

通常在焊接梁设计中，为避免过薄的腹板产生屈曲翘曲，保证局部稳定性，一般将腹板高厚比控制在

$$h_0/t_w \leqslant 250 \tag{5-45}$$

腹板局部稳定计算按是否利用腹板屈曲后强度分为以下两类：

1）对于承受静力荷载和间接承受动力荷载的组合梁，允许腹板在梁整体失稳前屈曲，并利用其屈曲后强度，通常以**布置加劲肋**方式提高抗剪和抗弯承载力（见图 5-16）。

2）对于直接承受动力荷载的吊车梁或其他不考虑屈曲后强度的组合梁，以腹板屈曲为极限状态。通常也采用增大腹板厚度和设置加劲肋的方法提高梁的整体稳定性。

1. 加劲肋增强局部稳定原理

如前所述，腹板加劲肋的设置会增强梁的局部稳定，可由图 5-17 理解。薄板由纵横条

带构成，板受四向约束，当受纵向荷载时，纵向条带有屈曲趋势，但由于板件受四向约束，在纵向发生凸曲趋势时，板横向板带中会出现薄膜张力，起到阻止纵向条带变形，延缓薄板屈曲的作用，可见受四向约束的板件单向屈曲可能会被延缓。

如图 5-18 所示，设置加劲肋的梁薄壁腹板有相似效果，在复杂应力作用下，梁薄腹板会产生凸曲或屈曲趋势。与此同时，与其垂直方向会产生薄膜拉力带阻碍腹板屈曲。加劲肋将腹板分割为若干区格，区格剪腹板在上下翼缘及左右加劲肋约束下屈曲会被延缓，从而增强腹板的局部稳定。

图 5-16　实际工程中带加劲肋梁

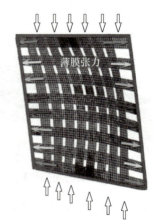

图 5-17　平面结构受压

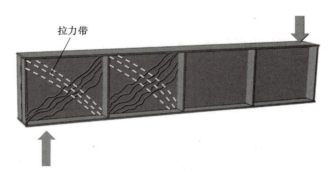

图 5-18　腹板的张力场作用

2. 加劲肋分类

为提高梁的腹板局部屈曲荷载，常采用加劲肋这一构造措施予以加强。**加劲肋通常分为横向加劲肋、纵向加劲肋、短加劲肋和支承加劲肋四种**（见图 5-19）。设置加劲肋的作用在于避免局部屈曲的提前发生，腹板通常被加劲肋划分为不同的区格。对于简支梁腹板，靠近梁段的区格主要承受剪应力。而在跨中附近的区格主要承受正应力作用。其他区格则可能承受正应力和剪应力联合作用。对于有集中荷载的区段还要承受局部压应力作用。

3. 加劲肋设置

如前所述，增设加劲肋对梁的局部稳定有重要意义，焊接梁宜按下列规定设置加劲肋（见图 5-20）。

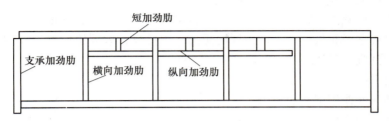

图 5-19　加劲肋类型

1）当 $h_0/t_w \leqslant 80\varepsilon_k$ 时，对有局部压应力的梁，宜按构造配置横向加劲肋；当局部应力较小时，可不配置加劲肋。

2）直接承受动力荷载的吊车梁及类似构件，应按下列规定配置加劲肋：

① 当 $h_0/t_w > 80\varepsilon_k$ 时，应配置横向加劲肋。

② 当受压翼缘扭转受到约束且 $h_0/t_w > 170\varepsilon_k$，并需计算局部稳定，受压翼缘扭转未受到约束且 $h_0/t_w > 150\varepsilon_k$ 时，或按计算需要时，应将纵向加劲肋设在弯曲应力较大区格的受压区。如局部压力也很大的工况，尚宜在受压区增设短加劲肋。

3）不考虑腹板屈曲后强度时，当 $h_0/t_w > 80\varepsilon_k$ 时，还宜配置横向加劲肋。

4）h_0/t_w 不宜超过 250。

5）梁的支座处和上翼缘受较大固定集中荷载处，宜设置支承加劲肋。

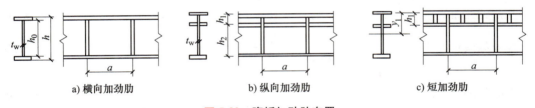

a) 横向加劲肋　　　　b) 纵向加劲肋　　　　c) 短加劲肋

图 5-20　腹板加劲肋布置

4. 加劲肋配置的计算

设置加劲肋时，一般是首先进行加劲肋的配置，然后通过下列公式进行验算，来满足局部稳定要求。

仅配置横向加劲肋的腹板，各区格应满足以下条件：

$$\left(\frac{\sigma}{\sigma_{cr}}\right)^2 + \frac{\sigma_c}{\sigma_{c,cr}} + \left(\frac{\tau}{\tau_{cr}}\right)^2 \leqslant 1 \tag{5-46}$$

$$\sigma = Mh_c/I, \quad \tau = V/(h_w t_w), \quad \sigma_c = \psi F/(t_w l_z), \quad L_z = a + 5h_y + 2h_R$$

式中　σ——所计算区格内，由平均弯矩产生的腹板计算高度边缘的弯曲应力，h_c 为腹板弯曲受压区高度，对双轴对称截面，$h_c = h_0/2$；

　　　τ——所计算腹板区格内，由平均剪力产生的腹板平均剪应力；

　　　σ_c——计算腹板区格内，腹板边缘的局部压应力；

　　　F——作用于腹板平面的集中荷载设计值，对动力荷载应考虑动力系数；

　　　ψ——集中荷载增大系数，一般取 1.0，重级工作制起重机取 1.35；

l_z——集中荷载在计算高度边缘的假定分布长度；

a——集中荷载沿梁跨方向的支承长度，钢轨上的轮压可取 50mm；

h_y——自梁顶至腹板计算高度边缘的距离，焊接梁常取翼缘厚度，轧制工字形梁取梁顶到腹板过渡完成点的距离；

h_R——轨道高度，若无轨道，该值取 0；

σ_{cr}——纯弯曲作用下屈曲应力；

τ_{cr}——纯剪切作用下的屈曲应力；

$\sigma_{c,cr}$——横向压力作用下的屈曲应力。

σ_{cr}、τ_{cr}、$\sigma_{c,cr}$ 分别按以下方法计算：

当 $\lambda_b \leq 0.85$ 时 $\qquad\qquad\qquad \sigma_{cr} = f$ (5-47a)

当 $0.85 < \lambda_b \leq 1.25$ 时 $\qquad \sigma_{cr} = [1 - 0.75(\lambda_b - 0.85)]f$ (5-47b)

当 $\lambda_b > 1.25$ 时 $\qquad\qquad\qquad \sigma_{cr} = 1.1f/\lambda_b^2$ (5-47c)

受压翼缘扭转受到约束时 $\qquad \lambda_b = \dfrac{h_0/t_w}{177\varepsilon_k}$ (5-48a)

受压翼缘扭转未受到约束时 $\qquad \lambda_b = \dfrac{h_0/t_w}{138\varepsilon_k}$ (5-48b)

式中 λ_b——正则化高厚比。

当 $\lambda_s \leq 0.8$ 时 $\qquad\qquad\qquad \tau_{cr} = f_v$ (5-49a)

当 $0.8 < \lambda_s \leq 1.2$ 时 $\qquad \tau_{cr} = [1 - 0.59(\lambda_s - 0.8)]f_v$ (5-49b)

当 $\lambda_s > 1.2$ 时 $\qquad\qquad\qquad \sigma_{cr} = 1.1f_v/\lambda_s^2$ (5-49c)

当 $a/h_0 \leq 1.0$ 时 $\qquad \lambda_s = \dfrac{h_0/t_w}{37\eta\sqrt{4 + 5.34(h_0/a)^2}}\dfrac{1}{\varepsilon_k}$ (5-50a)

当 $a/h_0 > 1.0$ 时 $\qquad \lambda_s = \dfrac{h_0/t_w}{37\eta\sqrt{4 + 4(h_0/a)^2}}\dfrac{1}{\varepsilon_k}$ (5-50b)

式中 λ_s——受剪腹板正则化高厚比；

η——参数，通常取 1.11，框架梁梁端最大应力区取 1.0。

当 $\lambda_c \leq 0.9$ 时 $\qquad\qquad\qquad \sigma_{c,cr} = f$ (5-51a)

当 $0.9 < \lambda_c \leq 1.2$ 时 $\qquad \sigma_{c,cr} = [1 - 0.79(\lambda_c - 0.9)]f$ (5-51b)

当 $\lambda_c > 1.2$ 时 $\qquad\qquad\qquad \sigma_{cr} = 1.1f/\lambda_c^2$ (5-51c)

当 $0.5 \leq a/h_0 \leq 1.5$ 时 $\quad \lambda_c = \dfrac{h_0/t_w}{28 \times \sqrt{10.9 + 13.4 \times (1.83 - a/h_0)^3}\varepsilon_k}$ (5-52a)

当 $1.5 < a/h_0 \leq 2.0$ 时 $\quad \lambda_c = \dfrac{h_0/t_w}{28 \times \sqrt{18.9 - 5a/h_0}\varepsilon_k}$ (5-52b)

式中 λ_c——通用高厚比。

对于同时配置横向加劲肋、纵向加劲肋及短加劲肋的工况，其腹板局部稳定按《标准》相关规定计算。

5. 加劲肋构造和截面尺寸

1）焊接梁的加劲肋，除特殊必要时单侧布置以外，宜在腹板双侧成对布置，支承加劲肋不应单侧布置（见图 5-21）。

2）横向加劲肋的间距不得小于 $0.5h_0$，也不得大于 $2h_0$，无局部压应力的钢梁，当 $h_0/t_w \leqslant 150\varepsilon_k$ 时，可采用 $2.5h_0$。

3）加劲肋作为可靠支承的前提条件必须具有足够的刚度，因此加劲肋的截面尺寸和惯性矩应有一定要求。

① 为保证加劲肋的有效性，双侧布置的钢板横向加劲肋外伸宽度应满足下式要求

$$b_s \geqslant h_0/30 + 40\text{mm} \tag{5-53}$$

② 加劲肋厚度 $t_s \geqslant b_s/15$，非受力加劲肋 $t_s \geqslant b_s/19$（见图 5-22）。

③ 当同时采用横向及纵向加劲肋时，横向加劲肋截面尺寸除应符合上述规定外，其截面惯性矩尚应满足下式要求

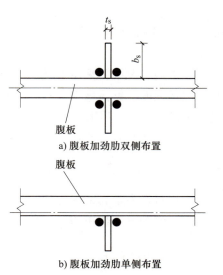

图 5-21　腹板加劲肋的布置方式

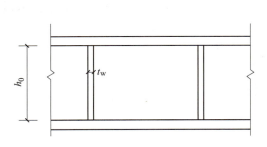
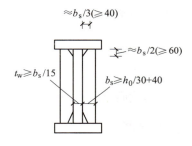

图 5-22　加劲肋的构造

$$I_z \geqslant 3h_0 t_w^3 \tag{5-54}$$

④ 纵向加劲肋的截面惯性矩 I_y 满足

当 $a/h_0 \leqslant 0.85$ 时 $\qquad I_y \geqslant 1.5h_0 t_w^3 \tag{5-55}$

当 $a/h_0 > 0.85$ 时 $\qquad I_y \geqslant \left(2.5 - 0.45\dfrac{a}{h_0}\right)\left(\dfrac{a}{h_0}\right)^2 h_0 t_w^3 \tag{5-56}$

4）短加劲肋最小间距为 $0.75h_1$，h_1 为纵向加劲肋边缘至受压翼缘边缘的距离。短加劲肋外伸宽度应取为横向加劲肋外伸宽度的 0.7~1.0 倍，厚度不应小于相应钢板加劲肋的惯性矩。

5）在腹板两侧成对布置时，截面惯性矩 I_z 应按梁腹板中心线为轴进行计算。在腹板单侧配置加劲肋时，其截面惯性矩 I_z 应按与加劲肋相连的腹板边缘为轴线进行计算。

6）为避免焊缝交叉，减小焊接应力，与翼缘板、腹板相连接处应切角，但直接承受动力荷载的梁，中间加劲肋下端不宜与受拉翼缘焊接，一般在距受拉翼缘不少于 50mm 处断开。

5.5 型钢梁设计

在常规工况中，采用 H 形或工字形截面型钢作为梁的截面较为常见，型钢梁的设计通常要满足强度、整体稳定及刚度的要求。由于型钢的翼缘和腹板通常很厚，截面宽厚比等级通常不低于 S3 级，因此局部稳定都可以满足，一般不需验算局部稳定。

梁通常会受到弯曲作用，对于单向弯曲钢梁设计较为简单，按下列步骤进行设计即可。

5.5.1 内力计算

根据材料力学和结构力学的知识，结合当前工况计算出梁荷载设计值下各梁控制截面的内力。一般为最大弯矩 $M_{\max}$ 和最大剪力 $V_{\max}$。

5.5.2 初选截面

当梁的整体稳定可以得以保证时，通常根据抗弯强度求出所需净截面模量，即

$$W_{nx} \geqslant \frac{M_x}{\gamma_x f} \tag{5-57}$$

当需要计算梁整体稳定时，需预估梁的整体稳定系数 φ_b，按整体稳定求出所需截面模量，即

$$W_{nx} \geqslant \frac{M_x}{\varphi_b f} \tag{5-58}$$

根据计算的截面模量查型钢表选择合适的型钢。

5.5.3 截面验算

当截面的尺寸被粗略确定后，应根据型钢截面几何尺寸进行验算。

（1）强度验算

1）抗弯强度验算。按式（5-59）进行验算

$$\sigma = \frac{M_x}{\gamma_x W_{nx}} \leqslant f \tag{5-59}$$

按上式进行验算时，M_x 应包含钢梁自重产生的弯矩。

2）抗剪强度验算。若型钢梁无较大削弱，抗剪强度一般均可满足，无须验算。若需验算时，可按式（5-60）进行抗剪强度验算

$$\tau = \frac{VS}{It_w} \leqslant f_v \tag{5-60}$$

也可以采用如下近似方法，忽略翼缘板作用，按式（5-61）进行验算

$$\tau = \frac{V}{h_w t_w} \leqslant f_v \tag{5-61}$$

3）局部承压验算。当梁上有集中荷载作用，且集中荷载作用处（或支座处）并未设置支承加劲肋时，需要按式（5-62）计算局部承压作用，若不满足需进行截面改进。

$$\sigma_c = \frac{\psi F}{t_w l_z} \leqslant f \tag{5-62}$$

4）折算应力计算。对于梁上有较大弯矩和剪力同时作用的截面，需按式（5-63）计算其折算应力

$$\sqrt{\sigma^2 + \sigma_c^2 - \sigma\sigma_c + 3\tau^2} \leqslant \beta_1 f \tag{5-63}$$

（2）刚度验算　按式（5-27）进行验算。

（3）整体稳定验算　按式（5-41）进行验算。

5.6　焊接梁设计

在实际工程中，相比而言，更常见的工字形截面梁为焊接梁。若进行焊接梁的设计，通常按照初选截面和截面验算两步骤来进行验算。

5.6.1　初选截面

选择焊接梁截面时，首先要初估梁的截面高度、腹板高度、腹板厚度和翼缘板尺寸。

1. 梁的截面高度

确定梁截面高度应从以下三个方面进行考虑：

（1）容许最大高度 h_{max}　梁的容许最大高度 h_{max} 是由生产工艺和建筑使用要求所需要的净空要求决定的。

（2）容许最小高度 h_{min}　焊接梁的最小高度取决于刚度条件，即应使梁在全部荷载标准值作用下的挠度 $v \leqslant$ 容许挠度 $[v]$，即满足

$$\frac{v}{l} \approx \frac{M_k l}{10 E I_x} = \frac{\sigma_k l}{5 E h} \leqslant \frac{[v]}{l} \tag{5-64}$$

式中　σ_k——荷载标准值产生的最大弯曲正应力。

也可按梁的最小高跨比构造方法得到式为

$$\frac{h_{min}}{l} = \frac{\sigma_k l}{5E[v]} = \frac{f}{1.44 \times 10^6} \frac{l}{[v]} \tag{5-65}$$

（3）经济高度　通常情况下，梁的高度大，腹板所需钢量就大，而翼缘用钢量相对减少；梁的高度小，则情况相反。最经济的高度应使梁的总用钢量最少。设计时可参照经济高度经验公式（5-66）初选截面高度。

$$h_e = 7\sqrt[3]{W_x} - 30\text{cm} \tag{5-66}$$

式中　W_x——梁所需的截面模量，$W_x = \dfrac{M_x}{\gamma_x f}$。

根据上述三个条件，实际取用梁高 h 一般应满足 $h_{min} \leqslant h \leqslant h_{max}$。

2. 腹板高度 h_w

腹板高度应小于梁高的尺寸，并考虑腹板的规格尺寸，通常取为 50mm 的倍数。

3. 腹板厚度 t_w

腹板厚度应满足抗剪强度要求。初选截面时，可取

$$t_w = \frac{\alpha V}{h_w f_v} \tag{5-67}$$

当梁端翼缘截面无削弱时，式中系数 $\alpha = 1.2$；当梁端翼缘截面有削弱时，$\alpha = 1.5$。

由腹板的抗剪强度所得 t_w 一般较小。为考虑局部稳定和构造等因素，腹板厚度一般用下列经验公式计算

$$t_w = \frac{\sqrt{h_w}}{3.5} \tag{5-68}$$

式中，t_w 和 h_w 的单位为 mm。

4. 翼缘板尺寸

焊接梁的翼缘板尺寸可根据截面模量和腹板截面尺寸计算。

$$I_x = \frac{1}{12}t_w h_w^3 + 2b_f t\left(\frac{h_1}{2}\right)^2 \tag{5-69}$$

$$W_x = \frac{2I_x}{h} = \frac{1}{6}t_w \frac{h_w^3}{h} + b_f t \frac{h_1^2}{h} \tag{5-70}$$

初选截面时取 $h \approx h_1 \approx h_w$，则式（5-70）可变为

$$W_x = \frac{1}{6}t_w h_w^2 + b_f t h_w \tag{5-71}$$

可得

$$b_f t = \frac{W_x}{h_w} - \frac{t_w h_w}{6} \tag{5-72}$$

由式（5-72）可算出一个翼缘板需要的面积 $b_f t$，再选定翼缘板宽度 b_f 和厚度 t 中任意参数，即可求得另一参数。翼缘板宽度一般为 $h/6 \sim h/2.5$。

确定翼缘板尺寸时，应注意保证局部稳定要求，使受压翼缘外伸宽度与厚度之比满足 S3 或 S4 截面宽厚比等级要求，即 $\frac{b}{t} \leq 13\varepsilon_k$（或 $15\varepsilon_k$）。选择翼缘板尺寸时，应符合钢板规格，宽度取 10mm 的倍数，厚度取 2mm 的倍数。

5.6.2 截面验算

根据选定的截面面积、惯性矩、截面模量及几何特性等，进行验算。梁截面验算包括强度、刚度、整体稳定性和局部稳定性，要特别注意验算时还应考虑梁的自重产生的内力。

【例 5-3】 图 5-23 所示为某车间工作平台的平面布置图，平台上无动力荷载，次梁 A 承受恒载标准值为 $1.5 kN/m^2$（不含自重），活载标准值为 $8 kN/m^2$，钢材为 Q235，假定平台刚性，分别采用型钢梁和焊接梁设计次梁 A，恒载分项系数为 $\gamma_G = 1.3$，活载分项系数 $\gamma_Q = 1.5$。

【解】 （1）采用型钢梁

梁上荷载设计值 $q = (1.5 \times 3 \times 1.3 + 8 \times 3 \times 1.5) kN/m = 41.85 kN/m$

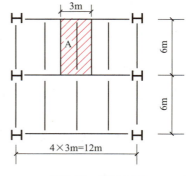

图 5-23 例 5-3 图

跨中荷载最大弯矩　$M_{max} = \dfrac{1}{8}ql^2 = \left(\dfrac{1}{8} \times 41.85 \times 6^2\right)\text{kN} \cdot \text{m} \approx 188.33\text{kN} \cdot \text{m}$

支座端最大剪力　$V_{max} = \dfrac{1}{2}ql = \left(\dfrac{1}{2} \times 41.85 \times 6\right)\text{kN} = 125.55\text{kN}$

1）初选截面。

抵抗弯矩所需抵抗矩　$W_{nx} = \dfrac{M_x}{\gamma_x f} = \dfrac{188.33 \times 10^6}{1.05 \times 215}\text{mm}^3 \approx 834.2\text{cm}^3$

选 I36a 钢材，单位长质量为 59.9kg/m，梁自重为 $59.9 \times 9.8 = 0.587$kN/m，惯性矩为 $I_x = 15760\text{cm}^4$，截面模量为 $W_x = 875\text{cm}^3$，$I_x/S = 30.7\text{cm}$，$t_w = 10\text{mm}$，$R = 12\text{mm}$，$t = 12.8\text{mm}$，$i_y = 2.69\text{cm}$。

2）截面验算。

梁自重产生弯矩　$M_g = \left(\dfrac{1}{8} \times 587 \times 6^2 \times 1.3\right)\text{N} \cdot \text{m} = 3433.95\text{N} \cdot \text{m}$

总弯矩　$M = M_{max} + M_g = (3433.95 + 188330)\text{N} \cdot \text{m} = 191763.95\text{N} \cdot \text{m}$

跨端总剪力　$V = V_{max} + V_g = (125550 + 1.3 \times 587 \times 3)\text{N} = 127839.3\text{N}$

① 强度。

正应力　$\sigma = \dfrac{M_x}{\gamma_x W_{nx}} = \dfrac{191763.95 \times 10^3}{1.05 \times 875 \times 10^3}\text{N/mm}^2 \approx 208.7\text{N/mm}^2 < f = 215\text{N/mm}^2$（满足要求）

剪应力　$\tau = \dfrac{VS}{It_w} = \dfrac{127839.3}{30.7 \times 10 \times 10}\text{N/mm}^2 \approx 41.6\text{N/mm}^2 < f_v = 125\text{N/mm}^2$（满足要求）

与主梁支座处局部应力

假定支承长度为 $a = 150\text{mm}$，则

$$h_y = R + t = (12 + 15.8)\text{mm} = 27.8\text{mm}$$

$$l_z = a + 2.5h_y = (150 + 2.5 \times 27.8)\text{mm} = 219.5\text{mm}$$

$$\sigma_c = \dfrac{\psi F}{l_z t_w} = \dfrac{1.0 \times 127839.3}{219.5 \times 10}\text{N/mm}^2 \approx 58.24\text{N/mm}^2 < f = 215\text{N/mm}^2（满足要求）$$

② 刚度。

梁承受线荷载标准值　$q_k = (1.5 \times 3 + 8 \times 3 + 0.587)\text{kN/m} \approx 29.09\text{kN/m}$

挠度　$v = \dfrac{5}{384}\dfrac{q_k l^3}{EI_x} = \dfrac{5}{384} \times \dfrac{29.09 \times 6^3 \times 10^9}{2.06 \times 15760 \times 10^9} \approx 0.00252 < [v] = \dfrac{1}{250}$（满足要求）

③ 整体稳定验算。假定该梁上铺楼板对其整体稳定性影响不够，则需对该梁进行整体稳定验算。

由其受力可见，其上边缘承受均匀荷载，由附录 F 中表 F-1 可得

$$\xi = (l_1 t_1)/(b_1 h) = (6000 \times 15.8)/(136 \times 360) \approx 1.94 < 2$$

$$\beta_b = 0.69 + 0.13\xi = 0.69 + 0.13 \times 1.94 \approx 0.94$$

$$\lambda_y = \dfrac{l_0}{i_y} = \dfrac{600}{2.69} \approx 223，双轴对称 \eta_b = 0$$

$$\varphi_b = \beta_b \frac{4320}{\lambda_y^2} \frac{Ah}{W_x} \left(\sqrt{1 + \left(\frac{\lambda_y t_1}{4.4h} \right)^2} + \eta_b \right) \left(\frac{235}{f_y} \right)^2$$

$$= 0.94 \times \frac{4320}{223^2} \times \frac{76.3 \times 10^2 \times 360}{875 \times 10^3} \times \left[\sqrt{1 + \left(\frac{223 \times 1.58}{4.4 \times 36} \right)^2} + 0 \right] \times \left(\frac{235}{235} \right)^2 \approx 0.63 > 0.6$$

$$\varphi_b' = 1.07 - 0.282/\varphi_b \approx 0.622$$

$$\frac{M}{\varphi_b W_x} = \frac{191733.95 \times 10^3}{0.622 \times 875 \times 10^3} \text{N/mm}^2 \approx 352.3 \text{N/mm}^2 > f (\text{不满足要求})$$

由此可见,以强度为标准选定截面不一定满足整体稳定要求,但对多数情况而言,次梁上部多铺装楼板,整体稳定一般可以满足。

（2）采用焊接梁

1）估算截面高度。

跨中最大弯矩为 191.8kN·m(含自重)。

梁所需净截面抵抗矩 $W_{nx} = \frac{M_{max}}{\gamma_x f} = \frac{191.8 \times 10^6}{1.05 \times 215} \text{mm}^3 \approx 849.6 \text{cm}^3$

梁的净空无条件限制,按刚度要求,次梁允许挠度为 1/250,可知其容许最小高度为 $h_{min} = \frac{l}{24} = \frac{600}{24} \text{cm} = 25 \text{cm}$。梁的经济高度为 $h_e = (7\sqrt[3]{W_x} - 30) \text{cm} \approx 36.3 \text{cm}$,考虑到梁高应稍大,故初选梁腹板高为 370mm。

梁翼缘截面无削弱,腹板高度 h_w 取 350mm。

$$t_w = \frac{1.2V}{h_w f_v} = \frac{1.2 \times 127.8 \times 10^3}{350 \times 125} \text{mm} = 3.51 \text{mm}$$

按经验公式估算: $t_w = \frac{\sqrt{h_w}}{11} \text{cm} = 0.54 \text{cm}$, 选腹板厚度 8cm。

经计算,所需翼缘面积 $bt = \frac{W_x}{h_w} - \frac{t_w h_w}{6} = \left(\frac{849.6}{35} - \frac{0.8 \times 35}{6} \right) \text{cm}^2 \approx 19.6 \text{cm}^2$

试选翼缘板宽度为 200mm,则所需板厚度为 $t = \frac{1960}{200} \text{mm} = 9.8 \text{mm}$, 取 10mm。

梁翼缘外伸宽度为

$$b_1/t = (200 - 10) \text{mm}/2t = 190 \text{mm}/20 = 9.5 \text{mm} < 13\sqrt{235/f_y}$$

属于 S3 级截面,可以考虑塑性发展。

2）截面验算。

$$A = (35 \times 0.8 + 20 \times 1 \times 2) \text{cm}^2 = 68 \text{cm}^2$$

$$I_x = \left[\frac{0.8 \times 35^3}{12} + 2 \times 20 \times 1 \times \left(\frac{35+1}{2} \right)^2 \right] \text{cm}^4 \approx (2858.3 + 12960) \text{cm}^4 = 15818.3 \text{cm}^4$$

$$W_x = \frac{15818.3}{18.5} \text{cm}^3 \approx 855 \text{cm}^3$$

$$S = [20 \times 1 \times (17.5 + 0.5) + 17.5 \times 0.8 \times 8.75] \text{cm}^3 = 482.5 \text{cm}^3$$

梁自重　　　　$q_g = (7.85 \times 9.8 \times 0.0068)\,\text{kN/m} \approx 0.52\,\text{kN/m}$

自重弯矩　　　$M_g = \left(\dfrac{1}{8} \times 0.52 \times 6^2 \times 1.3\right)\,\text{kN} \cdot \text{m} \approx 3.04\,\text{kN} \cdot \text{m}$

跨中最大弯矩　$M = M_{max} + M_g = (3040 + 188330)\,\text{N} \cdot \text{m} = 191370\,\text{N} \cdot \text{m}$

正应力　$\sigma = \dfrac{191.37 \times 10^6}{1.05 \times 855 \times 10^3}\,\text{N/mm}^2 \approx 213.2\,\text{N/mm}^2 < 215\,\text{N/mm}^2\,(\text{满足要求})$

自重剪力　　　$V_g = \left(\dfrac{1}{2} \times 0.52 \times 6 \times 1.3\right)\,\text{kN} \approx 2.0\,\text{kN}$

支座处最大剪力　$V = (125550 + 2000)\,\text{N} = 127550\,\text{N} = 127.55\,\text{kN}$

剪应力　$\tau = \dfrac{127.55 \times 482.5 \times 10^6}{15818.3 \times 0.8 \times 10^5}\,\text{N/mm}^2 \approx 48.6\,\text{N/mm}^2 < 125\,\text{N/mm}^2\,(\text{满足要求})$

由于梁上铺面板，梁整体稳定保证，局部稳定可通过构造实现。

5.7　梁的连接

在多数工况下，钢构件之间需要进行连接才能实现结构完整，这就需要在工厂或现场进行构件的连接。在钢结构之中，一般需要进行梁的拼接、梁与梁的连接及梁与柱的连接，节点区域的稳定与安全关系到整体结构的稳定与安全。

5.7.1　梁的拼接

对于钢梁而言，梁的拼接必不可少，依据现场施工条件，梁的拼接分为工厂拼接和工地拼接。

工厂拼接是受到钢材规格或现有规格尺寸限制而做到拼接。对于工字钢或H型钢，翼缘和腹板拼接位置宜错开，并应与加劲肋和连接次梁位置错开，以避免应力集中。工厂制作时，先将翼缘和腹板分别接长，再拼装整体，以减少梁的焊接应力。焊缝一般采用正面对接焊缝，采用引弧板施焊。

工地拼接是受到运输和安装条件限定而做的拼接。先将梁在工厂分段制作，再运往工地分段吊装拼接焊接。工地拼接一般应使翼缘和腹板在同一截面断开以方便运输，并将上下翼缘板切割成向上的V形坡口，以减少焊接残余应力，可将翼缘板在靠近拼接截面处的裂缝预先留出约500mm的长度在工厂补焊，焊接顺序如图5-24a所示。通常将上下翼缘和腹板拼接位置适当错开，避免焊缝集中在同一截面（见图5-24b）。

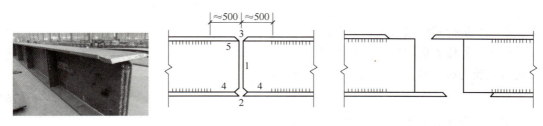

a) 梁组装预留V形坡口　　　　　　　　　　　b) 错位拼接

图5-24　工地焊接拼接

对于铆接梁和较重的或承受动力荷载的焊接大型梁，工地拼接常采用高强度螺栓连接（见图5-25a）。在拼接处同时有弯矩和剪力作用，因此设计时拼接板和高强度螺栓都应具有足够强度，满足承载力要求并满足梁的整体性。

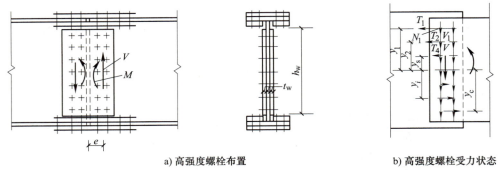

a) 高强度螺栓布置   b) 高强度螺栓受力状态

图 5-25 梁高强度螺栓拼接

梁翼缘和腹板拼接应使拼接板的净面积大于或等于拼接板截面净面积，以保证连接可靠。高强度螺栓数量应按翼缘板净截面面积 A_n 所能承受的轴向力。

计算时，拼接截面处剪力 V 视为完全由腹板承担，各螺栓均匀承担拼接截面处剪力，每个螺栓承受的垂直力为

$$V_1 = \frac{V}{n} \tag{5-73}$$

式中 n——腹板拼接缝单侧的高强度螺栓总数。

拼接截面弯矩等强原则为 $M = W_n f$（W_n 为梁净截面模量，f 为钢材强度设计值），由梁翼缘和腹板共同承担，按毛截面惯性矩比值分配，腹板分担弯矩为

$$M_w = \frac{I_w}{I} M \tag{5-74}$$

式中 I——梁毛截面惯性矩；

I_w——腹板毛截面惯性矩。

此处可近似认为在 M 作用下，各螺栓只承受水平力作用，距螺栓群形心最远的受力最大（见图5-25b），最大螺栓所受水平力为

$$T_1 = \frac{M_w}{\sum y_i^2} y_1 \tag{5-75}$$

式中 T_1——单栓承担的最大水平力；

y_i——各栓到螺栓群中心的距离。

腹板上受力最大的高强度螺栓受合力 N_1 应满足

$$N_1 = \sqrt{T_1^2 + V_1^2} \leqslant N_v^b \tag{5-76}$$

式中 N_v^b——单个螺栓的承压承载力设计值。

腹板拼接强度按下式验算

$$\sigma = M_w / W_{ws} \leqslant f \tag{5-77}$$

式中　σ——腹板上的拼接正应力；

$\quad\quad W_{ws}$——腹板拼接后的截面模量；

$\quad\quad f$——钢材强度设计值。

5.7.2　梁与梁的连接

在钢框架结构中，传力路径一般是板荷载通过次梁传递至主梁，再传递至柱。主次梁相互连接构造与次梁计算简图有关。次梁可以简支于主梁，也可在主梁与次梁连接处做成连续的。就主次梁相对位置不同，连接构造可分为叠接和侧面连接。

1. 次梁是简支梁情况

（1）叠接　次梁直接放在主梁上，用螺栓或焊缝固定其相互位置，无须计算。为避免主梁腹板局部压力过大，需在主梁相应位置设置支承加劲肋（见图5-26）。叠接构造简单，安装方便，但主次梁占空间较大，不适用楼层体系。

（2）侧面连接　次梁通过某种侧向方式与主梁连接，图5-27所示为4种典型的主次梁简支连接，前三种为次梁与主梁腹板连接，但不连接翼缘。图5-27a以角钢为连接板，栓接次梁。图5-27b连接板焊于主梁之上，另一端与次梁以高强度螺栓连接。图5-27c将次梁上下翼缘一侧局部切除，栓接于主梁单侧加劲肋上，这种连接处有一定约束作用，并非理想铰接，可将次梁反力增大20%~30%进行连接计算。图5-27d在次梁

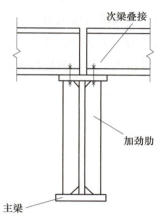

图5-26　主次梁叠接

下设承托角钢，可便于安装，承托虽然能传递次梁全部反力，但为提供扭转约束，次梁腹板上还需有连接角钢。当螺栓连接不能满足要求时，可将连接角钢焊于主次梁之上。

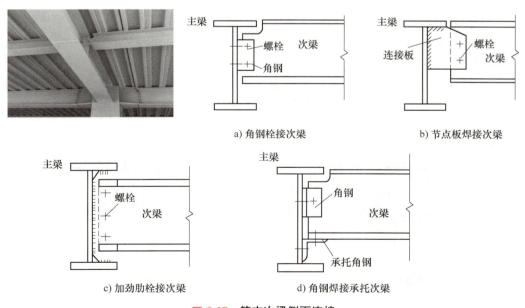

a) 角钢栓接次梁　　　　　　　　　　b) 节点板焊接次梁

c) 加劲肋栓接次梁　　　　　　　　　d) 角钢焊接承托次梁

图5-27　简支次梁侧面连接

2. 次梁是连续梁情况

（1）叠接 即次梁不在主梁上断开。当次梁需要拼接时，拼接位置可设置在弯矩较小处。主梁和次梁之间可用螺栓或焊缝将它们连接为一体。

（2）侧面连接 连续连接主要是将次梁支座压力传给主梁，而次梁端弯矩则传给邻跨次梁，实现相互平衡。图 5-28 所示为螺栓连接构造，次梁上下翼缘设连接板使翼缘的力直接传递。图 5-28a 所示为次梁的腹板连接在主梁的加劲肋上，下翼缘连接板焊在主梁腹板两侧，或做成连续板，从主梁腹板上开孔穿过去。图 5-28b 所示为次梁的腹板与主梁短角钢相连，下翼缘连接板有两块。图 5-28c 所示为次梁支承在主梁的支托上，通过平板与主梁间焊接传力。图 5-28d 所示的连接构造两翼缘传力都利用对接焊缝，次梁翼缘开剖口，梁端切割要求精确。施焊时应保证焊缝焊透。

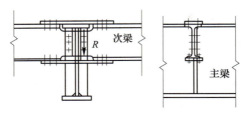

a) 次梁腹板连接在主梁加劲肋

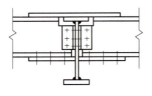

b) 次梁腹板与主梁短角钢相连

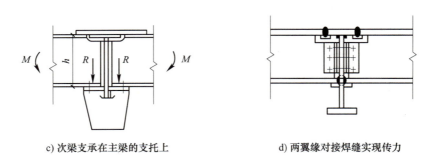

c) 次梁支承在主梁的支托上　　　　　d) 两翼缘对接焊缝实现传力

图 5-28　连续次梁侧面连接

本章思维导图

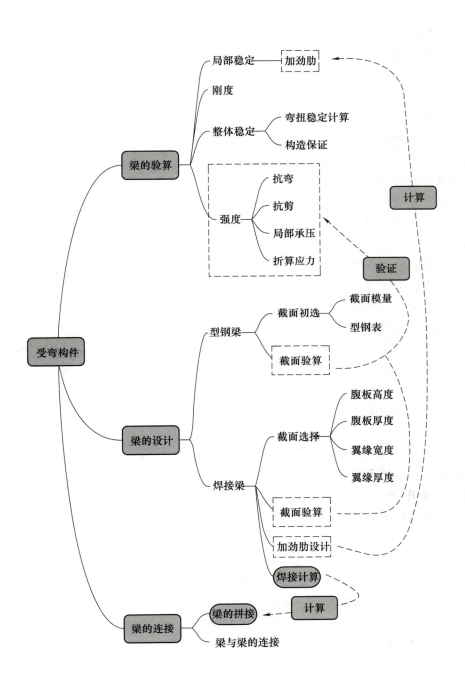

📖【拓展阅读】

警钟长鸣——魁北克大桥的惨剧

钢结构工程质量轻、施工效率高，被广泛应用于各类建筑物和构筑物中，如果在设计或施工中疏忽大意，钢结构往往会发生丧失整体稳定性的现象，从而引发重大的事故。因此，每一个钢结构从业者都应该对钢结构存有敬畏之心，细致严谨地对待每一个螺栓的安装和每一个构件的设计，切不可玩笑视之，历史中每一次血的教训都值得我们每个人永远铭记。

加拿大魁北克大桥宽 29m，高 104m，195m 的中间主跨由 177m 的悬臂支撑。1900年，加拿大准备建造横跨圣劳伦斯河的魁北克大桥。但是由于河水水域面积较宽，冬季河面结冰的高度可达 15m，所以建造起来难度极大。

当时经可行性研究，该工程准备交由凤凰城桥梁公司承建。为桥梁安全保险起见，公司还高薪聘请了当时著名的美国桥梁设计师 Cooper 担任魁北克大桥的顾问工程师，对工程的设计和施工实施监督。当时设计初方案桥梁主跨 487.7m，但被 Cooper 将主跨改为548.6m。看起来，延长主跨长度是出于对技术和成本的考量，但实际上，修改后的魁北克大桥的长度，成为当时世界上最长的悬臂桥。毫无疑问，这样修改的设计方案必然成为Cooper 的荣誉。

该桥梁的建设初期还算顺利，但当工程建设进行至 1907 年 6 月，工人施工时突然发现该桥弦杆上已打好的铆钉孔不再重合，部分受压较大的杆件出现了弯曲，且变形在逐渐增大。其中编号 A9L 的杆件 6 月 15 日检查时初始挠度为 19mm，至 8 月份，在两周内挠度已经发展到了 57mm。Cooper 的助手已尽早地向他汇报了这一问题，但当时并没有引起他的重视。8 月份，当 Cooper 再次收到报告称变形加剧的时候，他向凤凰城桥梁公司发电报进行了询问，但回函坚称变形在材料买来时就已经存在。但现场工程师监测发现挠曲仍在继续。

1907 年 8 月 27 日，现场巡视员专门启程去纽约找 Cooper 寻求解决方法。Cooper 在与巡视员简短讨论后终于意识到变形问题的严重性。

1907 年 8 月 29 日下午 5：30，正当工人下班从桁架上向岸边走去时，突然桥梁出现一声巨响，南端锚跨下弦杆首先发生失稳变形，并牵动整个南侧悬臂结构垮塌。共重 1.9万 t 的钢材垮了下来，倒塌发出的巨响传至 10km 外的魁北克市依然清晰可闻。当时共有86 名工人在桥上作业，其中 75 人罹难。

据资料记载，从大桥开工建设至大桥垮塌的 7 年时间里，总设计师 Cooper 仅 3 次亲临现场，其他时间均在远程指挥，这对一个世界级的工程建设项目来说，是不可接受的。

事后，当时的加拿大总督成立了事故调查委员会，其官方文件总结事故原因如下：

1）魁北克大桥倒塌是由于悬臂根部的下弦杆失效，这些杆件存在设计缺陷。

2）工程规范并不适合该桥的情况，使部分构件的应力超过以往的经验值。

3）设计低估了结构恒载，施工中又没有进行修正。

4）魁北克和凤凰城桥梁公司都负有管理责任。

5）工程的监管工程师没有有效地履行监管责任。

6）凤凰城桥梁公司在计划制订、施工及构件加工中均保证了良好的质量，主要问题源于设计。

7）当前关于受压杆的理论还不成熟，因此在设计时应偏于保守。

1913年，加拿大决定对魁北克大桥进行重建，悲剧再次发生。工程进行到1916年，在安装悬臂段时，锚固支撑断裂，不幸的是，桥梁中段再次落入河中，又导致13名工人丧生，这次塌陷主要是由某个支撑点的连接强度不够所致（见图5-29）。1917年，在经历了两次惨痛的悲剧后，魁北克大桥终于竣工通车。

图5-29 魁北克大桥事故

1922年，在魁北克大桥竣工不久，加拿大的七大工程学院将这座大桥的残骸全部买下，并决定把这些钢材打造成一枚枚戒指，发给每年从工程系毕业的学生，用来纪念这起事故和在事故中被夺去的生命。于是，这一枚枚戒指就成为后来在工程界闻名的工程师之戒（Iron Ring），同时也是对工程从业者永久的警示。

 习 题

一、简答题

1. 梁的强度计算有哪些内容？如何计算？

2. 简述塑性发展系数的意义是什么，其应用条件是什么？

3. 简述梁截面分类，型钢及组合截面应优选哪种？说明理由。

4. 什么是梁整体稳定性？有效提高梁整体稳定性的措施有哪些？

5. 腹板加劲肋有哪些形式？作用是什么？

二、计算题

1. 某钢梁采用 H 型钢 H600×200×11×17 制作，$I_x = 78200 \times 10^4 \ mm^4$，$W_x = 2610 \times 10^3 \ mm^3$，钢材采用 Q235，梁承受弯矩设计值为 $M_x = 440 kN \cdot m$。验算该梁受弯承载力。

2. 某焊接组合吊车梁，起重机为重级工作制，吊车梁轨道高度为150mm，起重机最大轮压 $F = 355 kN$，车轮处最大弯矩设计值 $M = 4932 kN \cdot m$，对应的剪力设计值为316kN。吊车梁用钢材为 Q345，惯性矩 $I_x = 2.433 \times 10^{10} \ mm^4$，如图5-30所示。

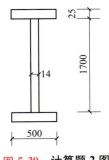

图5-30 计算题2图

试计算车轮作用处钢梁折算应力。

3. 某双轴对称工字梁，采用 Q235 钢材制作，一端固定，另一端悬臂外挑 4m，构件无侧向支承点，一集中荷载作用在工字钢上翼缘顶面，如图 5-31 所示。试问集中荷载最大多少能保证整体稳定？

图 5-31　计算题 3 图

拉弯和压弯构件设计 | 第6章

本章导读：

主要介绍拉弯、压弯构件的应用、强度计算及刚度要求，压弯构件的面内和面外整体稳定分析与局部稳定分析，拉弯及压弯构件截面设计方法，压弯构件的柱脚计算。

本章重点：

拉弯和压弯构件的强度计算及刚度要求，压弯构件的整体稳定计算及柱脚计算。

6.1 拉弯、压弯构件的强度

钢结构中压弯和拉弯构件的应用广泛，例如，有节间荷载作用的桁架上下弦杆，受风荷载作用的墙架柱、工作平台柱、支架柱、单层厂房结构及多高层框架结构中的柱等。根据受力情况不同，拉弯构件分为有偏心拉力作用的构件和有横向荷载作用的拉杆。钢屋架的下弦杆一般属于轴心拉杆，但如果下弦杆的节点之间存在横向荷载就属于拉弯构件。承受偏心压力作用的构件，有横向荷载作用的压杆及在构件的端部作用有弯矩的压杆，都属于压弯构件。厂房的框架柱、多高层建筑的框架柱和海洋平台的立柱等都属于压弯构件。

承受静力荷载作用的实腹式拉弯和压弯构件在轴力和弯矩的共同作用下，受力最不利的截面出现塑性铰时即达到构件的强度极限状态。可以用最简单的矩形截面压弯构件的受力状态来考察它的强度极限状态。图 6-1 所示矩形截面在轴压力 N 和弯矩 M 的共同作用下，当截面边缘纤维的压应力还小于钢材的屈服强度时，整个截面都处在弹性状态（见图 6-1a）。随着 N 和 M 同步增加，截面受压区和受拉区先后进入塑性状态（见图 6-1b、图 6-1c）。最后整个截面进入塑性状态出现塑性铰，如图 6-1d 所示。

由于拉弯、压弯构件的截面形式和工作条件的不同，其强度计算方法所依据的应力状态也不同，故强度计算公式可分为如下两种：

1）直接承受动力荷载的实腹式拉弯、压弯构件和格构式拉弯、压弯构件。实腹式拉弯、压弯构件在弯矩绕虚轴作用时，不考虑截面塑性发展，故按弹性工作状态计算。对格构式拉弯、压弯构件，当弯矩绕虚轴作用时，由于截面腹部虚空，故塑性发展的潜力不大，因此也应按弹性工作状态计算。

在 N 和 M_x（同一截面处对 x 轴的弯矩设计值）共同作用下的两端简支压弯或拉弯构件，按弹性工作状态的截面边缘纤维应力应满足

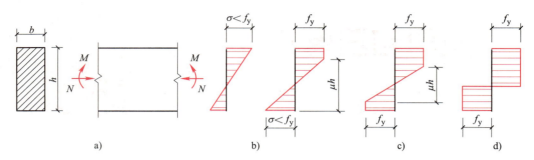

图 6-1 压弯构件截面受力状态

$$\frac{N}{A_{\mathrm{n}}} + \frac{M_x}{W_{\mathrm{n}x}} \leqslant f_{\mathrm{y}} \tag{6-1}$$

或

$$\frac{N}{A_{\mathrm{n}}f_{\mathrm{y}}} + \frac{M_x}{W_{\mathrm{n}x}f_{\mathrm{y}}} = \frac{N}{N_{\mathrm{p}}} + \frac{M_x}{M_{\mathrm{e}x}} \leqslant 1 \tag{6-2}$$

式中　N_{p}——无弯矩作用时，全部净截面屈服的极限承载力，$N_{\mathrm{p}} = A_{\mathrm{n}}f_{\mathrm{y}}$；

$M_{\mathrm{e}x}$——无轴心力作用时，弹性工作状态 x 轴方向的最大弯矩（按净截面计算），$M_{\mathrm{e}x} = W_{\mathrm{n}x}f_{\mathrm{y}}$；

A_{n}——构件的净截面面积；

$W_{\mathrm{n}x}$——构件对 x 轴的净截面模量；

f_{y}——构件钢材的屈服强度。

将式（6-1）引入抗力分项系数后，可得《标准》计算公式为

$$\frac{N}{A_{\mathrm{n}}} + \frac{M_x}{W_{\mathrm{n}x}} \leqslant f \tag{6-3}$$

式中　f——构件钢材的强度设计值。

2）承受静力荷载和不需计算疲劳的承受动力荷载的实腹式拉弯、压弯构件及格构式拉弯、压弯构件。当弯矩绕实轴作用时，应以截面形成塑性铰为强度承载能力的极限状态，构件截面出现塑性铰时，轴压力 N 和弯矩 M 的相关关系可以根据力的平衡条件得到。按图 6-2 所示应力分布图，轴压力和弯矩分别是

$$N = \int_A \sigma \mathrm{d}A = 2by_0 f_{\mathrm{y}} = 2\frac{y_0}{h}bhf_{\mathrm{y}} \tag{6-4}$$

$$M = \int_A \sigma y \mathrm{d}A = \frac{bf_{\mathrm{y}}}{4}(h^2 - 4y_0^2) = \frac{bh^2}{4}f_{\mathrm{y}}\left(1 - 4\frac{y_0^2}{h^2}\right) \tag{6-5}$$

当只有轴压力而无弯矩作用时，截面所能承受的最大压力为全截面屈服的压力 $N_{\mathrm{p}} = Af_{\mathrm{y}} = bhf_{\mathrm{y}}$；当只有弯矩而无轴压力作用时，截面所能承受的最大弯矩为全截面的塑性铰弯矩 $M_{\mathrm{p}} = W_{\mathrm{p}}f_{\mathrm{y}} = 1/4(bh^2 f_{\mathrm{y}})$。分别代入式（6-4）和式（6-5）可得到 N 与 M 的相关关系式为

$$\left(\frac{N}{N_{\mathrm{p}}}\right)^2 + \frac{M}{M_{\mathrm{p}}} = 1 \tag{6-6}$$

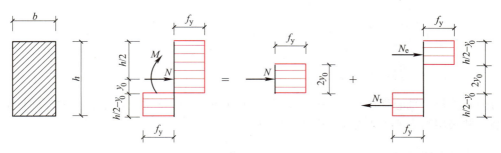

图 6-2 截面形成塑性铰时的应力分布

式（6-6）可绘成相关曲线，如图 6-3 所示。对其他形式截面也可用上述类似方法得到截面形成塑性铰时的相关公式，因工字形截面翼缘和腹板尺寸的多样化，曲线在一定的范围内变动。图 6-3 中阴影区分别表示工字形截面对强轴和弱轴的相关曲线区。

图 6-3 中各类拉弯、压弯构件的相关曲线均为凸曲线，其变动范围较大，且不便于应用。为了使计算简便和偏于安全，且可和受弯构件的计算公式衔接，现采用下式表示

$$\frac{N}{N_p} + \frac{M_x}{M_{px}} = 1 \qquad (6\text{-}7)$$

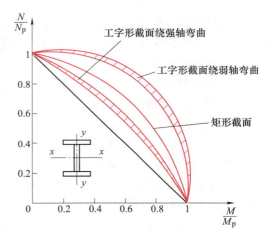

图 6-3 拉弯、压弯构件按塑性铰计算强度相关曲线

在具体应用式（6-7）时，采用塑性发展系数 γ 来控制其塑性区发展深度。现用 $N_p = A_n f_y$、$M_{px} = \gamma_x W_{nx} f_y$ 代入式（6-7），并引入抗力分项系数后，可得《标准》计算公式为

$$\frac{N}{A_n} \pm \frac{M_x}{\gamma_x W_{nx}} \leqslant f \qquad (6\text{-}8)$$

对于双向弯矩的拉弯或压弯构件，可采用下列公式

$$\frac{N}{A_n} \pm \frac{M_x}{\gamma_x W_{nx}} \pm \frac{M_y}{\gamma_y W_{ny}} \leqslant f \qquad (6\text{-}9)$$

式中 W_{nx}、W_{ny}——对 x 轴、y 轴的净截面模量（取值应与拉应力或压应力的计算点相应）；

γ_x、γ_y——截面塑性发展系数（应与截面模量相应），按表 5-2 选用。

式（6-9）也适用于单轴对称截面，因此在弯曲正应力一项带正负号。

式（6-8）也包含式（6-3）的弹性工作状态计算公式，即取式中 $\gamma_x = 1.0$。

在确定 γ 值时，为了保证压弯构件受压翼缘在截面发展塑性时不发生局部失稳，对压应力较大翼缘的自由外伸宽度 b_1 与其厚度 t 之比应偏严限制，即应使 $b_1/t \leqslant 13\sqrt{(235/f_y)}$。当 $15\sqrt{(235/f_y)} \geqslant b_1/t > 13\sqrt{(235/f_y)}$ 时，不应考虑塑性发展，取 $\gamma_x = 1.0$。

6.2 拉弯、压弯构件的刚度及压弯构件的计算长度

6.2.1 拉弯、压弯构件的刚度

与轴心受拉、轴心受压构件一样，拉弯、压弯构件的刚度也以规定它们的容许长细比进行控制，并采用与表 4-2 和表 4-3 相同的数值。

6.2.2 压弯构件的计算长度

1. 单根压弯构件的计算长度

单根压弯构件的端部支承条件比较简单，且可近似地忽略弯矩的影响，故其计算长度可利用表 4-1 的计算长度系数 μ 乘以其几何长度进行计算。

2. 框架柱的计算长度

框架柱需要分别计算其在框架平面内和平面外的计算长度。

（1）单层等截面框架柱在框架平面内的计算长度

1）有支撑框架。

① 强支撑框架。图 6-4a 是以荷载集中于柱顶的对称单跨等截面框架为依据的。当框架顶有支承时，框架失稳，呈对称形式。节点 B 与节点 C 转角大小相等，方向相反。横梁对柱的约束取决于横梁与柱的线刚度比。根据弹性稳定理论可计算出无侧移框架的计算长度系数 μ，见表 6-1。当横梁与柱铰接时（见图 6-4c），取横梁线刚度为 0，即 $K_1 = 0$。当横梁的惯性矩很大，即 $I_1 \to \infty$ 或 $K_1 \to \infty$ 时，它近似于横梁与柱刚接，但考虑到工程实际情况，均按 $K_1 \geqslant 10$ 的 μ 值取用。因此，对于与基础刚接的柱，当 $K_1 = 0 \sim 10$ 时，其 μ 值为

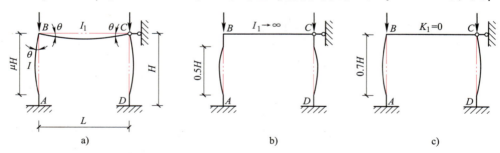

图 6-4　单层单跨框架无侧移失稳

表 6-1　单层框架等截面柱的计算长度系数 μ

框架类型	柱与基础连接方式	相交于柱上端的横梁线刚度之和与柱线刚度的比值 K_1											
		0	0.05	0.1	0.2	0.3	0.4	0.5	1	2	3	4	5	≥10
无侧移	铰接	1.000	0.990	0.981	0.964	0.949	0.935	0.922	0.875	0.820	0.791	0.773	0.760	0.732
	刚接	0.732	0.726	0.721	0.711	0.701	0.693	0.685	0.654	0.615	0.593	0.580	0.570	0.549
有侧移	铰接	∞	6.02	4.46	3.42	3.01	2.78	2.64	2.33	2.17	2.11	2.08	2.07	2.03
	刚接	2.03	1.83	1.70	1.52	1.42	1.35	1.30	1.17	1.10	1.07	1.06	1.05	1.03

0.732~0.549。上述数值较图 6-4b 和图 6-4c 中的理论值 0.5~0.7 稍大，原因是当柱与基础刚接时，理论上其 $K_2 \to \infty$，然而考虑到实际工程中柱脚并非绝对嵌固，故表6-1 中数值实际是取多层无侧移框架柱的计算长度系数表中 $K_2 \geq 10$ 时的 μ 值。对于与基础铰接的柱，当 $K_1 = 0 \sim 10$ 时，其 μ 值为 1.0~0.732。

　　对单层多跨强支撑框架，计算稳定系数的传统方法假定各柱同时失稳，没有相互支持，其计算长度系数 μ 也可采用表 6-1，但表中 $K_1 = (I_1/l_1 + I_2/l_2)/(I/H)$，即采用与柱相邻的两根横梁线刚度之和与柱线刚度的比。

　　② 弱支撑框架柱。可直接按下式计算轴心压杆稳定系数

$$\varphi = \varphi_0 + (\varphi_0 - \varphi_1) \frac{S_b}{3(1.2\sum N_{bi} - \sum N_{0i})} \tag{6-10}$$

式中　φ_1、φ_0——用无侧移框架柱和有侧移框架柱计算长度系数算得的轴心压杆稳定系数。

　　2) 无支撑纯框架。实际上很多单层单跨框架因无法设置侧向支承结构，失稳是有侧移的，失稳按弹性屈曲理论计算长度系数 μ，由表 6-1 给出。但由于基础与柱很难做到完全嵌固，需适当放大 μ，然后将框架柱作为单独的压弯构件进行设计，而框架在平面内的稳定计算则用框架柱的计算长度 $l_0(l_0 = \mu l)$ 来考虑与柱相连构件的约束影响，一阶分析只是一种简化的近似方法。然而二阶弹性分析方法，它是根据变形后的框架结构建立平衡条件，即考虑结构变形对内力产生影响的 $P\text{-}\Delta$ 效应（二阶效应），故框架在平面内的稳定计算采用框架柱的实际几何长度 l，即 $\mu = 1.0$。

　　从上面所述可见，二阶分析是一种精确的计算方法，只对符合式（6-11）条件的框架，则推荐宜采用二阶分析，以提高精确度。

$$\frac{\sum N \Delta_\mu}{\sum Hh} > 0.1 \tag{6-11}$$

式中　$\sum N$——所计算楼层各柱轴心压力设计值之和（对单层框架为各框架柱轴心压力设计值之和）；

　　　　$\sum H$——产生层间侧移 Δ_μ 的所计算楼层及以上各层的水平力之和（对单层框架为产生柱顶水平位移 Δ_μ 的水平力之和）；

　　　　Δ_μ——按一阶弹性分析求得的所计算楼层的层间侧移（对单层框架为柱顶水平位移）。

　　① 一阶弹性分析方法。单层框架有侧移失稳的变形是反对称的，横梁两端的转角 θ 大小相等，方向相同。对单层单跨框架柱（见图 6-5a），按弹性稳定理论分析的计算长度系数见表 6-1。如对与基础刚接的柱，取 $K_2 \geq 10$ 数值，即当 $K_1 = 0 \sim 10$ 时，其 μ 值为 2.0~1.0（见图 6-5b 和图 6-5c）。对与基础铰接的柱，取 $K_2 = 0$，其 μ 值都大于 2.0，且变动范围很大。对单层多跨有侧移框架柱，其计算长度系数同样可用 $K_1 = (I_1/l_1 + I_2/l_2)/(I/H)$ 查表 6-1。

　　② 二阶弹性分析方法。考虑结构对内力产生的影响，根据位移建立平衡条件，按弹性阶段分析结构内力及位移。式（6-11）中的 Δ_μ 可用框架柱顶水平位移的容许值 $[\Delta_\mu]$ 代换（无桥式起重机和有桥式起重机单层框架的 $[\Delta_\mu]$ 分别为 $H/150$ 和 $H/400$，H 为自基础顶面到柱顶的总高度）。若公式左侧算出的值大于 0.1，则宜采用二阶分析；否则，采用一阶分析。

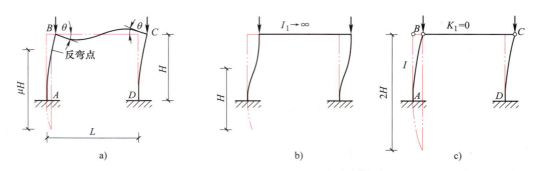

图 6-5　单层单跨框架有侧移失稳

另外，在采用二阶分析时，还需引入一个考虑各种缺陷（初弯曲、残余应力、安装误差等）的假想水平力（或称概念荷载），用其和实际的水平力及垂直荷载一起对框架进行内力分析。假想水平力作用于每层柱的柱顶（对单层框架为框架柱顶），其计算公式为

$$H_{ni} = \frac{\alpha_y Q_i}{250} \sqrt{0.2 + \frac{1}{n_s}} \qquad (6\text{-}12)$$

式中　Q_i——第 i 楼层的总重力荷载设计值；

n_s——框架总层数，当 $\sqrt{0.2 + 1/n_s} > 1$ 时，取值为 1.0；

α_y——钢材强度影响系数，Q235 为 1.0，Q345 为 1.1，Q390 为 1.2，Q420 为 1.25。

（2）多层多跨等截面框架柱在框架平面内的计算长度　对多层多跨等截面框架，也需按有支撑框架和无支撑纯框架分类。计算的基本假设与单层多跨框架相同。柱的计算长度系数 μ 和横梁的约束作用有直接关系，取决于柱上端节点处横梁线刚度之和与柱线刚度之和比值 K_1，还取决于柱下端节点处相交的横梁线刚度之和与柱线刚度之和比值 K_2。

对多层多跨等截面框架采用一阶分析时采用的基本假定同单层多跨框架，但同时假定在柱失稳时，相交于每一节点的横梁对柱的约束程度，按上、下两柱线刚度之比分配给柱。其计算长度系数也采用查表法，见表 6-2 和表 6-3，K_1 为相交于柱上端的横梁线刚度之和与柱线刚度之和的比值。K_2 为相交于柱下端的横梁线刚度之和与柱线刚度之和的比值，当 $K_2 = 0$，即表 6-1 中柱与基础铰接的 μ 值；当 $K_2 = 10$，即柱与基础刚接的 μ 值。对于图 6-6a 中柱 AB，K_1、K_2 分别为

$$K_1 = \frac{I_{b1}/l_1 + I_{b2}/l_2}{I_{c3}/H_3 + I_{c2}/H_2} \qquad (6\text{-}13)$$

$$K_2 = \frac{I_{b3}/l_1 + I_{b4}/l_2}{I_{c2}/H_2 + I_{c1}/H_1} \qquad (6\text{-}14)$$

表 6-2　无侧移框架柱的计算长度系数 μ

K_1	K_2												
	0	0.05	0.1	0.2	0.3	0.4	0.5	1	2	3	4	5	≥10
0	1.000	0.990	0.981	0.964	0.949	0.935	0.922	0.875	0.820	0.791	0.773	0.760	0.732
0.05	0.990	0.981	0.971	0.955	0.940	0.926	0.914	0.867	0.814	0.784	0.766	0.754	0.726
0.1	0.981	0.971	0.962	0.946	0.931	0.918	0.906	0.860	0.807	0.778	0.760	0.748	0.721

（续）

K_1	K_2												
	0	0.05	0.1	0.2	0.3	0.4	0.5	1	2	3	4	5	≥10
0.2	0.964	0.955	0.946	0.930	0.916	0.903	0.891	0.846	0.795	0.767	0.749	0.737	0.711
0.3	0.949	0.940	0.931	0.916	0.902	0.889	0.878	0.834	0.784	0.756	0.739	0.728	0.701
0.4	0.935	0.926	0.918	0.903	0.889	0.887	0.866	0.823	0.774	0.747	0.730	0.719	0.693
0.5	0.992	0.914	0.906	0.891	0.878	0.866	0.855	0.813	0.765	0.738	0.721	0.710	0.685
1	0.875	0.867	0.860	0.846	0.834	0.823	0.813	0.774	0.729	0.704	0.688	0.677	0.654
2	0.820	0.814	0.807	0.795	0.784	0.774	0.765	0.729	0.686	0.663	0.648	0.638	0.615
3	0.791	0.784	0.778	0.767	0.756	0.747	0.738	0.704	0.663	0.640	0.625	0.616	0.593
4	0.773	0.766	0.760	0.749	0.739	0.730	0.721	0.688	0.648	0.625	0.611	0.601	0.580
5	0.760	0.754	0.748	0.737	0.728	0.719	0.710	0.677	0.638	0.616	0.601	0.592	0.570
≥10	0.732	0.726	0.721	0.711	0.701	0.693	0.685	0.654	0.615	0.593	0.580	0.570	0.549

表 6-3　有侧移框架柱的计算长度系数 μ

K_2	K_1												
	0	0.05	0.1	0.2	0.3	0.4	0.5	1	2	3	4	5	≥10
0	∞	6.02	4.46	3.42	3.01	2.78	2.64	2.33	2.17	2.11	2.08	2.07	2.03
0.05	6.02	4.16	3.47	2.86	2.58	2.42	2.31	2.07	1.94	1.90	1.87	1.86	1.83
0.1	4.46	3.47	3.01	2.56	2.33	2.20	2.11	1.90	1.79	1.75	1.73	1.72	1.70
0.2	3.42	2.86	2.56	2.23	2.05	1.94	1.87	1.70	1.60	1.57	1.55	1.54	1.52
0.3	3.01	2.58	2.33	2.05	1.90	1.80	1.74	1.58	1.49	1.46	1.45	1.44	1.42
0.4	2.78	2.42	2.20	1.94	1.80	1.71	1.65	1.50	1.42	1.39	1.37	1.37	1.35
0.5	2.64	2.31	2.11	1.87	1.74	1.65	1.59	1.45	1.37	1.34	1.32	1.32	1.30
1	2.33	2.07	1.90	1.70	1.58	1.50	1.45	1.32	1.24	1.21	1.20	1.19	1.17
2	2.17	1.94	1.79	1.60	1.49	1.42	1.37	1.24	1.16	1.14	1.12	1.12	1.10
3	2.11	1.90	1.75	1.57	1.46	1.39	1.34	1.21	1.14	1.11	1.10	1.09	1.07
4	2.08	1.87	1.73	1.55	1.45	1.37	1.32	1.20	1.12	1.10	1.08	1.08	1.06
5	2.07	1.86	1.72	1.54	1.44	1.37	1.32	1.19	1.12	1.09	1.08	1.07	1.05
≥10	2.03	1.83	1.70	1.52	1.42	1.35	1.30	1.17	1.10	1.07	1.06	1.05	1.03

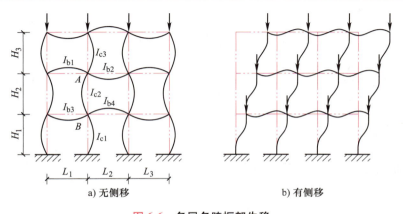

a) 无侧移　　b) 有侧移

图 6-6　多层多跨框架失稳

（3）单层厂房框架柱在框架平面内的计算长度　　单层厂房的单阶柱计算长度是分段确定，阶梯形柱计算长度按有侧移失稳条件确定，方法详见《标准》。

当框架柱在框架平面外失稳时，可假定侧向支承点（柱顶、柱底、柱间支撑、吊车梁等）是其变形曲线的反弯点。一般情况下，框架柱在柱脚及支承点处的侧向约束均较弱，故均应假定为铰接。因此，在框架平面外的计算长度等于侧向支承点之间的距离。若无侧向支承时，则为柱的全长。

【例 6-1】　试计算图 6-7 所示拉弯构件的强度和刚度。轴心拉力设计值 $N = 210$kN，杆中点横向集中荷载设计值 $F = 31$kN，均为静力荷载，钢材为 Q235。杆中点螺栓的孔径 $d_0 = 22$mm。

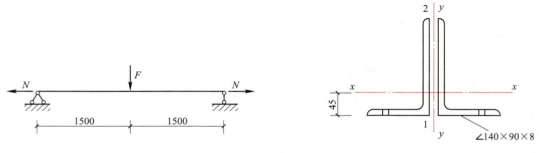

图 6-7　例 6-1 图

【解】　查附录 G 中表 G-5，一个角钢∠140×90×8 的截面特性和自重：$A = 18.04$cm^2，$g = 14.16$kg/m，$I_x = 365.64$cm^4，$i_x = 4.5$cm，$z_y = 45$mm。

（1）强度计算

内力计算（杆中点最不利截面）$N = 210$kN

最大弯矩设计值（计入杆自重）

$$M_{max} = \frac{Fl}{4} + \frac{gl^2}{8} = \left(\frac{31 \times 3}{4} + \frac{1.2 \times 2 \times 14.16 \times 9.8 \times 3^2}{8 \times 10^3} \right) \text{kN} \cdot \text{m} \approx 23.62 \text{kN} \cdot \text{m}$$

（2）截面几何特征

$$A_n = \left[2 \times (18.04 - 2.2 \times 0.8) \right] \text{cm}^2 = 32.56 \text{cm}^2$$

肢背处　　$W_{n1} = \dfrac{2 \times \left[365.64 - 2.2 \times 0.8 \times (4.5 - 0.4)^2 \right]}{4.5} \text{cm}^3 \approx 149.4 \text{cm}^3$

肢尖处　　$W_{n2} = \dfrac{2 \times \left[365.64 - 2.2 \times 0.8 \times (4.5 - 0.4)^2 \right]}{9.5} \text{cm}^3 \approx 70.75 \text{cm}^3$

（3）截面强度　承受静力荷载的实腹式截面，由式（6-8）计算。查表 5-2，$\gamma_{x1} = 1.05$，$\gamma_{x2} = 1.2$。

肢背处（点 1）

$$\frac{N}{A_n} + \frac{M_{max}}{\gamma_{x1}W_{n1}} = \left(\frac{210 \times 10^3}{32.56 \times 10^2} + \frac{23.62 \times 10^6}{1.05 \times 149.4 \times 10^3}\right) N/mm^2 \approx (64.5 + 150.6)N/mm^2$$

$$= 215.1N/mm^2 \approx f = 215N/mm^2 \quad (满足要求)$$

肢尖处（点2）

$$\frac{N}{A_n} - \frac{M_{max}}{\gamma_{x2}W_{n2}} = \left(\frac{210 \times 10^3}{32.56 \times 10^2} - \frac{23.62 \times 10^6}{1.2 \times 70.75 \times 10^3}\right) N/mm^2 \approx (64.5 - 278.2)N/mm^2$$

$$= -213.7N/mm^2 < f = 215N/mm^2 \quad (满足要求)$$

（4）刚度计算 承受静力荷载，故仅需计算竖向平面长细比。

$$\lambda_x = \frac{l}{i_x} = \frac{3 \times 10^2}{4.5} \approx 66.7 < [\lambda] = 350 \quad (满足要求)$$

6.3 实腹式压弯构件的整体稳定

压弯构件的弯矩和轴心压力一样，都属于主要荷载。轴心受压构件的弯曲屈曲是在两主轴方向中长细比较大的方向发生，而压弯构件由于弯矩通常绕截面的强轴即在截面的最大刚度平面作用，故构件可能在弯矩作用平面内弯曲屈曲，但因构件在垂直于弯矩作用平面的刚度较小，所以也可能因侧向弯曲和扭转使构件产生弯扭屈曲，即通常所称的弯矩作用平面外失稳。因此，对压弯构件需分别对其两方向的稳定进行计算。

6.3.1 实腹式压弯构件在弯矩作用平面内的稳定

1. 工作性能

如图 6-8a 所示，对于弯扭能力强的压弯构件，或有足够侧向支承的不会导致弯扭变形的压弯构件，在轴心压力 N 和弯矩 M 的共同作用下，会在弯矩作用平面内发生弯曲失稳。图 6-8b 所示为当 N 与 M_x 成比例增加时，压力 N 和构件中点侧向挠度 v_m 的关系曲线，类似图 6-8b 所示的实际轴心压杆工作性能曲线。其中 A 点代表截面边缘纤维达到屈服（可能有图 6-8b 所示 "A" 中的三种情况，①、②在受压侧，③在受拉侧）。在 $O'AB$ 上升段，挠度随着压力的增加而增加，压弯构件处在稳定平衡状态，到达 B 点构件抵抗力开始小于外力作用，B 点为压溃极限状态，N_u 为极限承载力。

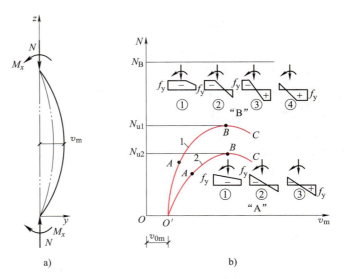

a) b)

图 6-8 压弯构件 N-v_m 关系曲线

压弯构件失稳时，先在受压最大的一侧发展塑性，也会在另一侧受拉区发展塑性，其程度取决于构件截面形状和尺寸，以及初始缺陷、残余应力的存在会使构件截面提前屈服，从而降低承载能力，故在压溃时构件中点及其附近一段截面上出现的塑性区可能有图 6-8b 所示"B"中的四种情况：①、②为只在受压一侧出现塑性区（双轴对称截面且 ε 较小时）；③为同时在受压和受拉两侧出现塑性区（ε 较大时）；④为只在受拉一侧出现塑性区（单轴对称截面当弯矩作用在对称轴平面内且使较大翼缘受压时）。由上述情况可见，确定压弯构件的 N_u 值比轴心压杆更复杂。

2. 计算方法

实腹式压弯构件平面内稳定的极限承载力计算常用两种方法：一是根据大量试验数据用统计方法确定；二是根据力学模型，采用数值分析计算，从而得到图 6-9 所示一系列不同偏心率的柱子曲线（图中 $\varepsilon = 0$ 即轴心压杆柱子曲线），采用稳定系数 $\varphi_p = N_u / (Af_y)$ 按单项式 $N/(\varphi_p A) \leqslant f$ 进行计算，它应用虽较方便，但要想正确地反映工程中的各种截面，使计算结果吻合实际，必须制定大量表格，给应用带来不便，故一般还需对截面进行归类制表，这样又使计算结果产生较大误差，因为即使同一截面形式，由于尺寸和残余应力分布的不同，其承载力都可能相差较大。

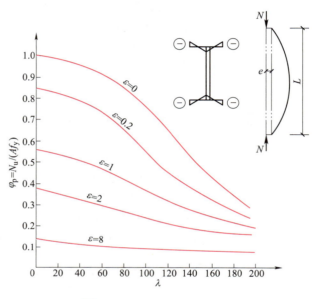

图 6-9　偏心压杆的柱子曲线

最新《标准》采用了目前普遍应用的 N 和 M 双项相关公式。此公式根据压弯构件在弹性工作状态截面受压边缘纤维屈服准则相关公式的形式，并且考虑了初始缺陷、压力对弯矩增大的影响（二阶弯矩）及部分截面的塑性发展。

在轴心压力 N 和弯矩 M 作用下压弯构件的稳定承载力，根据边缘纤维屈服准则，其表达式为

$$\frac{N}{A} + \frac{M_{max}}{W_{1x}} = f_y \tag{6-15}$$

$$M_{max} = M_x + Nv_{max} \tag{6-16}$$

式中　M_{max}——按压弯构件二阶效应考虑的最大弯矩；

　　　v_{max}——构件中点的最大挠度。

对轴心受力构件，轴心压力 N 对初挠度的放大系数为 $1/(1 - N/N_{Ex})$。该系数同样用于横向荷载端弯矩对挠度的放大。现设在其他任意荷载作用下构件中点产生的挠度为 v_{1m}（图 6-10 所示为两端作用相等弯矩，挠曲线为正弦曲线半波），则 $v_{max} = v_{1m}/(1 - N/N_{Ex})$，故式（6-16）可写为（为简化计算，未考虑 v_{0m}）

$$M_{\max} = M_x + N \frac{v_{1m}}{(1 - N/N_{Ex})}$$

$$= \frac{M_x}{1 - N/N_{Ex}} \left[1 + \left(\frac{N_{Ex} - v_{1m}}{M} - 1 \right) \frac{N}{N_{Ex}} \right]$$

$$= \frac{\beta_{mx} M_x}{1 - N/N_{Ex}} = \eta M_x \tag{6-17}$$

式中　　η——弯矩增大系数，$\eta = \dfrac{\beta_{mx}}{1 - N/N_{Ex}}$，$\beta_{mx}$ 为等效弯矩系数，$\beta_{mx} = 1 + \left(\dfrac{N_{Ex} v_{1m}}{M} - 1 \right) \dfrac{N}{N_{Ex}}$。

弯矩增大系数 $\eta = M_{\max}/M_x$（压弯构件的最大弯矩与任意弯矩之比的最大值）表达了轴心压力 N 对 M_x 起的增大作用。针对已变形结构分析它的平衡通常称为二阶分析，故式（6-17）的最大弯矩 $M_{\max}$ 称为二阶弯矩。不考虑变形对外力效应的影响通常称为一阶分析，故 M_x 称为一阶弯矩。

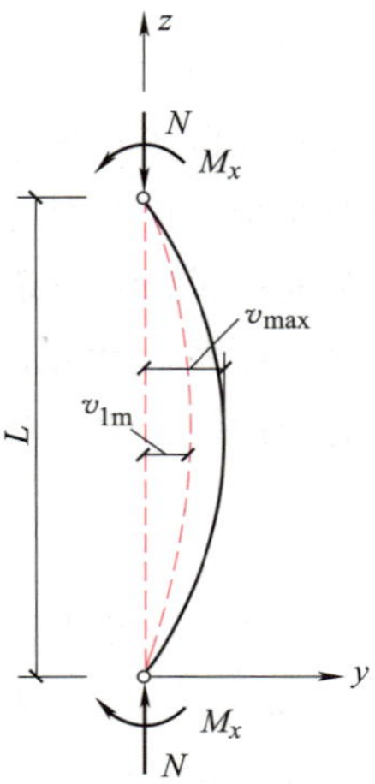

下面仍以图 6-10 所示两端作用相等弯矩的压弯构件为例对最大弯矩进行计算。按一阶分析，杆中弯矩为 M_x，挠度 $v_1 = M_x l^2/(8EI)$。根据二阶分析得到下式

$$v_{\max} = \frac{v_1}{1 - N/N_{Ex}} = \frac{M_x l^2}{8EI} \frac{1}{1 - N/N_{Ex}} = \frac{\pi^2 M_x}{8 N_{Ex}} \frac{1}{1 - N/N_{Ex}} \tag{6-18}$$

最大弯矩为

$$M_{\max} = M_x + N v_{\max} = M_x + N \left(\frac{\pi^2 M_x}{8 N_{Ex}} \frac{1}{1 - N/N_{Ex}} \right)$$

$$= \frac{M_x (1 + 0.234 N/N_{Ex})}{1 - N/N_{Ex}} \tag{6-19}$$

图 6-10　两端作用相等弯矩的压弯构件

上式中 $(1 + 0.234 N/N_{Ex})$ 即弯矩等效系数 β_m。用相同方法还可计算其他荷载类型的 β_m 值：如构件中点有一个横向集中荷载作用时，$\beta_m = 1 - 0.178 N/N_{Ex}$；构件全长受有均布荷载作用时，$\beta_m = 1 - 0.028 N/N_{Ex}$；有端弯矩和横向荷载同时作用时，使构件产生反向曲率（端弯矩不同号）时，$\beta_m = 1 - 0.589 N/N_{Ex}$。

等效弯矩系数 β_m 的本意是使非均匀分布弯矩对构件稳定效应和等效的均匀弯矩相同，即按弯矩等效原理采用的等效均匀弯矩，为

$$M_{eq} = \beta_{mx} M_x \tag{6-20}$$

也可以说按弯矩等效原理，等效均匀弯矩在其和轴心力共同作用下对构件弯矩作用平面内失稳的效应与原来非均匀分布的弯矩和轴心力共同作用下的效应相同。

结合式（6-17）并考虑构件中点的等效初挠度 v_{0m} 的影响，得到

$$M_{\max} = M_x + \frac{N(v_{1m} + v_{0m})}{1 - N/N_{Ex}} = \frac{\beta_{mx} M_x + N v_{0m}}{1 - N/N_{Ex}} \tag{6-21}$$

将式（6-21）代入式（6-15），有初始缺陷压弯构件截面边缘纤维屈服时的表达式为

$$\frac{N}{A} + \frac{\beta_{mx} M_x + N v_{0m}}{W_{1x}(1 - N/N_{Ex})} = f_y \tag{6-22}$$

式（6-22）由于影响因素很多，很难确定 v_{0m}。但当式（6-22）中 $M_x = 0$ 时，则式中的 N 就等于有等效初挠度的轴心受压构件的稳定承载力。

由 $M_x = 0$，$N = \varphi_x A f_y$ 可得

$$\frac{\varphi_x A f_y}{A} + \frac{\varphi_x A f_y v_{0m}}{W_{1x}(1 - \varphi_x A f_y / N_{Ex})} = f_y \tag{6-23}$$

$$v_{0m} = \frac{W_{1x}}{A}\left(\frac{1}{\varphi_x} - 1\right)\left(1 - \frac{\varphi_x A f_y}{N_{Ex}}\right) \tag{6-24}$$

将式（6-24）代入式（6-22）得

$$\frac{N}{\varphi_x A} + \frac{\beta_{mx} M_x}{W_{1x}(1 - \varphi_x N / N_{Ex})} = f_y \tag{6-25}$$

式（6-25）关于实腹式压弯构件计算得到的 N 与数值计算的极限承载力 N_u 相比，短柱偏于安全，而长柱不安全。为了使 N 的计算结果和实际的 N_u 值吻合，《标准》对 11 种常用截面进行了计算比较，认为将式中第二项分母中的 φ_x 修正为常数 0.8 可得最优结果。引入抗力分项系数和允许部分截面发展塑性的截面塑性发展系数 γ_x 后，则上式可写为《标准》规定的设计公式，即

$$\frac{N}{\varphi_x A} + \frac{\beta_{mx} M_x}{\gamma_x W_{1x}(1 - 0.8 N / N'_{Ex})} \leqslant f \tag{6-26}$$

式中　N——所计算构件段范围内的轴心压力；

M_x——所计算构件段范围内的最大弯矩；

N'_{Ex}——参数，$N'_{Ex} = \pi^2 EA / (1.1\lambda_x^2)$，即欧拉临界力 N_{Ex} 除以抗力分项系数的平均值 $\gamma_R = 1.1$；

φ_x——弯矩作用平面内的轴心受压构件稳定系数；

W_{1x}——在弯矩作用平面内对较大受压纤维的毛截面模量；

β_{mx}——等效弯矩系数；

f——钢材的强度设计值。

在式（6-26）中，β_{mx} 应按下列规定采用：

1）无侧移框架柱和两端支承的构件：

① 无横向荷载的作用时，$\beta_{mx} = 0.6 + 0.4 M_2 / M_1$，$M_1$ 和 M_2 为端弯矩，构件无反弯点时取同号，构件有反弯点时取异号，$|M_1| \geqslant |M_2|$。

② 无端弯矩但有横向荷载时，

跨中单个集中荷载，$\beta_{mx} = 1 - 0.36 N / N_{cr}$

全跨均布荷载，$\beta_{mx} = 1 - 0.18 N / N_{cr}$

$$N_{cr} = \frac{\pi^2 EI}{(\mu l)^2}$$

式中　N_{cr}——弹性临界力；

μ——构件计算长度系数。

③ 有端弯矩和横向荷载同时作用，

$$\beta_{mx} M_x = \beta_{mqx} M_{qx} + \beta_{m1x} M_1$$

式中 M_{qx}——横向均布荷载产生的最大弯矩;

M_1——跨中单个横向集中荷载产生的弯矩;

β_{m1x}——取本条第1款第1项系数;

β_{qx}——取本条第1款第2项系数。

2)有侧移框架柱和悬臂构件,等效弯矩系数 β_{mx} 按下列规定采用:

① 除本节第2项规定,$\beta_{mx} = 1 - 0.36N/N_{cr}$。

② 有横向荷载的柱脚铰接单层框架柱和多层框架的底层柱,$\beta_{mx} = 1.0$。

③ 自由端作用有弯矩的悬臂柱

$$\beta_{mx} = 1 - 0.36(1 - m)N/N_{cr}$$

式中 m——自由端弯矩与固定端弯矩之比,无反弯点时取正号,有反弯点时取负号。

对单轴对称截面压弯构件(如 T 形或槽形截面),当弯矩作用在对称轴平面内且使较大翼缘受压时,还有可能在较小翼缘或无翼缘端,因产生较大拉应力而首先发展塑性使构件失稳(图6-8所示"B"中第④种情况),此时轴心压力 N 产生的压应力将减小弯矩产生的拉应力,故尚应按下式对其进行计算

$$\left| \frac{N}{A} - \frac{\beta_{mx}M_x}{\gamma_x W_{2x}(1 - 1.25N/N'_{Ex})} \right| \leq f \qquad (6-27)$$

式中 W_{2x}——在弯矩作用平面内对较小翼缘或无翼缘端最外纤维的毛截面模量;

γ_x——相应于 W_{2x} 的塑性发展系数。

式(6-27)中第二项分母中的常数 1.25 也是经与实际的 N_u 比较后引入的最优修正系数。对单轴对称截面压弯构件,当弯矩作用在对称轴平面内且使较大翼缘受压时,除按式(6-26)计算外,还应按式(6-27)计算。

6.3.2 实腹式压弯构件在弯矩作用平面外的稳定

对两端简支的双轴对称实腹式截面的压弯构件,当两端受轴心压力和等弯矩作用时,在弯矩作用平面外的弯扭屈曲临界条件,根据弹性稳定理论,可由下式表达

$$\left(1 - \frac{N}{N_{Ey}}\right)\left(1 - \frac{N}{N_{Ey}}\frac{N_{Ey}}{N_z}\right) - \left(\frac{M_x}{M_{xcr}}\right)^2 = 0$$

$$(6-28)$$

式中 N_{Ey}——构件轴心受压时对弱轴（y 轴）的弯曲屈曲临界力,即欧拉临界力;

N_z——绕构件纵轴（z 轴）的扭转屈曲临界力;

M_{xcr}——构件受对 x 轴的均匀弯矩作用时的弯扭屈曲临界弯矩。

式(6-28)可绘成图6-11,根据钢结构构件常用的截面形式分析,绝大多数情况下,N_z/N_{Ey} 都大于 1.0,采用 1.0 偏于安全,

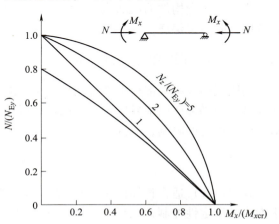

图6-11 N/N_{Ey}-M_x/M_{xcr} 的相关曲线

可近似采用直线方程：

$$\frac{N}{N_{Ey}} + \frac{M_x}{M_{xcr}} = 1 \tag{6-29}$$

在式（6-29）中用 $N_{Ey} = \varphi_y A f_y$，$M = \varphi_b W_{1x} f_y$ 代入，并引入非均匀分布弯矩作用时的等效弯矩系数 β_{tx} 和抗力分项系数 γ_R 及闭口截面的影响调整系数 η，可得《标准》规定的设计公式为

$$\frac{N}{\varphi_y A} + \eta \frac{\beta_{tx} M_x}{\varphi_b W_{1x}} \leqslant f \tag{6-30}$$

式中　φ_y——弯矩作用平面外的轴心受压构件稳定系数；

　　　M_x——所计算构件段范围内（侧向支承之间）的最大弯矩；

　　　η——截面影响系数，闭口（箱形）截面 $\eta = 0.7$，其他截面 $\eta = 1.0$；

　　　φ_b——均匀弯曲的受弯构件整体稳定系数，可按梁的整体稳定性系数公式计算；

　　　β_{tx}——等效弯矩系数。

式（6-30）中的 β_{tx} 应按下列规定采用：

1）在弯矩作用平面外有支承的构件，应根据两相邻支承间构件段内的荷载和内力情况确定。

① 无横向荷载作用时，$\beta_{tx} = 0.65 + 0.35 M_2/M_1$，$M_1$ 和 M_2 是端弯矩，构件无反弯点时取同号；构件有反弯点时取异号，$|M_1| \geqslant |M_2|$。

② 端弯矩和横向荷载同时作用时，使构件段产生同向曲率时，$\beta_{tx} = 1.0$；使构件段产生反向曲率时，$\beta_{tx} = 0.85$。

③ 所考虑构件段内无端弯矩但有横向荷载作用时，$\beta_{tx} = 1.0$。

2）弯矩作用平面外为悬臂的构件，$\beta_{tx} = 1.0$。

6.4　实腹式压弯构件的局部稳定

实腹式压弯构件的局部稳定与轴心受压构件和受弯构件的一样，也是以受压翼缘和腹板的宽厚比限值来保证。

6.4.1　受压翼缘宽厚比的限值

实腹式构件板局部稳定都表现为受压翼缘和受压腹板的稳定。不允许板件发生局部失稳的准则是使局部屈曲临界应力大于钢材屈服强度，在实用上则将保证局部稳定的要求转化为对板件宽厚比的限制，应满足下式要求

$$\frac{b_1}{t} \leqslant 15\sqrt{\frac{235}{f_y}} \tag{6-31}$$

式（6-31）适合长细比 $\lambda \geqslant 100$ 的压弯构件。对长细比较小的压弯构件，且由弯矩作用平面内的稳定性控制截面设计时，受压翼缘将有较深的塑性发展，其平均应力将更接近于 f_y，若设计允许部分截面发展塑性时，则按下式

$$\frac{b_1}{t} \leqslant 13\sqrt{\frac{235}{f_y}} \tag{6-32}$$

箱形截面压弯构件受压翼缘在两腹板之间的宽厚比 b_0/t 也按受弯构件规定，即

$$\frac{b_0}{t} \leqslant 40\sqrt{\frac{235}{f_y}} \qquad (6\text{-}33)$$

6.4.2 腹板宽厚比的限值

腹板的宽厚比限值，按不同的截面形式分别予以规定。

1. 工字形截面

压弯构件腹板的局部失稳，是在不均匀压力和剪力的共同作用下发生的，可以引入两个系数来表述两者的影响，即

$$\alpha_0 = \frac{\sigma_{max} - \sigma_{min}}{\sigma_{max}} \qquad (6\text{-}34)$$

式中 σ_{max}——腹板计算高度边缘的最大压应力；

σ_{min}——腹板计算高度另一边缘相应的应力，压应力为正，拉应力为负。

与剪应力有关的系数

$$\beta_0 = \frac{\tau}{\sigma_{max}} \qquad (6\text{-}35)$$

但根据设计资料分析，β_0 值一般可取 $0.2 \sim 0.3$。在这一给定的剪应力范围内，可以计算出临界应力与 h_w/t_w 的关系；此外，需考虑腹板在弹塑性状态下局部失稳的影响，而腹板的弹塑性发展深度与构件的长细比是有关的。《标准》要求采用边缘屈服准则时，腹板的宽厚比应满足下式要求

$$\frac{h_w}{t_w} \leqslant (45 + 25\alpha_0^{1.66})\sqrt{\frac{235}{f_y}} \qquad (6\text{-}36)$$

如考虑截面塑性发展，

当 $0 \leqslant \alpha_0 \leqslant 1.6$ 时，$\qquad \dfrac{h_w}{t_w} \leqslant (16\alpha_0 + 0.5\lambda + 25)\sqrt{\dfrac{235}{f_y}} \qquad (6\text{-}37)$

当 $1.6 < \alpha_0 \leqslant 2.0$ 时 $\qquad \dfrac{h_w}{t_w} \leqslant (48\alpha_0 + 0.5\lambda - 26.2)\sqrt{\dfrac{235}{f_y}} \qquad (6\text{-}38)$

式中 λ——构件在弯矩作用平面内的长细比，当 $\lambda < 30$ 时，取 $\lambda = 30$，当 $\lambda > 100$ 时，取 $\lambda = 100$。

2. 箱形截面

箱形截面压弯构件腹板屈曲应力的计算方法与工字形截面的腹板完全相同。但考虑到箱形截面的腹板仅用单侧焊缝与翼缘连接，其嵌固条件不如工字形截面两块腹板的受力状况，也可能不完全一致。为了安全，故规定其高厚比 h_w/t_w 限值不应超过式（6-37）或式（6-38）等号右侧乘以 0.8 后的值〔当此值小于 $40\sqrt{(235/f_y)}$ 时，采用 $40\sqrt{(235/f_y)}$〕。

3. T 形截面

对于 T 形截面腹板高厚比限值，同轴心受压构件采用《标准》规定公式

热轧部分 T 形钢 $\qquad \dfrac{h_0}{t_w} \leqslant (15 + 0.2\lambda)\sqrt{\dfrac{235}{f_y}} \qquad (6\text{-}39)$

焊接 T 形钢
$$\frac{h_0}{t_w} \leqslant (13 + 0.17\lambda) \sqrt{\frac{235}{f_y}} \qquad (6\text{-}40)$$

对焊接构件，h_0 取腹板高度 h_w；对热轧构件，h_0 取平直段长，简要计算时，可取 $h_0 = h_w - t_f$，但不小于 $(h_w - 20)$ mm。

6.4.3 圆管径厚比的限值

圆管截面压弯构件的弯矩一般不会太大，故其径厚比限值也按轴心压杆的公式计算，即

$$\frac{D}{t} \leqslant 100\left(\frac{235}{f_y}\right) \qquad (6\text{-}41)$$

式中 D、t——圆管的外径、管壁厚度。

6.5 实腹式压弯构件的设计

6.5.1 设计原则

实腹式压弯构件的截面形式可根据弯矩的大小和方向，选用双轴对称截面或单轴对称截面。为取得经济效果，同样应遵照等稳定性（弯矩作用平面内和平面外的整体稳定性尽量接近）、宽肢薄壁、制造省工和连接简便等设计原则。

6.5.2 设计方法

1. 选择截面

压弯构件的截面尺寸通常取决于整体稳定性能，它包括在弯矩作用平面内和平面外两个方向的稳定，但因计算公式中许多量值均与截面尺寸有关，故很难根据内力直接选择截面，因此一般结合经验或参照已有资料首先选截面，然后验算，在不满足时再行调整。也可按照下列步骤初选一个比较接近的截面，以作为设计参考。

1）假定长细比 λ_x，同时查表得 φ_x，先求 i_{xreq}，再求 h_{req}。

$$i_{xreq} = \frac{l_{0x}}{\lambda_x}; h_{req} = \frac{i_{xreq}}{\alpha_1}$$

式中 α_1——系数，可查附录 D 中表 D-1 确定。

2）由 h_{req} 和 i_{xreq} 计算 A/W_{1x}。

$$\frac{A}{W_{1x}} = \frac{A}{I_x}y_1 = \frac{y_1}{i_{xreq}^2} \approx \frac{h_{req}}{2i_{xreq}^2}$$

式中 y_1——由 x 轴到较大受压纤维的距离，单轴对称截面也可近似地按对称截面的 $y_1 = h/2$ 计算。

3）将 A/W_{1x}、φ_x 等代入式（6-26）计算截面需要的面积 A_{req}。

$$A_{req} = \frac{1}{f}\left[\frac{N}{\varphi_x} + \frac{A}{W_{1x}}\frac{\beta_{mx}M_x}{\gamma_x(1 - 0.8N/N'_{Ex})}\right] \approx \frac{1}{f}\left(\frac{N}{\varphi_x} + \frac{A}{W_{1x}}\frac{\beta_{mx}M_x}{\gamma_x}\right)$$

（此处式中 $1-0.8N/N'_{Ex}$ 省略为 1.0。）

4）计算 W_{1x}。

$$W_{1x} = \frac{A i_x^2}{y_1} \approx \frac{2 A_{\text{req}} i_{x\text{req}}^2}{h_{\text{req}}}$$

5）将 W_{1x} 等代入式（6-30）计算 φ_y。

$$\varphi_y = \frac{N}{A} \frac{1}{f - \dfrac{\eta \beta_{\text{t}x} M_x}{\varphi_b W_{1x}}}$$

6）由 φ_x 反查 λ_y，由 λ_y 求 $i_{y\text{req}}$，再求 b_{req}。

$$i_{y\text{req}} = \frac{l_{0y}}{\lambda_y} ; \quad b_{\text{req}} = \frac{i_{y\text{req}}}{\alpha_2}$$

式中　α_2——系数，可查附录 D 中表 D-1 确定。

7）根据 A_{req}、h_{req} 和 b_{req} 确定截面尺寸。

2. 验算截面

对试选的截面需做如下几个方面验算：

1）强度。按式（6-8）和式（6-9）计算。

2）刚度。按长细比公式计算。

3）整体稳定。在弯矩作用平面内按式（6-26）计算，对单轴对称截面当弯矩作用在对称轴平面且使较大翼缘受压时，尚需按式（6-27）计算。在弯矩作用平面外按式（6-30）计算。

4）局部稳定。受压翼缘：工字形和 T 形截面按式（6-31）或式（6-32）计算；箱形截面两腹板之间的部分则按式（6-33）计算。腹板：工字形截面按式（6-37）或式（6-38）计算；箱形截面则按上两式计算结果的 0.8 倍且不小于 $40\sqrt{(235/f_y)}$ 计算；T 形截面按式（6-39）或式（6-40）计算。

6.5.3　构造规定

实腹式压弯构件的横向加劲肋、横隔和纵向连接焊缝等的构造规定同实腹式轴心受压柱。

【例 6-2】　试设计图 6-12a 所示焊接工字形翼缘为焰切边的压弯杆。杆两端铰接，长 15m，在杆中间 1/3 长度处有侧向支承。截面无削弱。承受轴心压力设计值 $N = 850\text{kN}$，中点横向荷载设计值 $F = 180\text{kN}$，材料为 Q345 钢。

【解】　**1. 初选截面**

$$M_x = (1/4 \times 180 \times 15)\text{kN} \cdot \text{m} = 675\text{kN} \cdot \text{m}$$

假定 $\lambda_x = 60$，按 $60\sqrt{\dfrac{f_y}{235}} = 72.7$ 查附录 C 中表 C-1，$\varphi_x = 0.734$。

$$i_{x\text{req}} = \frac{l_{0x}}{\lambda_x} = \frac{1500}{60}\text{cm} = 25\text{cm}$$

$$h_{\text{req}} \approx \frac{i_{x\text{req}}}{\alpha_1} = \frac{25}{0.43}\text{cm} \approx 58.1\text{cm}$$

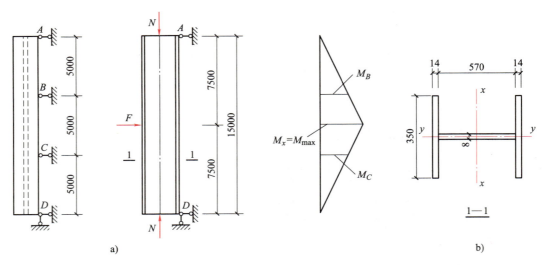

图 6-12　例 6-2 图

$$\frac{A}{W_{1x}} = \frac{h_{req}}{2i_{xreq}^2} = \frac{58.1}{2 \times 25^2}cm^{-1} \approx 0.0465cm^{-1}$$

$$A_{req} = \frac{1}{f}\left(\frac{N}{\varphi_x} + \frac{A}{W_{1x}}\frac{\beta_{mx}M_x}{\gamma_x}\right) \approx \frac{1}{f}\left(\frac{N}{\varphi_x} + \frac{AM_x}{W_{1x}}\right)$$

$$= \left[\frac{1}{345} \times \left(\frac{850 \times 10^3}{0.734} + 0.0465 \times 0.1 \times 675 \times 10^6\right)\right]mm^2$$

$$\approx 12454mm^2 = 124.5cm^2(此处设\beta_{mx}、\gamma_x 均为1.0)$$

$$W_{1x} = \frac{2A_{req}i_{xreq}^2}{h_{req}} = \frac{124.5}{0.0465}cm^3 \approx 2677cm^3$$

$$\varphi_y = \frac{N}{A}\frac{1}{f - \frac{\eta\beta_{tx}M_x}{\varphi_b W_{1x}}} \approx \frac{N}{A} \cdot \frac{1}{f - \frac{M_x}{W_{1x}}}$$

$$= \frac{850 \times 10^3}{124.5 \times 10^2} \times \frac{1}{345 - \frac{675 \times 10^6}{2677 \times 10^3}} \approx 0.735(此处\eta、\beta_{tx}、\varphi_b 均设为1.0)$$

由 $\varphi_y = 0.735$ 查附录 C 中表 C-1，$\lambda_y\sqrt{(f_y/235)} = 72.5$ 得 $\lambda_y = 59.8$。

$$i_{yreq} = \frac{l_{0y}}{\lambda_y} = \frac{500}{59.8}cm \approx 8.36cm$$

$$b_{req} = \frac{i_{yreq}}{\alpha_2} = \frac{8.36}{0.24}cm = 34.8cm$$

根据 A_{req}、h_{req}、b_{req} 确定截面尺寸，如图 6-12b 所示。

2. 验算截面

（1）截面几何特征计算

$$A = (2 \times 35 \times 1.4 + 57 \times 0.8)cm^2 = 143.6cm^2$$

$$I_x = (0.8 \times 57^3/12 + 2 \times 35 \times 1.4 \times 29.2^2)\,\mathrm{cm^4} \approx 95905\,\mathrm{cm^4}$$

$$I_y = (2 \times 1.4 \times 35^3/12)\,\mathrm{cm^4} \approx 10004\,\mathrm{cm^4}$$

$$i_x = \sqrt{\frac{I_x}{A}} = \sqrt{\frac{95905}{143.6}}\,\mathrm{cm} \approx 25.8\,\mathrm{cm}$$

$$i_y = \sqrt{\frac{I_y}{A}} = \sqrt{\frac{10004}{143.6}}\,\mathrm{cm} \approx 8.34\,\mathrm{cm}$$

$$W_{1x} = \frac{95905}{29.9}\,\mathrm{cm^3} \approx 3208\,\mathrm{cm^3}$$

（2）强度验算［按式（6-8）］

$$\frac{N}{A_n} + \frac{M_x}{\gamma_x W_{nx}} = \left(\frac{850 \times 10^3}{143.6 \times 10^2} + \frac{675 \times 10^6}{1.0 \times 3208 \times 10^3} \right)\mathrm{N/mm^2}$$

$$\approx (59.2 + 210.4)\,\mathrm{N/mm^2} = 269.6\,\mathrm{N/mm^2} < f = 310\,\mathrm{N/mm^2}(满足要求)$$

（3）稳定性验算

1）弯矩作用下平面内的稳定性验算。

$$\lambda_x = \frac{l_{0x}}{i_x} = \frac{1500}{25.8} \approx 58.1 < [\lambda] = 150(刚度满足要求)$$

按表 4-4，翼缘为焰切边的焊接工字形截面对 x、y 轴均属 b 类截面，由 $58.1\sqrt{(f_y/235)} = 58.1 \times \sqrt{(345/235)} \approx 70.4$，查附录 C 中表 C-1，$\varphi_x = 0.749$，则

$$N'_{Ex} = \frac{\pi^2 EA}{1.1\lambda_x^2} = \frac{\pi^2 \times 206 \times 10^3 \times 143.6 \times 10^2}{1.1 \times 58.1^2}\mathrm{N} \approx 7863000\mathrm{N} = 7863\mathrm{kN}$$

取 $\beta_{mx} = 1.0$（按无端弯矩有横向荷载计算），由式（6-26）有

$$\frac{N}{\varphi_x A} + \frac{\beta_{mx} M_x}{\gamma_x W_{1x}\left(1 - 0.8\dfrac{N}{N'_{Ex}}\right)}$$

$$= \left[\frac{850 \times 10^3}{0.749 \times 143.6 \times 10^2} + \frac{1.0 \times 675 \times 10^6}{1.0 \times 3207 \times 10^3 \times \left(1 - 0.8 \times \dfrac{850 \times 10^3}{7863 \times 10^3}\right)} \right]\mathrm{N/mm^2}$$

$$\approx (79 + 230.4)\,\mathrm{N/mm^2} = 309.4\,\mathrm{N/mm^2} < f = 310\,\mathrm{N/mm^2} \qquad (满足要求)$$

2）弯矩作用下平面外的稳定性验算（计算 BC 段）

$$\lambda_y = \frac{l_{0y}}{i_y} = \frac{500}{8.34} \approx 59.95 < [\lambda] = 150 \qquad (刚度满足要求)$$

由 $59.95\sqrt{(f_y/235)} = 59.95 \times \sqrt{(345/235)} \approx 72.6$，查附录 C 中表 C-1，$\varphi_y = 0.735$，按受弯构件整体稳定性系数计算公式有

$$\varphi_b = 1.07 - \frac{\lambda_y^2}{44000} \cdot \frac{f_y}{235} = 1.07 - \frac{59.95^2}{44000} \times \frac{345}{235} \approx 0.95$$

$\beta_{tx} = 1.0$（按所考虑的 BC 构件段内有端弯矩和横向荷载同时作用，且使构件段产生同向曲率）。$\eta = 1.0$。按式（6-30）有

$$\frac{N}{\varphi_y A} + \eta \frac{\beta_{tx} M_x}{\varphi_b W_{1x}} = \frac{850 \times 10^3}{0.735 \times 143.6 \times 10^2} + \frac{1.0 \times 1.0 \times 675 \times 10^6}{0.95 \times 3207 \times 10^3}$$

$$\approx (80.5 + 221.6) \text{N/mm}^2 = 302.1 \text{N/mm}^2 < f = 310 \text{N/mm}^2 \quad (满足要求)$$

（4）局部稳定性验算 翼缘按式（6-31）或式（6-32），腹板按式（6-37）和式（6-38）计算。

1）翼缘。

$$15\sqrt{235/f_y} = 15 \times \sqrt{235/345} \approx 12.4, 13\sqrt{235/f_y} = 13 \times \sqrt{235/345} \approx 10.7$$

$$\frac{b_1}{t} = \frac{35 - 0.8}{2 \times 1.4} \approx 12.2 < 12.4(满足要求)$$

$$\frac{b_1}{t} > 10.7(不满足部分截面发展塑性限值,故前面计算$$

$$强度和稳定性取 \gamma_x = 1.0 合理)$$

2）腹板。

$$\frac{N}{A} \pm \frac{M}{I_x} \frac{h_0}{2} = \frac{850 \times 10^3}{143.6 \times 10^2} \pm \frac{675 \times 10^6}{95900 \times 10^4} \times \frac{570}{2}$$

$$\approx (59.2 \pm 200.6) \text{N/mm}^2 = \begin{cases} 259.8 \text{N/mm}^2 \\ -141.4 \text{N/mm}^2 \end{cases}$$

$$\alpha_0 = \frac{\sigma_{max} - \sigma_{min}}{\sigma_{max}} = \frac{259.8 - (-141.4)}{259.8} \approx 1.54 < 1.6$$

按式（6-37）有

$$(16\alpha_0 + 0.5\lambda_x + 25)\sqrt{\frac{235}{f_y}} = (16 \times 1.54 + 0.5 \times 58.1 + 25) \times \sqrt{\frac{235}{345}} \approx 64.9$$

$$\frac{h_0}{t_w} = \frac{570}{8} \approx 71.3 > 64.9 \quad (不满足要求)$$

由计算结果可知，该截面仅腹板不满足局部稳定要求。由于整体稳定性也无富余，故不能采用腹板屈曲后的有效截面计算，还需对截面稍做修改或设置纵向加劲肋。

【例6-3】 图6-13所示箱形截面压弯构件，承受静力荷载，轴心压力设计值 $N = 1500$kN，上端弯矩设计值 $M_x = 700$kN·m，钢材为Q235B，截面无削弱。试验算此构件的强度和稳定性。

【解】 （1）截面几何特征计算

$$A = (2 \times 50 \times 1.4 + 2 \times 50 \times 1) \text{cm}^2 = 240 \text{cm}^2$$

$$I_x = (2 \times 1 \times 50^3/12 + 2 \times 50 \times 1.4 \times 25.7^2) \text{cm}^4 \approx 113302 \text{cm}^4$$

$$I_y = (2 \times 1.4 \times 50^3/12 + 2 \times 50 \times 1 \times 23.5^2) \text{cm}^4 \approx 84392 \text{cm}^4$$

$$i_x = \sqrt{\frac{I_x}{A}} = \sqrt{\frac{113302}{240}} \text{cm} \approx 21.7 \text{cm}$$

$$i_y = \sqrt{\frac{I_y}{A}} = \sqrt{\frac{84392}{240}} \text{cm} \approx 18.8 \text{cm}$$

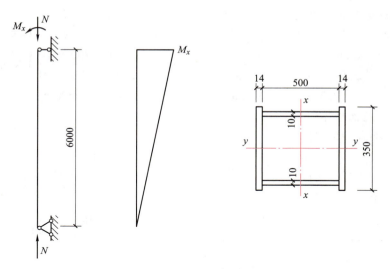

图6-13 例6-3图

$$W_{nx} = W_x = \frac{113302}{26.4}\text{cm}^3 \approx 4292\text{cm}^3$$

（2）强度验算［取弯矩最大截面，按式（6-8）］

$$\frac{N}{A_n} + \frac{M_x}{\gamma_x W_{nx}} = \left(\frac{1500 \times 10^3}{240 \times 10^2} + \frac{700 \times 10^6}{1.05 \times 4290 \times 10^3} \right) \text{N/mm}^2 \approx (62.5 + 155.4)\text{N/mm}^2$$

$$= 217.9\text{N/mm}^2 \approx 215\text{N/mm}^2(满足要求)$$

（3）弯矩作用下平面内稳定性验算［按式（6-26）］

$$\lambda_x = \frac{l_{0x}}{i_x} = \frac{600}{21.7} \approx 27.6 < [\lambda] = 150(满足要求)$$

焊接箱形截面且板件宽厚比大于20，对 x 轴和 y 轴均属于 b 类。故查附录 C 中表 C-3，$\varphi_x = 0.944$。

$$N'_{Ex} = \frac{\pi^2 EA}{1.1\lambda_x^2} = \frac{\pi^2 \times 206 \times 10^3 \times 240 \times 10^2}{1.1 \times 27.6^2}\text{N} \approx 58233\text{kN}$$

$$\beta_{mx} = 0.65 + 0.35M_2/M_1 = 0.65(下端弯矩 M_2 = 0)$$

$$\frac{N}{\varphi_x A} + \frac{\beta_{mx} M_x}{\gamma_x W_{1x}\left(1 - 0.8\dfrac{N}{N'_{Ex}}\right)}$$

$$= \left[\frac{1500 \times 10^3}{0.944 \times 240 \times 10^2} + \frac{0.65 \times 700 \times 10^6}{1.05 \times 4290 \times 10^3 \times \left(1 - 0.8 \times \dfrac{1500 \times 10^3}{58233 \times 10^3}\right)} \right]\text{N/mm}^2$$

$$\approx (66.2 + 103.1)\text{N/mm}^2 = 169.3\text{N/mm}^2 < f = 215\text{N/mm}^2(满足要求)$$

（4）弯矩作用下平面外稳定性验算

$$\lambda_y = \frac{l_{0y}}{i_y} = \frac{600}{18.8} \approx 31.9 < [\lambda] = 150(满足要求)$$

按 b 类截面查附录 C 中表 C-3，$\varphi_y = 0.929$。$\beta_{tx} = 0.65$（取值方法与 β_{mx} 相同）。对箱形截面 $\eta = 0.7$。根据受弯构件整体稳定性系数，箱型截面取 $\varphi_b = 1.0$。按式（6-30），则

$$\frac{N}{\varphi_y A} + \eta \frac{\beta_{tx} M_x}{\varphi_b W_{1x}} = \left(\frac{1500 \times 10^3}{0.929 \times 240 \times 10^2} + 0.7 \times \frac{0.65 \times 700 \times 10^6}{1.0 \times 4290 \times 10^3} \right) N/mm^2$$

$$\approx (67.3 + 74.2) N/mm^2 = 141.5 N/mm^2 < f = 215 N/mm^2 \qquad （满足要求）$$

（5）局部稳定性验算

1）翼缘 [按式（6-33）]。

$$\frac{b_0}{t} = \frac{46}{1.4} \approx 33 < 40 \times \sqrt{\frac{235}{f_y}} = 40 \times \sqrt{\frac{235}{235}} = 40 \qquad （满足要求）$$

2）腹板 [按式（6-37）]。

$$\frac{N}{A} \pm \frac{M_x}{I_x} \frac{h_0}{2} = \left(\frac{1500 \times 10^3}{240 \times 10^2} \pm \frac{700 \times 10^6}{113302 \times 10^4} \times \frac{500}{2} \right) N/mm^2$$

$$= (62.5 \pm 154.5) N/mm^2 = \begin{cases} 217 N/mm^2 \\ -92 N/mm^2 \end{cases}$$

$$\alpha_0 = \frac{\sigma_{max} - \sigma_{min}}{\sigma_{max}} = \frac{217 - (-92)}{217} \approx 1.42 < 1.6$$

$$\frac{h_0}{t_w} = \frac{50}{1} = 50 \approx 0.8 \times (16\alpha_0 + 0.5\lambda + 25) \sqrt{\frac{235}{f_y}}$$

$$= 0.8 \times (16 \times 1.42 + 0.5 \times 27.6 + 25) \times \sqrt{\frac{235}{235}} \approx 49.2 \qquad （满足要求）$$

6.6　格构式压弯构件的设计

6.6.1　格构式压弯构件的组成形式

格构式压杆由两个肢件组成，肢件常为槽钢、工字钢或 H 型钢，用缀材连成整体。缀材有缀条和缀板两种。缀条可用斜杆或斜杆与横杆共同组成，常用单角钢缀条，缀板为钢板。在构件截面上与肢件的腹板相交的轴线为实轴，与缀材平面垂直的轴线为虚轴。

6.6.2　格构式压弯构件的稳定

1. 弯矩绕实轴作用时

（1）在弯矩作用平面内的稳定　图 6-14a 所示为弯矩绕实轴 y-y 作用的格构式压弯构件，显而易见，在弯矩作用平面内的稳定与实腹式压弯构件的相同，故应按式（6-26）计算（将式中 x 改为 y）。

（2）在弯矩作用平面外的稳定　在弯矩作用平面外的稳定与实腹式闭合箱形截面类似，故应按式（6-30）计算（将式中 x 改为 y），但式中 φ_y（改为 φ_x）应按换算长细比（即 λ_{0x}，用格构式轴心受压构件相同方法计算）查表，并取 $\varphi_b = 1.0$（因截面对虚轴的刚度较大）。

2. 弯矩绕虚轴作用时

（1）在弯矩作用平面内的稳定　弯矩绕虚轴 x-x 作用的格构式压弯构件，构件中横向剪

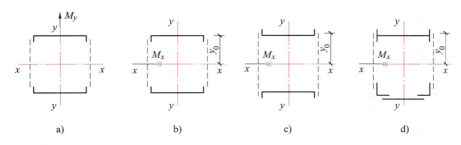

图 6-14　格构式压弯构件截面

力总是很小，实腹式压杆的抗剪刚度又比较大，所以横向剪力对构件产生附加变形很小，可以忽略。对图 6-14b 所示截面，当压力较大一侧分肢的腹板边缘达到屈服时，可近似地认为构件承载力已达极限状态；对图 6-14c、图 6-14d 所示截面，也只考虑压力较大一侧分肢的外伸翼缘发展部分塑性。因此《标准》采用边缘纤维屈服作为设计准则，即按式（6-25）计算。引入抗力分项系数后，可得

$$\frac{N}{\varphi_x A} + \frac{\beta_{mx} M_x}{W_{1x}(1 - \varphi_x N/N'_{Ex})} \leqslant f$$

$$W_{1x} = I_x / y_0 \tag{6-42}$$

式中　I_x——对 x 轴的毛截面惯性矩；

$\qquad y_0$——由 x 轴到压力较大分肢轴线的距离或者到压力较大分肢腹板外边缘的距离，取两者中较大者；

$\qquad \varphi_x$、N'_{Ex}——轴心压杆稳定系数、考虑 γ_R 的欧拉临界力 $[\,N'_{Ex} = \pi^2 EA/(1.1\lambda_x^2)\,]$，均由对虚轴的换算长细比 λ_{0x} 确定。

（2）分肢的稳定　当弯矩绕虚轴作用，除用式（6-42）计算平面内整体稳定外，还要把构件看作一个平行弦桁架，进行单肢构件的稳定性计算，分肢轴线压力按图 6-15 计算。由于组成格构式构件的两个分肢在弯矩作用平面外的稳定都已经在计算单肢构件时得到保证，故不需再对整个构件进行平面外稳定性验算。

分肢的轴心力按下式计算（见图 6-15）：

分肢 1 $$N_1 = \frac{M_x}{b_1} + \frac{N y_2}{b_1} \tag{6-43}$$

分肢 2 $$N_2 = N - N_1 \tag{6-44}$$

对缀条柱，分肢按承受 N_1（或 N_2）的轴心受力构件计算。

对缀板柱，分肢除受轴心力 N_1（或 N_2）作用外，尚应考虑由剪力引起的局部弯矩，按压弯构件计算。剪力 V 取实际剪力和式（6-45）计算剪力两者中的较大值。

$$V = \frac{Af}{85}\sqrt{\frac{f_y}{235}} \tag{6-45}$$

式中　f、f_y——钢的强度设计值、屈服强度。

分肢的计算长度，在缀件平面内（对 1—1 轴）取缀条相邻两节点中心间的距离或缀板间的净距，在缀件平面外则取整个构件侧向支承点之间的距离。

6.6.3 格构式压弯构件的缀件计算

与格构式轴心受压构件的缀件相同，但所受剪力应取实际剪力和式（6-45）的计算剪力两者中的较大值。

6.6.4 格构式压弯构件的连接节点和构造规定

与4.4节格构式轴心受压构件相同。

6.6.5 格构式压弯构件的截面设计

格构式压弯构件截面的设计方法同样需按试选截面和验算截面两步进行。

1）强度。按式（6-8）和式（6-9）验算，但取式中 $\gamma_x = 1.0$。

2）刚度。按长细比验算，但对虚轴需用换算长细比 λ_{0x}。

3）整体稳定。当弯矩绕实轴作用时，在弯矩作用平面内的稳定按式（6-26）验算，平面外的稳定按式（6-30）验算。当弯矩绕虚轴作用时，在弯矩作用平面内的稳定按式（6-42）验算，平面外的稳定对缀条柱分肢按实腹式轴心受压构件验算，对缀板柱分肢则按实腹式压弯构件验算。

4）局部稳定。按实腹式轴心受压构件公式验算。

5）缀件（缀条、缀板）。按格构式轴心受压构件公式验算。但所受剪力取实际剪力和计算剪力两者中的较大值。

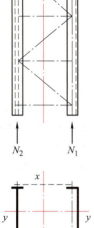

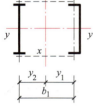

图 6-15　分肢内力计算

【例 6-4】 试计算图 6-16所示单层厂房框架柱的下柱截面，属于有侧移框架。在框架平面内的计算长度 $l_{0x} = 26.03\text{m}$，在框架平面外的计算长度 $l_{0y} = 12.76\text{m}$。组合内力的设计值为：$N = 4400\text{kN}$，$M = \pm 4375\text{kN} \cdot \text{m}$，$V = \pm 300\text{kN}$。钢材为 Q235B，火焰切割边。

【解】　**1. 截面几何特性计算**

$$A = [2 \times (2 \times 35 \times 2 + 66 \times 1.4)]\text{cm}^2 = 464.8\text{cm}^2$$

$$I_x = [4 \times (2 \times 35^3/12 + 35 \times 2 \times 100^2) + 2 \times 66 \times 1.4 \times 100^2]\text{cm}^4 \approx 4677000\text{cm}^4$$

$$I_y = [4 \times 35 \times 2 \times 34^2 + 2 \times (1.4 \times 66^3/12)]\text{cm}^4 \approx 390800\text{cm}^4$$

$$i_x = \sqrt{\frac{I_x}{A}} = \sqrt{\frac{4677000}{464.8}}\text{cm} = 100.3\text{cm}$$

$$i_y = \sqrt{\frac{I_y}{A}} = \sqrt{\frac{390800}{464.8}}\text{cm} = 29\text{cm}$$

$$W_x = I_x/y_{\max} = (4677000/117.5)\text{cm}^3 \approx 39804\text{cm}^3$$

查附录 G 中表 G-4，∠125×10，$A = 24.37\text{cm}^2$，$i_{y0} = 2.48\text{cm}$

$$\text{缀条} \quad A_1 = 2 \times 24.37\text{cm}^2 = 48.74\text{cm}^2$$

$$\text{分肢} \quad A'_1 = A/2 = 464.8\text{cm}^2/2 = 232.4\text{cm}^2$$

$$I_{x1} = (2 \times 2 \times 35^3/12)\text{cm}^4 \approx 14292\text{cm}^4$$

$$I_{y1} = I_y/2 = (390800/2)\,\text{cm}^4 = 195400\,\text{cm}^4$$

$$i_{x1} = \sqrt{\frac{I_{x1}}{A_1'}} = \sqrt{\frac{14292}{232.4}}\,\text{cm} \approx 7.84\,\text{cm}$$

$$i_{y1} = \sqrt{\frac{I_{y1}}{A_1'}} = \sqrt{\frac{195400}{232.4}} = 29\,\text{cm}$$

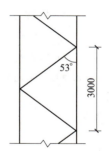

2. 截面验算

（1）强度验算［取工字形截面翼缘外端点，按式（6-8）］

$$\frac{N}{A_n} + \frac{M_x}{\gamma_x W_{nx}} = \left(\frac{4400 \times 10^3}{464.8 \times 10^2} + \frac{4375 \times 10^6}{1.0 \times 39804 \times 10^3}\right) \text{N/mm}^2$$

$$\approx (94.7 + 109.9)\,\text{N/mm}^2$$

$$= 204.6\,\text{N/mm}^2 < f = 205\,\text{N/mm}^2（满足要求）$$

（按翼缘厚度 $t = 20\text{mm}$ 取 $f = 205\text{N/mm}^2$）

（2）在弯矩作用平面内的稳定性验算

图 6-16　例 6-4 图

$$\lambda_x = l_{0x}/i_x = 2603/100.3 \approx 25.95$$

$$\lambda_{0x} = \sqrt{\lambda_x^2 + 27\frac{A}{A_1}} = \sqrt{25.95^2 + 27 \times \frac{464.8}{48.74}} \approx 30.5 < [\lambda] = 150（满足要求）$$

按表 4-4，格构式截面对 x 轴属于 b 类截面。查附录 C 中表 C-3，$\varphi_x = 0.934$。

$$N_{Ex}' = \frac{\pi^2 EA}{1.1\lambda_{0x}^2} = \frac{\pi^2 \times 206 \times 10^3 \times 464.8 \times 10^2}{1.1 \times 30.5^2}\,\text{N} \approx 92350813\,\text{N} \approx 92351\,\text{kN}$$

$$W_{1x} = I_x/y_0 = (4677000/100)\,\text{cm}^3 = 46770\,\text{cm}^3$$

取 $\beta_{mx} = 1.0$（按有侧移的框架柱），按式（6-42）有

$$\frac{N}{\varphi_x A} + \frac{\beta_{mx} M_x}{W_{1x}\left(1 - \varphi_x \dfrac{N}{N_{Ex}'}\right)}$$

$$= \left(\frac{4400 \times 10^3}{0.934 \times 464.8 \times 10^2} + \frac{1.0 \times 4375 \times 10^6}{46770 \times 10^3 \times \left(1 - 0.934 \times \dfrac{4400 \times 10^3}{92351 \times 10^3}\right)}\right) \text{N/mm}^2$$

$$\approx (101.4 + 97.9)\,\text{N/mm}^2 = 199.3\,\text{N/mm}^2 < f = 205\,\text{N/mm}^2（满足要求）$$

（3）分肢的整体稳定性验算［按式（6-43）］

$$N_1 = \frac{N}{2} + \frac{M}{b_1} = \left(\frac{4400}{2} + \frac{4375}{2}\right) \text{kN} = 4387.5\,\text{kN}$$

$$\lambda_{x1} = \frac{l_{0x}}{i_{x1}} = \frac{300}{7.84} \approx 38.3 < [\lambda] = 150（满足要求）$$

$$\lambda_{y1} = \frac{l_{0y}}{i_{y1}} = \frac{1276}{29} \approx 44 < [\lambda] = 150（满足要求）$$

按表 4-4，翼缘为焰切边的焊接工字形截面对 x、y 轴均属于 b 类截面。由 $\lambda_{max} = \lambda_{y1} = 44$

查附录 C 中表 C-3，$\varphi_{\min}=0.882$。按轴心受压公式计算，得

$$\frac{N_1}{\varphi_{\min}A_1'}=\frac{4387.5\times10^3}{0.882\times232.4\times10^2}\text{N/mm}^2\approx214\text{N/mm}^2\approx f=205\text{N/mm}^2(满足要求)$$

（4）分肢的局部稳定性验算　翼缘和腹板都按实腹式轴心受压构件的局部稳定性公式进行计算，

1）翼缘。

$$\frac{b_1}{t}=\frac{350-14}{2\times20}=8.4<(10+0.1\lambda_{\max})\sqrt{\frac{235}{f_y}}$$

$$=(10+0.1\times44)\times\sqrt{\frac{235}{235}}=14.4 \qquad (满足要求)$$

2）腹板。

$$\frac{h_0}{t_w}=\frac{660}{14}\approx47.1\approx(25+0.5\lambda_{\max})\sqrt{\frac{235}{f_y}}$$

$$=(25+0.5\times44)\times\sqrt{\frac{235}{235}}=47 \qquad (满足要求)$$

（5）缀条的稳定性验算

剪力　$V=\dfrac{Af}{85}\sqrt{\dfrac{f_y}{235}}=\left(\dfrac{464.8\times10^2\times215}{85}\times\sqrt{\dfrac{235}{235}}\right)\text{N}$

$\approx117.6\text{kN}<V=300\text{kN}$

采用实际剪力 $V=300$kN 计算。

斜缀条内力　$N_1=V_1/2\sin\alpha=(300/2\sin53°)\text{kN}\approx187.8\text{kN}$

$\lambda=l_0/i_{y0}=200/(\sin53°\times2.48)\approx101<[\lambda]=150 \qquad (满足要求)$

按表 4-4，等边单角钢对 y_0 轴属于 b 类截面。查附录 C 中表 C-3，$\varphi=0.549$。按轴心受压稳定性公式计算，得

$$\frac{N_1}{\varphi A}=\frac{187.5\times10^3}{0.549\times24.37\times10^2}\text{N/mm}^2\approx140.1\text{N/mm}^2<\varphi f$$

$$=(0.75\times215)\text{N/mm}^2\approx161.3\text{N/mm}^2 \qquad (满足要求)$$

式中，$\varphi=0.6+0.0015\lambda=0.6+0.0015\times101\approx0.75$

截面满足要求。

6.7　压弯柱脚的设计

除上述承受轴压柱柱脚外，多数柱承受压弯荷载，压弯柱与基础连接也有铰接和刚接柱脚两种。铰接柱脚不承受弯矩，其计算方法及构造与轴压柱脚方法等同。而刚接柱脚在承受轴压的同时，还要承担弯矩，这就要求柱脚与基础之间连接要兼顾强度和刚度，并便于制造和安装。

各类压弯柱脚如图 6-17 所示，当作用于柱脚的压力和弯矩都较小，而且底板与基础之

间只承受不均匀压力时可采取图 6-17a、b 制造方案。图 6-17a 所示为轴心受压柱柱脚，构造类同，在锚栓连接处焊一角钢，增强连接刚度。图 6-17b 中锚栓通过用肋加强的短槽钢将柱脚与基础固定，底板宽度 B 根据构造决定，要求板的悬臂部分 C 不超过 2~3cm，决定板宽后，根据底板基础压应力不超过基础混凝土抗压强度设计值要求决定底板长度 L。

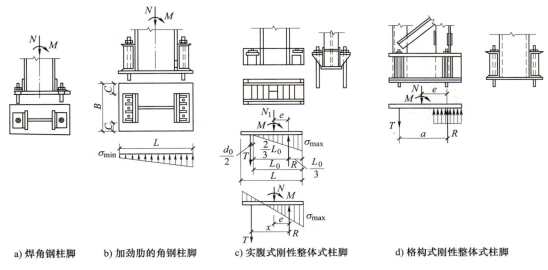

a) 焊角钢柱脚　　b) 加劲肋的角钢柱脚　　c) 实腹式刚性整体式柱脚　　d) 格构式刚性整体式柱脚

图 6-17　整体式柱脚

$$\sigma_{\max} = \frac{N}{BL} + \frac{6M}{BL^2} \leqslant f_{cc} \tag{6-46}$$

式中　f_{cc}——混凝土抗压强度设计值。

当作用在柱脚的压力和弯矩都较大时，可采用图 6-17c、d 带靴梁的构造方案，图 6-17c、d 分别为实腹式及格构式的刚性整体式柱脚。

当锚栓拉力不是很大时，需要直径不会很大，锚栓拉力可根据图 6-17c 所示应力分布确定。

$$T = \frac{M - Ne}{(2/3) L_0 + d_0/2} \tag{6-47}$$

式中　e——柱脚底板中心至受压合力 R 的距离；

　　　d_0——锚栓孔直径；

　　　L_0——底板边缘至锚栓孔边缘距离。

底板长度 L 要根据最大压应力 $\sigma_{\max}$ 不大于混凝土抗压强度设计值确定。确定锚栓拉力后，即可得到板底受压区承受总压力 $R = N + T$。再根据底板下面三角形应力分布图计算出最大压应力 $\sigma_{\max}$，使其满足混凝土抗压强度设计值。

若锚栓拉力过大，所需直径过粗。当锚栓直径大于 60mm 时，可根据板底受力实际情况，采用图 6-17d 应力分布图计算锚栓直径。

底板的厚度原则上和轴心柱柱脚底板一样。压弯构件底板各区格所承受压应力虽然不均匀，但在计算各区格底板弯矩时，可偏于安全地取该区格最大压应力而不是平均应力。

本章思维导图

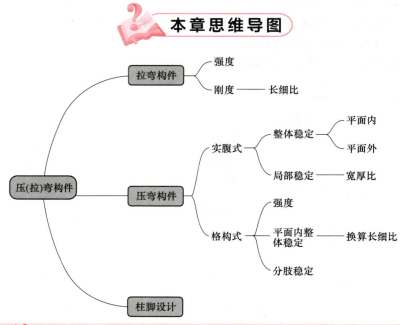

📖【拓展阅读】

低碳经济，东北钢结构产业的新机遇

东北是我国的重工业基地，钢铁工业是东北地区工业的基础，以鞍（山）钢、本（溪）钢为主，建起了包括大连钢厂、抚顺钢厂，以及通化、齐齐哈尔、凌源等钢铁厂在内全国最大的钢铁工业基地，有力地支持了全国的经济发展。

我国钢结构行业自从20世纪80年代蓬勃兴起以来，在各级政府及有关部门、行业协会的高度重视和关注下，经过近20年的迅猛发展，已形成多元化钢结构市场，应用领域不断扩大，随着建筑钢结构被广泛应用于工业建筑、民用建筑、公共建筑和桥梁建设等，钢结构行业已具有相当规模，钢结构企业也得到迅速发展，形成了一批集科研、设计、制造、施工等为一体的龙头企业，为钢结构在我国的发展揭开了新的一页。钢结构的发展前景广阔，从西部大开发及振兴东北老工业基地国策的实施使城市化、工业化步伐的进一步加快，到奥运场馆、亚运场馆、上海世博场馆等各类场馆的兴建，以及重大基础设施工程的上马等，均为建筑钢结构行业带来了巨大的发展机遇。在建筑钢结构行业前景被一致看好和巨大市场潜力的驱动下，原有钢结构企业不断扩大生产经营规模，同时越来越多的跨行业企业正源源不断地涌入建筑钢结构行业，客观上加剧了钢结构行业竞争的持续升级，但也将推动着中国钢结构行业进入高速发展期（见图6-18）。

东北地区建筑物的增加能直观地体现这个地区的发展，随着国家的扶持，振兴东北也走进了发展之路，而最多的建筑物就是各类轻重钢结构厂房。为什么要发展就离不开钢结构厂房呢？从以下五个方面来介绍轻重钢结构厂房的优点。

1）制造方面。钢结构厂房建筑简易，施工期短，所有构件均在工厂预制完成，现场只需简单拼装，从而大大缩短了施工周期，一座$6500m^2$的建筑物，只需40天即可基本安装完成。

a) 老厂房   b) 新厂房建设中

图6-18 老厂房与新厂房建设

2）性能方面。钢结构厂房经久耐用，易于维修，通用计算机设计而成的钢结构建筑可以抗拒恶劣气候，并且只需简单保养。

3）外观方面。钢结构厂房美观实用，钢结构建筑线条简洁流畅，具有现代感。彩色墙身板有多种颜色可供选择，墙体也可采用其他材料，因而更具有灵活性。

4）用途方面。可适用于各类工厂、仓库、办公楼、体育馆、飞机库等。既适合单层大跨度建筑，也可用于建造多层或高层建筑。

5）经济方面。钢结构厂房造价合理，钢结构建筑自重轻，减少基础造价，建造速度快，可早日建成投产，综合经济效益大大优于混凝土结构建筑。

顺应我国强劲的市场需求，钢结构厂房行业在快速发展。钢结构厂房生产作为巨大的能耗行业，同时有着巨大的节能潜力和巨大的社会效益。开展钢结构厂房技术开发，能促进改革建筑用钢和钢铁行业的发展、拉动经济内需。钢结构厂房作为节能省地的环保建筑之一，是我国低碳经济在建筑领域的突出代表。钢结构厂房在低碳经济中做出的巨大贡献使它成为名副其实的绿色建筑。

 习 题

一、填空题

1. 承受静力荷载或间接承受动力荷载的工字形截面压弯构件，在强度计算公式中，其绕平行于翼缘板的主轴（即工字形截面压弯构件强轴）塑性发展系数 γ_x 取（   ）。

2. 实腹式拉弯构件的强度承载能力极限状态是构件截面出现（   ），格构式拉弯构件或冷弯薄壁型钢截面的拉弯构件，是将截面（   ）视为构件的极限状态。

3. 对于拉弯和压弯构件的正常使用极限状态验算是要求构件的（   ）不超过规范规定的限值。

4. 格构式压弯构件承受绕虚轴的弯矩作用时，其弯矩作用平面内的整体稳定临界力以（   ）为设计准则推导。

5. 实腹式压弯构件承受绕强轴的弯矩作用时，其弯矩作用平面内的整体稳定临界力以（   ）为设计准则推导。

二、选择题

1. 单轴对称截面的压弯构件，一般宜使弯矩（   ）。

A. 绕非对称轴作用　　　　　　　　B. 绕对称轴作用

C. 绕任意轴作用　　　　　　　　　D. 视情况绕对称或非对称轴作用

2. 在实腹式偏心受压构件强度计算公式 $\dfrac{N}{A_n}+\dfrac{M_x}{\gamma_x W_{nx}}\leqslant f$ 中，W_{nx} 为（　　）。

A. 受压较大侧纤维的毛截面抵抗矩

B. 受压较小侧纤维的毛截面抵抗矩

C. 受压较大侧纤维的净截面抵抗矩

D. 受压较小侧纤维的净截面抵抗矩

3. 截面为两种型钢组成的格构式钢柱承受偏心压力作用，当偏心在虚轴上时，强度计算公式中的塑性发展系数取（　　）。

A. 大于1，与实腹式截面一样

B. 大于1，但小于实腹式截面的塑性发展系数

C. 等于1，因为不允许发展塑性

D. 等于1，这是偏于安全考虑

4. 钢结构实腹式压弯构件的设计一般应进行（　　）的计算

A. 强度、弯矩作用平面内的整体稳定性、局部稳定、变形

B. 弯矩作用平面内的整体稳定性、局部稳定、变形、长细比

C. 强度、弯矩作用平面内及平面外的整体稳定性、局部稳定、变形

D. 强度、弯矩作用平面内及平面外的整体稳定性、局部稳定、长细比

5. 压弯构件在弯矩作用平面外发生屈曲的形式是（　　）。

A. 弯曲屈曲　　　B. 扭转屈曲　　　C. 弯扭屈曲　　　D. 三种屈曲均可能

三、简答题

1. 什么是偏心受力构件？偏心受力构件如何分类？

2. 《钢结构设计标准》（GB 50017—2017）中规定在哪几种情况下验算压弯构件或拉弯构件的强度时取截面塑性发展系数 $\gamma_x=1$，为什么？

3. 简述单向压弯构件在弯矩作用平面内失稳和在弯矩作用平面外失稳的发生条件及其失稳过程，这两种失稳属于哪类稳定问题。

4. 设计拉弯、压弯构件时，各需验算哪几个方面的内容？

5. 为什么当弯矩绕格构式压弯构件的虚轴作用时不验算弯矩作用平面外的稳定性，而当弯矩绕实轴作用时需验算弯矩作用平面外的稳定性？

四、计算题

1. 图 6-19 所示两端铰接的拉弯杆，截面为 I 45a 轧制工字钢，截面无削弱，受静力荷载作用，钢材为 Q235（$f=215\text{N/mm}^2$，$f_v=125\text{N/mm}^2$），试确定作用于杆的最大轴心拉力 N 的设计值。

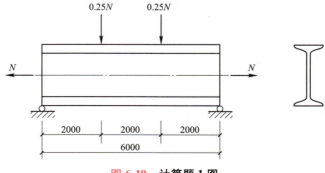

图 6-19　计算题 1 图

2. 图 6-20 所示简支拉弯构件采用普通工字钢 I20a，该结构承受静力荷载，轴心拉力设计值为 650kN，横向均布荷载设计值为 6kN/m。钢材为 Q345，$f = 310\text{N/mm}^2$，普通工字钢 I20a（$A = 35.5\text{cm}^2$，$W_x = 237\text{cm}^3$，$i_x = 8.15\text{cm}$，$i_y = 2.12\text{cm}$，自重标准值为 0.279kN/m）。已知容许长细比 $[\lambda] = 350$，试验算该拉弯构件的截面强度和刚度。

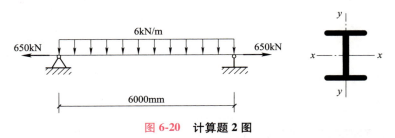

图 6-20　计算题 2 图

附　录

附录 A　钢材和连接的强度指标

表 A-1　钢材的设计用强度指标　　　　　　　　　（单位：N/mm²）

钢材		抗拉、抗压和抗弯 f	抗剪 f_v	端面承压（刨平顶紧）f_{ce}	屈服强度 f_y	抗拉强度 f_u
牌号	厚度或直径/mm					
Q235	≤16	215	125	320	235	370
	>16，≤40	205	120		225	
	>40，≤100	200	115		215	
Q345	≤16	305	175	400	345	470
	>16，≤40	295	170		335	
	>40，≤63	290	165		325	
	>63，≤80	280	160		315	
	>80，≤100	270	155		305	
Q390	≤16	345	200	415	390	490
	>16，≤40	330	190		370	
	>40，≤63	310	180		350	
	>63，≤100	295	170		330	
Q420	≤16	375	215	440	420	520
	>16，≤40	355	205		400	
	>40，≤63	320	185		380	
	>63，≤100	305	175		360	
Q460	≤16	410	235	470	460	550
	>16，≤40	390	225		440	
	>40，≤63	355	205		420	
	>63，≤100	340	195		400	

注：1. 表中直径指实心棒材直径，厚度指计算点的钢材或钢管壁厚度，对轴心受拉和轴心受压构件指截面中较厚板件的厚度。

　　2. 冷弯型材和冷弯钢管，其强度设计值应按国家现行有关标准的规定采用。

表 A-2　建筑结构用钢板的设计用强度指标　　　　　　　　　（单位：N/mm²）

建筑结构用钢板	钢板厚度或直径/mm	抗拉、抗压和抗弯 f	抗剪 f_v	端面承压（刨平顶紧）f_{ce}	屈服强度 f_y	抗拉强度 f_u
Q345GJ	>16，≤50	325	190	415	345	490
	>50，≤100	300	175		335	

表 A-3　结构用无缝钢管的强度指标　　　　　　　　（单位：N/mm²）

钢管钢材		抗拉、抗压和抗弯 f	抗剪 f_v	端面承压（刨平顶紧）f_{ce}	屈服强度 f_y	抗拉强度 f_u
牌号	壁厚/mm					
Q235	≤16	215	125	320	235	375
	>16，≤30	205	120		225	
	>30	195	115		215	
Q345	≤16	305	175	400	345	470
	>16，≤30	290	170		325	
	>30	260	150		295	
Q390	≤16	345	200	415	390	490
	>16，≤30	330	190		370	
	>30	310	180		350	
Q420	≤16	375	220	445	420	520
	>16，≤30	355	205		400	
	>30	340	195		380	
Q460	≤16	410	240	470	460	550
	>16，≤30	390	225		440	
	>30	355	205		420	

表 A-4　焊缝的强度指标　　　　　　　　（单位：N/mm²）

焊接方法和焊条型号	构件钢材		对接焊缝				角焊缝	对接焊缝抗拉强度 f_u^w	角焊缝抗拉、抗压和抗剪强度 f_u^f
	牌号	厚度和直径/mm	抗压 f_c^w	焊缝质量为下列等级时，抗拉 f_t^w		抗剪 f_v^w	抗拉、抗压和抗剪 f_f^w		
				一级、二级	三级				
自动焊、半自动焊和 E43 型焊条的焊条电弧焊	Q235	≤16	215	215	185	125	60	415	240
		>16，≤40	205	205	175	120			
		>40，≤100	200	200	170	115			
自动焊、半自动焊和 E50、E55 型焊条的焊条电弧焊	Q345	≤16	305	305	260	175	200	480（E50） 540（E55）	280（E50） 315（E55）
		>16，≤40	295	295	250	170			
		>40，≤63	290	290	245	165			
		>63，≤80	280	280	240	160			
		>80，≤100	270	270	230	155			
	Q390	≤16	345	345	295	200	200（E50） 220（E55）		
		>16，≤40	330	330	280	190			
		>40，≤63	310	310	265	180			
		>63，≤100	295	295	250	170			
自动焊、半自动焊和 E55、E60 型焊条的焊条电弧焊	Q420	≤16	375	375	320	215	220（E55） 240（E60）	540（E55） 590（E60）	315（E55） 340（E60）
		>16，≤40	355	355	300	205			
		>40，≤63	320	320	270	185			
		>63，≤100	305	305	260	175			

（续）

焊接方法和焊条型号	构件钢材		对接焊缝				角焊缝	对接焊缝抗拉强度 f_u^w	角焊缝抗拉、抗压和抗剪强度 f_u^f
	牌号	厚度和直径 /mm	抗压 f_c^w	焊缝质量为下列等级时，抗拉 f_t^w		抗剪 f_v^w	抗拉、抗压和抗剪 f_f^w		
				一级、二级	三级				
自动焊、半自动焊和 E55、E60 型焊条的焊条电弧焊	Q460	≤16	410	410	350	235	220（E55） 240（E60）	540（E55） 590（E60）	315（E55） 340（E60）
		>16，≤40	390	390	330	225			
		>40，≤63	355	355	300	205			
		>63，≤100	340	340	290	195			
自动焊、半自动焊和 E50、E55 型焊条的焊条电弧焊	Q345GJ	>16，≤35	310	310	265	180	220	480（E55） 540（E55）	280（E50） 315（E55）
		>35，≤50	290	290	245	170			
		>50，≤100	285	285	240	165			

注：1. 焊条电弧焊用焊条、自动焊和半自动焊所采用的焊丝和焊剂，应保证其熔敷金属的力学性能不低于母材的性能。

2. 焊缝质量等级应符合《钢结构焊接规范》（GB 50661—2011）的规定，其检验方法应符合《钢结构工程施工质量验收标准》（GB 50205—2020）的规定。其中厚度小于 6mm 钢材的对接焊缝，不应采用超声波探伤确定焊缝质量等级。

3. 对接焊缝在受压区的抗弯强度设计值取 f_c^w，在受拉区的抗弯强度设计值取 f_t^w。

4. 表中厚度指计算点的钢材厚度，对轴心受拉和轴心受压构件指截面中较厚板件的厚度。

5. 计算下列情况的连接时，表 A-4 规定的强度设计值应乘以相应的折减系数；以下两种情况同时存在时，其折减系数应连乘：

   1）施工条件较差的高空安装焊缝应乘以系数 0.9。

   2）进行无垫板的单面施焊对接焊缝的连接计算应乘以折减系数 0.85。

表 A-5　螺栓连接的强度指标　　　　　　　（单位：N/mm²）

螺栓的性能等级、锚栓和构件钢材的牌号		普通螺栓						锚栓	承压型连接高强度螺栓			高强度螺栓的抗拉强度 f_u^b
		C 级螺栓			A 级、B 级螺栓							
		抗拉 f_t^b	抗剪 f_v^b	承压 f_c^b	抗拉 f_t^b	抗剪 f_v^b	承压 f_c^b	抗拉 f_t^a	抗拉 f_t^b	抗剪 f_v^b	承压 f_c^b	
普通螺栓	4.6 级、4.8 级	170	140	—	—	—	—	—	—	—	—	—
	5.6 级	—	—	—	210	190	—	—	—	—	—	—
	8.8 级	—	—	—	400	320	—	—	—	—	—	—
锚栓	Q235	—	—	—	—	—	—	140	—	—	—	—
	Q345	—	—	—	—	—	—	180	—	—	—	—
	Q390	—	—	—	—	—	—	185	—	—	—	—
承压型连接高强度螺栓	8.8 级	—	—	—	—	—	—	—	400	250	—	830
	10.9 级	—	—	—	—	—	—	—	500	310	—	1040
螺栓球节点高强度螺栓	9.8 级	—	—	—	—	—	—	—	385	—	—	—
	10.9 级	—	—	—	—	—	—	—	430	—	—	—
构件	Q235	—	—	305	—	—	405	—	—	—	470	—
	Q345	—	—	385	—	—	510	—	—	—	590	—

（续）

螺栓的性能等级、锚栓和构件钢材的牌号		普通螺栓						锚栓	承压型连接高强度螺栓			高强度螺栓的抗拉强度
		C 级螺栓			A 级、B 级螺栓							
		抗拉 f_t^b	抗剪 f_v^b	承压 f_c^b	抗拉 f_t^b	抗剪 f_v^b	承压 f_c^b	抗拉 f_t^a	抗拉 f_t^b	抗剪 f_v^b	承压 f_c^b	f_u
构件	Q390	—	—	400	—	—	530	—	—	—	615	—
	Q420	—	—	425	—	—	560	—	—	—	655	—
	Q460	—	—	450	—	—	595	—	—	—	695	—
	Q345GJ	—	—	400	—	—	530	—	—	—	615	—

注：1. A 级螺栓用于 $d \leqslant 24$mm 和，$l \leqslant 10d$ 或 $l \leqslant 150$mm（按较小值）的螺栓；B 级螺栓用于 $d > 24$mm 或 $l > 10d$ 或 $l > 150$mm（按较小值）的螺栓。d 为公称直径，l 为螺栓公称长度。

2. A 级、B 级螺栓孔的精度和孔壁表面粗糙度，C 级螺栓孔的允许偏差和孔壁表面粗糙度，均应符合《钢结构工程施工质量验收标准》（GB 50205—2020）的要求。

3. 用于螺栓球节点网架的高强度螺栓，M12～M36 为 10.9 级，M39～M64 为 9.8 级。

附录 B　螺栓和锚栓的规格

表 B-1　螺栓螺纹处的有效截面面积

公称直径/mm	12	14	16	18	20	22	24	27	30
螺栓有效截面面积 A_e/cm²	0.84	1.15	1.57	1.92	2.45	3.03	3.53	4.59	5.61
公称直径/mm	33	36	39	42	45	48	52	56	60
螺栓有效截面面积 A_e/cm²	6.94	8.17	9.76	11.2	13.1	14.7	17.6	20.3	23.6
公称直径/mm	64	68	72	76	80	85	90	95	100
螺栓有效截面面积 A_e/cm²	26.8	30.6	34.6	38.9	43.4	49.5	55.9	62.7	70.0

表 B-2　锚栓规格

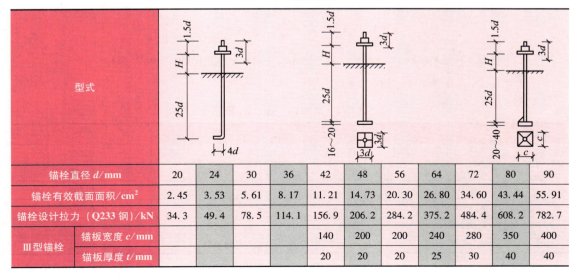

型式		20	24	30	36	42	48	56	64	72	80	90
锚栓直径 d/mm		20	24	30	36	42	48	56	64	72	80	90
锚栓有效截面面积/cm²		2.45	3.53	5.61	8.17	11.21	14.73	20.30	26.80	34.60	43.44	55.91
锚栓设计拉力（Q233 钢）/kN		34.3	49.4	78.5	114.1	156.9	206.2	284.2	375.2	484.4	608.2	782.7
Ⅲ型锚栓	锚板宽度 c/mm					140	200	200	240	280	350	400
	锚板厚度 t/mm					20	20	20	25	30	40	40

附录 C　受压构件稳定系数

表 C-1　a 类截面轴心受压构件稳定系数 φ

$\lambda\sqrt{\dfrac{f_y}{235}}$	0	1	2	3	4	5	6	7	8	9
0	1.000	1.000	1.000	1.000	0.999	0.999	0.998	0.998	0.997	0.996
10	0.995	0.994	0.993	0.992	0.991	0.989	0.988	0.986	0.985	0.983
20	0.981	0.979	0.977	0.976	0.974	0.972	0.970	0.968	0.966	0.964
30	0.963	0.961	0.959	0.957	0.955	0.952	0.950	0.948	0.946	0.944
40	0.941	0.939	0.937	0.934	0.932	0.929	0.927	0.924	0.921	0.919
50	0.916	0.913	0.910	0.907	0.904	0.900	0.897	0.894	0.890	0.886
60	0.883	0.879	0.875	0.871	0.867	0.863	0.858	0.854	0.849	0.844
70	0.839	0.834	0.829	0.824	0.818	0.813	0.807	0.801	0.795	0.789
80	0.783	0.776	0.770	0.763	0.757	0.750	0.743	0.736	0.728	0.721
90	0.714	0.706	0.699	0.691	0.684	0.676	0.668	0.661	0.653	0.645
100	0.638	0.630	0.622	0.615	0.607	0.600	0.592	0.585	0.577	0.570
110	0.563	0.555	0.548	0.541	0.534	0.527	0.520	0.514	0.507	0.500
120	0.494	0.488	0.481	0.475	0.469	0.463	0.457	0.451	0.445	0.440
130	0.434	0.429	0.423	0.418	0.412	0.407	0.402	0.397	0.392	0.387
140	0.383	0.378	0.373	0.369	0.364	0.360	0.356	0.351	0.347	0.343
150	0.339	0.335	0.331	0.327	0.323	0.320	0.316	0.312	0.309	0.305
160	0.302	0.298	0.295	0.292	0.289	0.285	0.282	0.279	0.276	0.273
170	0.270	0.267	0.264	0.262	0.259	0.256	0.253	0.251	0.248	0.246
180	0.243	0.241	0.238	0.236	0.233	0.231	0.229	0.226	0.224	0.222
190	0.220	0.218	0.215	0.213	0.211	0.209	0.207	0.205	0.203	0.201
200	0.199	0.198	0.196	0.194	0.192	0.190	0.189	0.187	0.185	0.183
210	0.182	0.180	0.179	0.177	0.175	0.174	0.172	0.171	0.169	0.168
220	0.166	0.165	0.164	0.162	0.161	0.159	0.158	0.157	0.155	0.154
230	0.153	0.152	0.150	0.149	0.148	0.147	0.134	0.144	0.143	0.142
240	0.141	0.140	0.139	0.138	0.136	0.135		0.133	0.132	0.131
250	0.130									

注：表 C-1 中稳定系数 φ 计算方法如下：

$$\varphi = 1 - \alpha_1\lambda_n^2\ (\text{当}\ \lambda_n = \frac{\lambda}{\pi}\sqrt{\frac{f_y}{E}} \leqslant 0.215\ \text{时})；$$

$$\varphi = \frac{1}{2\lambda_n^2}\left[(\alpha_1 + \alpha_3\lambda_n + \lambda_n^2) - \sqrt{(\alpha_2 + \alpha_3\lambda_n + \lambda_n^2)^2 - 4\lambda_n^2}\right]\ (\text{当}\ \lambda_n > 0.215\ \text{时})。$$

式中，α_1、α_2、α_3 为系数，按表 C-2 取值。

表 C-2　系数 α_1、α_2、α_3 取值

截面类别		α_1	α_2	α_3
a 类		0.41	0.986	0.152
b 类		0.65	0.965	0.300
c 类	$\lambda_n \leqslant 1.05$	0.73	0.906	0.595
	$\lambda_n > 1.05$		1.216	0.302
d 类	$\lambda_n \leqslant 1.05$	1.35	0.868	0.915
	$\lambda_n > 1.05$		1.375	0.432

表 C-3　b 类截面轴心受压构件稳定系数 φ

$\lambda\sqrt{\dfrac{f_y}{235}}$	0	1	2	3	4	5	6	7	8	9
0	1.000	1.000	1.000	0.999	0.999	0.998	0.997	0.996	0.995	0.994
10	0.992	0.991	0.989	0.987	0.985	0.983	0.981	0.978	0.976	0.973
20	0.970	0.967	0.963	0.960	0.957	0.953	0.950	0.946	0.943	0.939
30	0.936	0.932	0.929	0.925	0.922	0.918	0.914	0.910	0.906	0.903
40	0.899	0.895	0.891	0.887	0.882	0.878	0.874	0.870	0.865	0.861
50	0.856	0.852	0.847	0.842	0.838	0.833	0.828	0.823	0.818	0.813
60	0.807	0.802	0.797	0.791	0.786	0.780	0.774	0.769	0.763	0.757
70	0.751	0.745	0.739	0.732	0.726	0.720	0.714	0.707	0.701	0.694
80	0.688	0.681	0.675	0.668	0.661	0.655	0.648	0.641	0.635	0.628
90	0.621	0.614	0.608	0.601	0.594	0.588	0.581	0.575	0.568	0.561
100	0.555	0.549	0.542	0.536	0.529	0.523	0.517	0.511	0.505	0.499
110	0.493	0.487	0.481	0.475	0.470	0.464	0.458	0.453	0.447	0.442
120	0.437	0.432	0.426	0.421	0.416	0.411	0.406	0.402	0.397	0.392
130	0.387	0.383	0.378	0.374	0.370	0.365	0.361	0.357	0.353	0.349
140	0.345	0.341	0.337	0.333	0.329	0.326	0.322	0.318	0.315	0.311
150	0.308	0.304	0.301	0.298	0.295	0.291	0.288	0.285	0.282	0.279
160	0.276	0.273	0.270	0.267	0.265	0.262	0.259	0.256	0.254	0.251
170	0.249	0.246	0.244	0.241	0.239	0.236	0.234	0.232	0.229	0.227
180	0.225	0.223	0.220	0.218	0.216	0.214	0.212	0.210	0.208	0.206
190	0.204	0.202	0.200	0.198	0.197	0.195	0.193	0.191	0.190	0.188
200	0.186	0.184	0.183	0.181	0.180	0.178	0.176	0.175	0.173	0.172
210	0.170	0.169	0.167	0.166	0.165	0.163	0.162	0.160	0.159	0.158
220	0.156	0.155	0.154	0.153	0.151	0.150	0.149	0.148	0.146	0.145
230	0.144	0.143	0.142	0.141	0.140	0.138	0.137	0.136	0.135	0.134
240	0.133	0.132	0.131	0.130	0.129	0.128	0.127	0.126	0.125	0.124
250	0.123									

表 C-4　c 类截面轴心受压构件稳定系数 φ

$\lambda\sqrt{\dfrac{f_y}{235}}$	0	1	2	3	4	5	6	7	8	9
0	1.000	1.000	1.000	0.999	0.999	0.998	0.997	0.996	0.995	0.993
10	0.992	0.990	0.988	0.986	0.983	0.981	0.978	0.976	0.973	0.970
20	0.966	0.959	0.953	0.947	0.940	0.934	0.928	0.921	0.915	0.909
30	0.902	0.896	0.890	0.884	0.877	0.871	0.865	0.858	0.852	0.846
40	0.839	0.833	0.826	0.820	0.814	0.807	0.801	0.794	0.788	0.781
50	0.775	0.768	0.762	0.755	0.748	0.742	0.735	0.729	0.722	0.715
60	0.709	0.702	0.695	0.689	0.682	0.676	0.669	0.662	0.656	0.649
70	0.643	0.636	0.629	0.623	0.616	0.610	0.604	0.597	0.591	0.584
80	0.578	0.572	0.566	0.559	0.553	0.547	0.541	0.535	0.529	0.523
90	0.517	0.511	0.505	0.500	0.494	0.488	0.483	0.477	0.472	0.467
100	0.463	0.458	0.454	0.449	0.445	0.441	0.436	0.432	0.428	0.423

（续）

$\lambda\sqrt{\dfrac{f_y}{235}}$	0	1	2	3	4	5	6	7	8	9
110	0.419	0.415	0.411	0.407	0.403	0.399	0.395	0.391	0.387	0.383
120	0.379	0.375	0.371	0.367	0.364	0.360	0.356	0.353	0.349	0.346
130	0.342	0.339	0.335	0.332	0.328	0.325	0.322	0.319	0.315	0.312
140	0.309	0.306	0.303	0.300	0.297	0.294	0.291	0.288	0.285	0.282
150	0.280	0.277	0.274	0.271	0.269	0.266	0.264	0.261	0.258	0.256
160	0.254	0.251	0.249	0.246	0.244	0.242	0.239	0.237	0.235	0.233
170	0.230	0.228	0.226	0.224	0.222	0.220	0.218	0.216	0.214	0.212
180	0.210	0.208	0.206	0.205	0.203	0.201	0.199	0.197	0.196	0.194
190	0.192	0.190	0.189	0.187	0.186	0.184	0.182	0.181	0.179	0.178
200	0.176	0.175	0.173	0.172	0.170	0.169	0.168	0.166	0.165	0.163
210	0.162	0.161	0.159	0.158	0.157	0.156	0.154	0.153	0.152	0.151
220	0.150	0.148	0.147	0.146	0.145	0.144	0.143	0.142	0.140	0.139
230	0.138	0.137	0.136	0.135	0.134	0.133	0.132	0.131	0.130	0.129
240	0.128	0.127	0.126	0.125	0.124	0.124	0.123	0.122	0.121	0.120
250	0.119									

表 C-5　d 类截面轴心受压构件稳定系数 φ

$\lambda\sqrt{\dfrac{f_y}{235}}$	0	1	2	3	4	5	6	7	8	9
0	1.000	1.000	0.999	0.999	0.998	0.996	0.994	0.992	0.990	0.987
10	0.984	0.981	0.978	0.974	0.969	0.965	0.960	0.955	0.949	0.944
20	0.937	0.927	0.918	0.909	0.900	0.891	0.883	0.874	0.865	0.857
30	0.848	0.840	0.831	0.823	0.815	0.807	0.798	0.790	0.782	0.774
40	0.766	0.758	0.751	0.743	0.735	0.727	0.720	0.712	0.705	0.697
50	0.690	0.682	0.675	0.668	0.660	0.653	0.646	0.639	0.632	0.625
60	0.618	0.611	0.605	0.598	0.591	0.585	0.578	0.571	0.565	0.559
70	0.552	0.546	0.540	0.534	0.528	0.521	0.516	0.510	0.504	0.498
80	0.492	0.487	0.481	0.476	0.470	0.465	0.459	0.454	0.449	0.444
90	0.439	0.434	0.429	0.424	0.419	0.414	0.409	0.405	0.401	0.397
100	0.393	0.390	0.386	0.383	0.380	0.376	0.373	0.369	0.366	0.363
110	0.359	0.356	0.353	0.350	0.346	0.343	0.340	0.337	0.334	0.331
120	0.328	0.325	0.322	0.319	0.316	0.313	0.310	0.307	0.304	0.301
130	0.298	0.296	0.293	0.290	0.288	0.285	0.282	0.280	0.277	0.275
140	0.272	0.270	0.267	0.265	0.262	0.260	0.257	0.255	0.253	0.250
150	0.248	0.246	0.244	0.242	0.239	0.237	0.235	0.233	0.231	0.229
160	0.227	0.225	0.223	0.221	0.219	0.217	0.215	0.213	0.211	0.210
170	0.208	0.206	0.204	0.202	0.201	0.199	0.197	0.196	0.194	0.192
180	0.191	0.189	0.187	0.186	0.184	0.183	0.181	0.180	0.178	0.177
190	0.175	0.174	0.173	0.171	0.170	0.168	0.167	0.166	0.164	0.163
200	0.162									

附录 D　各种截面回转半径的近似值

表 D-1　各种截面回转半径的近似值

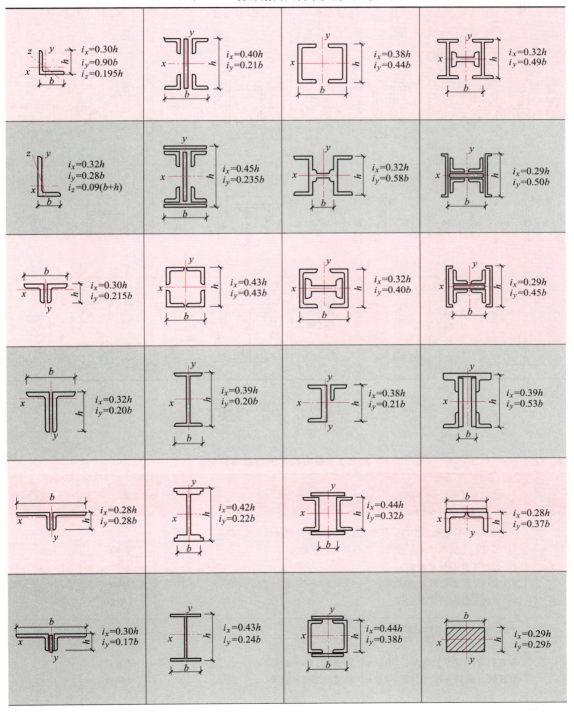

（续）

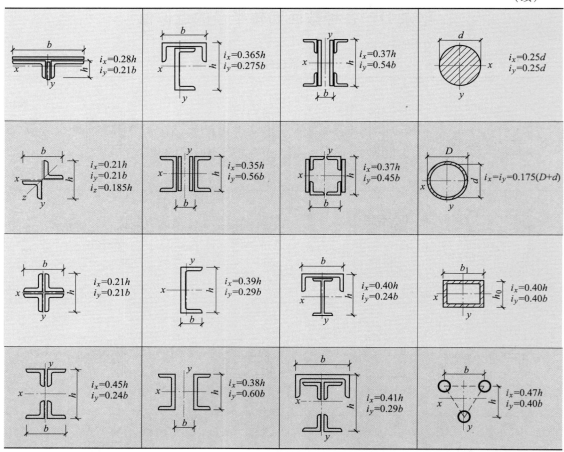

附录 E 受弯构件的挠度容许值

表 E-1 受弯构件的挠度容许值

项次	构建类别	挠度容许值	
		$[v_T]$	$[v_Q]$
1	吊车梁和吊车桁架（按自重和起重量最大的一台起重机计算挠度） 1）手动起重机和单梁起重机（含悬挂式起重机）。 2）轻级工作制桥式起重机。 3）中级工作制桥式起重机。 4）重级工作制桥式起重机。	$l/500$ $l/750$ $l/900$ $l/1000$	——
2	手动或电动葫芦的轨道梁	$l/400$	——
3	有直轨（质量等于或大于38kg/m）轨道的工作平台梁 有轻轨（质量等于或小于24kg/m）轨道的工作平台梁	$l/600$ $l/400$	——

（续）

项次	构建类别	挠度容许值	
		$[v_T]$	$[v_Q]$
4	楼（屋）盖梁或桁架、工作平台梁［第3）项除外］和平台板 　1）主梁或桁架（包括设有悬挂起重设备的梁和桁架）。 　2）仅支承压型金属板屋面和冷弯型钢檩条。 　3）除支承压型金属板屋面和冷弯型钢檩条外，尚有吊顶。 　4）抹灰顶棚的次梁。 　5）除1）~4）项外的其他梁（包括楼梯梁）。 　6）屋盖檩条。 　　支承压型金属板屋面者 　　支承其他屋面材料者 　　有吊顶 　7）平台板。	$l/400$ $l/180$ $l/240$ $l/250$ $l/250$ $l/150$ $l/200$ $l/240$ $l/150$	$l/500$ $l/350$ $l/300$ — —
5	墙架构件（风荷载不考虑阵风系数） 　1）支柱（水平方向）。 　2）抗风桁架（作为连续支柱的支承时，水平位移）。 　3）砌体墙的横梁（水平方向）。 　4）支承压型金属板的横梁（水平方向）。 　5）支承其他墙面材料的横梁（水平方向）。 　6）带有玻璃窗的横梁（竖直和水平方向）。	— — — — — $l/150$	$l/400$ $l/1000$ $l/300$ $l/100$ $l/200$ $l/300$

注：1. l 为受弯构件的跨度（对悬臂梁和伸臂梁为悬臂长度的2倍）。

　　2. $[v_T]$ 为永久和可变荷载标准值产生的挠度（如有起拱应减去拱度）的容许值，$[v_Q]$ 为可变荷载标准值产生的挠度的容许值。

　　3. 当吊车梁或吊车桁架跨度大于12m时，其挠度容许值 $[v_T]$ 应乘以0.9的系数。

　　4. 当墙面采用延性材料或与结构采用柔性连接时，墙架构件的支柱水平位移容许值可采用 $l/300$，抗风桁架（作为连续支柱的支撑时）水平位移容许值可采用 $l/800$。

附录 F　梁整体稳定系数

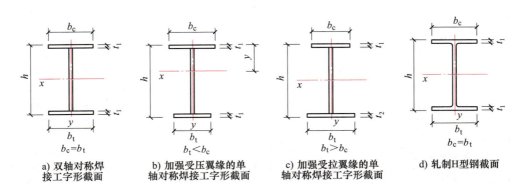

a) 双轴对称焊　　b) 加强受压翼缘的单　　c) 加强受拉翼缘的单　　d) 轧制H型钢截面
接工字形截面　　轴对称焊接工字形截面　　轴对称焊接工字形截面

图 F-1　焊接工字钢和轧制 H 型钢截面

表 F-1　H 型钢和等截面工字形简支梁的系数 β_b

项次	侧向支承	荷载		$\xi \leqslant 2.0$	$\xi > 2.0$	适用范围
1	跨中无侧向支承	均布荷载作用在	上翼缘	$0.69 + 0.13\xi$	0.95	图 F-1a、图 F-1b 和图 F-1d 的截面
2			下翼缘	$1.73 - 0.20\xi$	1.33	
3		集中荷载作用在	上翼缘	$0.73 + 0.18\xi$	1.09	
4			下翼缘	$2.23 - 0.28\xi$	1.67	
5	跨度中点有一个侧向支承点	均布荷载作用在	上翼缘	1.15		图 F-1 中的所有截面
6			下翼缘	1.40		
7		集中荷载作用在界面高度上任意位置		1.75		
8	跨中有不少于两个等距离侧向支承点	任意荷载作用在	上翼缘	1.20		
9			下翼缘	1.40		
10	梁端有弯矩，但跨中无荷载作用			$1.75 - 1.05\left(\dfrac{M_1}{M_2}\right) + 0.3\left(\dfrac{M_1}{M_2}\right)^2$ 但 $\leqslant 2.3$		

注：1. ξ 为参数，$\xi = \dfrac{l_1 t_1}{b_c h}$，其中 b_c 为受压翼缘的宽度。

2. M_1、M_2 为梁的端弯矩，使梁产生同向曲率时 M_1 和 M_2 取同号，产生反向曲率时取异号，$|M_1| \geqslant |M_2|$。

3. 表中项次 3、4 和 7 的集中荷载是一个或少数几个集中荷载位于跨中央附近的情况，对其他情况的集中荷载，应按表中项次 1、2、5、6 内的数值采用。

4. 表中项次 8、9 的 β_b，当集中荷载作用在侧向支承点时，β_b 取 = 1.20。

5. 荷载作用在上翼缘指荷载作用点在翼缘表面，方向指向截面形心；荷载作用在下翼缘指荷载作用点在翼缘表面，方向背向截面形心。

6. 对 $\alpha_b > 0.8$ 的加强受压翼缘工字形截面，下列情况的 β_b 值应乘以相应的系数。

项次 1：当 $\xi \leqslant 1.0$ 时，乘以 0.95。

项次 3：当 $\xi \leqslant 0.5$ 时，乘以 0.90；当 $0.5 < \xi \leqslant 1.0$ 时，乘以 0.95。

表 F-2　轧制普通工字钢简支梁的 φ_b

项次	荷载情况		工字钢型号	自由长度 l_1/m								
				2	3	4	5	6	7	8	9	10
1	跨中无侧向支撑点的梁	集中荷载作用于	上翼缘	10~20	2.00	1.30	0.99	0.80	0.68	0.58	0.53	0.48	0.43
				22~32	2.40	1.48	1.09	0.86	0.72	0.62	0.54	0.49	0.45
				36~63	2.80	1.60	1.07	0.83	0.68	0.56	0.50	0.45	0.40
2			下翼缘	10~20	3.10	1.95	1.34	1.01	0.82	0.69	0.63	0.57	0.52
				22~40	5.50	2.80	1.84	1.37	1.07	0.86	0.73	0.64	0.56
				45~63	7.30	3.60	3.20	1.62	1.20	0.96	0.80	0.69	0.60
3		均布荷载作用于	上翼缘	10~20	1.70	1.12	0.84	0.68	0.57	0.50	0.45	0.41	0.37
				22~40	2.10	1.30	0.93	0.73	0.60	0.50	0.45	0.40	0.36
				45~63	2.60	1.45	0.97	0.73	0.59	0.50	0.44	0.38	0.35
4			下翼缘	10~20	2.50	1.55	1.08	0.83	0.68	0.56	0.52	0.47	0.42
				22~40	4.00	2.20	1.45	1.10	0.85	0.70	0.60	0.52	0.40
				45~63	5.60	2.80	1.80	1.25	0.95	0.78	0.65	0.55	0.49

（续）

项次	荷载情况	工字钢型号	自由长度 l_1/m								
			2	3	4	5	6	7	8	9	10
5	跨中有侧向支撑点的梁（不论荷载点在截面高度的位置）	10~20	2.20	1.39	1.01	0.79	0.66	0.57	0.52	0.47	0.42
		22~40	3.00	1.80	1.24	0.96	0.76	0.65	0.56	0.49	0.43
		45~63	4.00	2.20	1.38	1.01	0.80	0.66	0.56	0.49	0.43

注：1. 同表 F-1 的注 3、注 5。

2. 表中 φ_b 适用于 Q235 钢，对其他型号，表中的数值应乘以 ε_k^2。

表 F-3　双轴对称工字形等截面（含 H 型钢）悬臂梁的系数 β_b

项次	荷载形式		$0.60 \leq \xi < 1.24$	$1.24 \leq \xi < 1.96$	$1.96 \leq \xi \leq 3.10$
1	自由端集中在一个荷载作用下	上翼缘	$0.21+0.67\xi$	$0.72+0.26\xi$	$1.17+0.03\xi$
2		下翼缘	$2.94-0.95\xi$	$2.64-0.40\xi$	$2.15-0.15\xi$
3	均布荷载作用在上翼缘		$0.62+0.82\xi$	$1.25+0.31\xi$	$1.66+0.10\xi$

注：1. 表 F-3 是按支承端为固定的情况确定的，当用于由邻跨延伸出来的伸臂梁时，应在构造上采取措施加强支承处的抗扭能力。

2. 表中的 ξ 见表 F-1 注 1。

附录 G　型　钢　表

表 G-1　普通工字钢

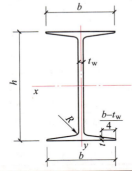

h—高度　　　　I—截面惯性矩　　　长度：型号 10~18，长 5~9m；

b—翼缘宽度　　W—截面模量

t_w—腹板厚　　　i—回转半径　　　　型号 20~63，长 6~19m

t—翼缘平均厚　S—半截面的净力矩

型号	尺寸					截面面积 A/cm²	质量 q/($\frac{kg}{m}$)	x-x 轴				y-y 轴		
	h/mm	b/mm	t_w/mm	t/mm	R/mm			I_x/cm⁴	W_x/cm³	i_x/cm	I_x/S_x/cm	I_y/cm⁴	W_y/cm³	i_y/cm
10	100	68	4.5	7.6	6.5	14.33	11.3	245	49	4.14	8.69	33	9.72	1.52
12	126	74	5.0	8.4	7.0	18.1	14.2	488	77.5	5.20	11.0	46.9	12.7	1.61
14	140	80	5.5	9.1	7.5	21.5	16.9	712	102	5.76	12.2	64.4	16.1	1.73
16	160	88	6.0	9.9	8.0	26.11	20.5	1130	141	6.58	13.9	93.1	21.2	1.89
18	180	94	6.5	10.7	8.5	30.74	24.1	1660	185	7.36	75.4	122	26.0	2.00
20a	200	100	7.0	11.4	9.0	35.55	27.9	2370	237	8.15	17.4	158	31.5	2.12
20b	200	102	9.0	11.4	9.0	39.55	31.1	2500	250	7.96	17.1	169	33.1	2.06

（续）

型号	尺寸					截面面积 A /cm²	质量 q/ $\left(\dfrac{kg}{m}\right)$	x-x 轴				y-y 轴		
	h/mm	b/mm	t_w/mm	t/mm	R/mm			I_x/cm⁴	W_x/cm³	i_x/cm	I_x/S_x/cm	I_y/cm⁴	W_y/cm³	I_y/cm
a	220	110	7.5	12.3	9.5	42.1	33.1	3400	309	8.99	19.2	225	40.9	2.31
22b		112	9.5			46.5	36.5	3570	325	8.78	18.9	239	42.7	2.27
a	250	116	8.0	13.0	10.0	48.51	38.1	5020	401	10.2	21.7	280	48.3	2.40
25b		118	10.0			53.51	42.0	5280	423	9.94	21.4	309	52.4	2.40
a	280	122	8.5	13.7	10.5	55.37	43.5	7110	508	11.3	24.3	345	56.6	2.50
28b		124	10.5			60.97	47.9	7480	534	11.1	24.0	379	61.2	2.49
a	320	130	9.5	15.0	11.5	67.12	52.7	11100	692	12.8	27.7	460	70.8	2.46
32b		132	11.5			73.52	57.7	11600	726	12.6	27.3	502	76.0	2.62
c		134	13.5			79.92	62.7	12200	760	12.3	26.9	544	81.2	2.61
a	360	136	10.0	15.8	12.0	76.46	60.0	15800	875	14.4	31.0	552	81.2	2.69
36b		138	12.0			83.64	65.7	16500	919	14.1	30.6	582	84.3	2.64
c		140	14.0			90.84	71.3	17300	962	13.8	30.2	612	87.4	2.60
a	400	142	10.5	16.5	12.5	86.07	67.6	21700	1090	15.9	34.4	660	93.2	2.77
40b		144	12.5			94.07	73.8	22800	1140	15.6	33.9	692	96.2	2.71
c		146	14.5			102.1	80.1	23900	1190	15.2	33.5	727	99.6	2.65
a	450	150	11.5	18.0	13.5	102.4	80.4	32200	1430	17.7	38.5	855	114	2.89
45b		152	13.5			111.4	87.4	33800	1500	17.4	38.1	894	118	2.84
c		154	15.5			120.4	94.5	35300	1570	17.1	37.6	938	122	2.79
a	500	158	12.0	20.0	24.0	119.2	93.6	46500	1860	19.7	42.9	1120	142	3.07
50b		160	14.0			129.2	101	48600	1940	19.4	42.3	1170	146	3.01
c		162	16.0			139.2	109	50600	2080	19.0	41.9	1220	151	2.96
a	560	166	12.5	21.0	14.5	135.4	106	65600	2340	22.0	47.9	1370	165	3.18
56b		168	14.5			146.0	115	68500	2450	21.6	47.3	1490	174	3.16
c		170	16.5			157.8	124	71400	2550	21.3	46.8	1560	183	3.16
a	630	176	13.0	22.0	15.0	154.6	121	93900	2980	24.5	53.8	1700	193	3.31
63b		178	15.0			167.2	131	98100	3160	24.2	53.2	1810	204	3.29
c		180	17.0			179.8	141	102000	3300	23.8	52.6	1920	214	3.27

表 G-2　H 型钢和 T 型钢

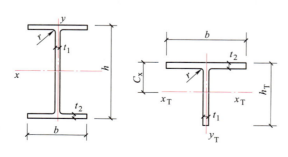

H 型钢：h—截面高度　b—翼缘宽度腹　t_1—腹板厚度
t_2—翼缘厚度

W—截面模量　i—回转半径　I—截面惯性矩

T 型钢：h_T—截面高度　A_T—截面面积　q_T—质量
I_{yT}—截面惯性矩　h_T、A_T、q_T、I_{yT} 等于相应 H 型钢的 1/2

HW、HM、HN—宽翼缘、中翼缘、窄翼缘 H 型钢

（续）

类别	H型钢规格尺寸/mm ($h\times b\times t_1\times t_2$)	截面面积 A /cm²	质量 q/ (kg/m)	I_x /cm⁴	W_x /cm³	i_x /cm	I_y /cm⁴	W_y /cm³	i_y, i_{yT}/cm	重心 C_x/cm	I_{xT} /cm⁴	i_{xT} /cm	T型钢规格尺寸/mm ($h_T\times b\times t_1\times t_2$)	类别
				\multicolumn{3}{}{x-x轴}			\multicolumn{3}{}{y-y轴}			\multicolumn{2}{}{xT-xT轴}		

类别	H型钢规格尺寸/mm ($h\times b\times t_1\times t_2$)	截面面积 A /cm²	质量 q/ (kg/m)	I_x /cm⁴	W_x /cm³	i_x /cm	I_y /cm⁴	W_y /cm³	i_y, i_{yT}/cm	重心 C_x/cm	I_{xT} /cm⁴	i_{xT} /cm	T型钢规格尺寸/mm ($h_T\times b\times t_1\times t_2$)	类别
HW	100×100×6×8	21.90	17.2	383	76.5	4.18	134	26.7	2.47	1.00	16.1	1.21	50×100×6×8	TW
	125×125×6.5×9	30.31	23.8	847	136	5.29	294	47.0	3.11	1.19	35.0	1.52	62.5×125×6.5×9	
	150×150×7×10	40.55	31.9	1660	221	6.39	564	75.1	3.73	1.37	66.4	1.81	75×150×7×10	
	175×175×7.5×11	51.43	40.3	2900	331	7.50	984	112	4.37	1.55	115	2.11	87.5×175×7.5×11	
	200×200×8×12	64.28	50.5	4770	477	8.61	1600	160	4.99	1.73	185	2.40	100×200×8×12	
	#200×204×12×12	72.28	56.7	5030	503	8.35	1700	167	4.85	2.09	256	2.66	#100×204×12×12	
	250×250×9×14	92.18	72.4	10800	867	10.8	3650	292	6.29	2.08	412	2.99	125×250×9×14	
	#250×255×14×14	104.7	82.2	11500	919	10.5	3880	304	6.09	2.58	589	3.36	#125×255×14×14	
	#294×302×12×12	108.3	85.0	17000	1160	12.5	5520	365	7.14	2.83	858	3.98	#147×302×12×12	
	300×300×10×15	120.4	94.5	20500	1370	13.1	6760	450	7.49	2.47	798	3.64	150×300×10×15	
	300×305×15×15	135.4	106	21600	1440	12.6	7100	466	7.24	3.02	1110	4.06	150×305×15×15	
	#344×348×10×16	146.0	115	33300	1940	15.1	11200	646	8.78	2.67	1230	4.11	#172×348×10×16	
	350×350×12×19	173.9	137	40300	2300	15.2	13600	776	8.84	2.86	1520	4.18	175×350×12×19	
	*388×402×15×15	179.2	141	49200	2540	16.6	16300	809	9.52	3.69	2480	5.26	#194×402×15×15	
	#394×398×11×18	87.6	147	56400	2860	17.3	18900	951	10.0	3.01	2050	4.67	#197×398×11×18	
	400×400×13×21	219.5	172	66900	3340	17.5	22400	1120	10.1	3.21	2480	4.75	200×400×13×21	
	#400×408×21×21	251.5	197	71100	3560	16.8	23800	1170	9.73	4.07	3650	5.39	#200×408×21×21	
	#414×405×18×28	296.2	233	93000	4490	17.7	31000	1530	10.2	3.68	3620	4.95	#207×405×18×28	
	#428×407×20×35	361.4	284	119000	5580	18.2	39400	1930	10.4	3.90	4380	4.92	#214×407×20×35	
HM	148×100×6×9	27.25	21.4	1040	140	6.17	151	30.2	2.35	1.55	51.7	1.95	74×100×6×9	TM
	194×150×6×9	39.76	31.2	2740	283	8.30	508	67.7	3.57	1.78	125	2.50	97×150×6×9	
	244×175×7×11	56.24	44.1	6120	502	10.4	985	113	4.18	2.27	289	3.20	122×175×7×11	
	294×200×8×12	73.03	57.3	11400	779	12.5	1600	160	4.69	2.82	572	3.96	147×200×8×12	
	340×250×9×14	101.5	79.7	21700	1280	14.6	3650	292	6.00	3.09	1020	4.48	170×250×9×14	
	390×300×10×16	136.7	107	38900	2000	16.9	7210	481	7.26	3.40	1730	5.03	195×300×10×16	
	482×300×11×15	146.4	115	60800	2520	20.4	6770	451	6.80	4.90	3420	6.83	241×300×11×15	
	488×300×11×18	164.4	129	71400	2930	20.8	8120	541	7.03	4.65	3620	6.64	62.5×125×6.5×9	
	582×300×12×17	174.5	137	103000	3530	24.3	7670	511	6.63	6.39	6360	8.54	291×300×12×17	
	588×300×12×20	192.5	151	118000	4020	24.8	9020	601	6.85	6.08	6710	8.35	294×300×12×20	
	#594×302×14×23	222.4	175	137000	4620	24.9	10600	701	6.90	6.33	7920	8.44	#297×302×14×23	
HN	100×50×5×7	72.28	56.7	5030	503	8.35	1700	167	4.85	2.09	256	2.66	50×50×5×7	TN
	125×60×6×8	92.18	72.4	10800	867	10.8	3650	292	6.29	2.08	412	2.99	62.5×120×6×8	
	150×75×5×7	104.7	82.2	11500	919	10.5	3880	304	6.09	2.58	589	3.36	75×75×5×7	

（续）

类别	H 型钢									H 和 T	T 型钢			类别
	H 型钢规格尺寸/mm（$h×b×t_1×t_2$）	截面面积 A /cm²	质量 q/（kg/m）	x-x 轴			y-y 轴			重心 C_x/cm	x_T-x_T轴		T 型钢规格尺寸/mm（$h_T×b×t_1×t_2$）	
				I_x /cm⁴	W_x /cm³	i_x /cm	I_y /cm⁴	W_y /cm³	i_y，i_{yT} /cm		I_{xT} /cm⁴	i_{xT} /cm		
HN	175×90×5×8	108.3	85.0	17000	1160	12.5	5520	365	7.14	2.83	858	3.98	87.5×90×5×8	TN
	198×99×4.5×7	23.59	18.5	1610	163	8.27	114	23.0	2.20	2.13	94.0	2.82	99×99×4.5×7	
	200×100×5.5×8	27.5	21.7	1880	188	8.25	134	26.8	2.21	2.27	115	2.88	100×100×5.5×8	
	248×124×5×8	32.89	25.8	3560	287	10.4	255	41.1	2.78	2.62	208	3.56	124×124×5×8	
	250×125×6×9	37.87	29.7	4080	326	10.4	294	47.0	2.79	2.78	249	3.62	125×125×6×9	
	298×194×5.5×8	41.55	32.6	6460	433	12.4	443	59.4	3.26	3.22	395	4.36	149×149×5.5×8	
	300×150×6.5×9	47.53	37.3	7350	490	12.4	508	67.7	3.27	3.38	465	4.42	150×150×6.5×9	
	346×174×6×9	53.19	41.8	11200	649	14.5	792	91.0	3.86	3.68	618	5.06	173×174×6×9	
	350×175×7×11	63.66	50.0	13700	782	14.7	985	113	3.93	3.74	816	5.06	175×175×7×11	
	#400×150×8×13	71.12	55.8	18800	942	16.3	734	97.9	3.21	—	—	—	—	
	396×199×7×11	72.16	56.7	20000	1010	16.7	1450	145	4.48	4.17	1190	5.76	198×199×7×11	
	400×200×8×13	84.12	66.0	23700	1190	16.8	1740	174	4.54	4.23	1400	5.76	200×200×8×13	
	#450×150×9×14	83.41	65.5	27100	1200	18.0	793	106	3.08	—	—	—	—	
	446×199×8×12	84.95	66.7	29000	1300	18.5	1580	159	4.31	5.07	1880	6.65	223×199×8×12	
	450×200×9×14	97.41	76.5	33700	1500	18.6	1870	187	4.38	5.13	2160	6.66	225×200×9×14	
	#500×150×10×16	98.23	77.1	38500	1540	19.8	907	121	3.04	—	—	—	—	
	496×199×9×14	101.3	79.5	41900	1690	20.7	1840	185	4.27	5.90	2840	7.49	248×199×9×14	
	500×200×10×16	114.2	89	47800	1910	20.5	2140	214	4.33	5.96	3210	7.50	250×200×10×16	
	#506×201×11×19	131.3	103	56500	2230	20.8	2580	257	4.43	5.95	3670	7.48	#253×201×11×19	
	596×199×10×15	121.2	95.1	69300	2330	23.9	1980	199	4.04	7.76	5200	9.27	298×199×10×15	
	600×200×11×17	135.2	106	78200	2610	24.1	2280	228	4.11	7.81	5802	9.28	300×200×11×17	
	#606×201×12×20	153.2	120	91000	3000	24.4	2720	271	4.21	7.76	6580	9.26	#303×201×12×20	
	#692×300×13×20	211.5	166	172000	4980	26.8	9020	602	6.53	—	—	—	—	
	700×300×13×24	235.5	185	201000	5760	29.3	10800	722	6.18	—	—	—	—	

注："#"表示的规格为非常用规格。

表 G-3 普通槽钢

符号同普通工字钢，但 W_y 为对应于翼缘肢尖的截面模量。

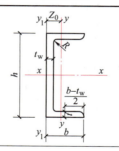

长度：
型号 5~8，长 5~12m；
型号 10~18，长 5~19m；
型号 20~40，长 6~19m

（续）

型号	尺寸					截面面积 A /cm²	质量 q/ (kg/m)	x-x 轴			y-y 轴			y_1-y_1 轴	z_0/cm
	h /mm	b /mm	d /mm	t /mm	R /mm			I_x /cm⁴	W_x /cm³	i_x /cm	I_y /cm⁴	W_y /cm³	i_y /cm	I_{y1} /m⁴	
5	50	37	4.5	7.0	7.0	6.925	5.44	26.0	10.4	1.94	8.30	3.55	1.10	20.9	1.35
6.3	63	40	4.8	7.5	7.5	8.446	6.63	50.8	16.1	2.45	11.9	4.50	1.19	28.4	1.36
8	80	43	5.0	8.0	8.0	10.24	8.04	101	25.3	3.15	16.6	5.79	1.27	37.4	1.43
10	100	48	5.3	8.5	8.5	12.74	10.00	198	39.7	3.95	25.6	7.80	1.41	54.9	1.52
12.6	126	53	5.5	9.0	9.0	15.69	12.31	391	62.1	4.95	38.0	10.2	1.57	77.1	1.59
a	140	58	6.0	9.5	9.5	18.51	14.53	564	80.5	5.52	53.2	13.0	1.70	107.2	1.71
14b		60	8.0	9.5	9.5	21.31	16.73	609	87.1	5.35	61.1	14.1	1.69	120.6	1.67
a	160	63	6.5	10.0	10.0	21.95	17.23	866	108.3	6.28	73.3	16.3	1.83	144.1	1.80
16b		65	8.5	10.0	10.0	25.15	19.75	935	116.8	6.10	83.4	17.6	1.82	160.8	1.75
a	180	68	7.0	10.5	10.5	25.69	20.17	1270	141.4	7.04	98.6	20.0	1.96	189.7	1.88
18b		70	9.0	10.5	10.5	29.29	22.99	1370	152.2	6.84	111.0	21.5	1.95	210.1	1.84
a	200	73	7.0	11.0	11.0	28.83	22.63	1780	178.0	7.86	128.0	24.2	2.11	244.0	2.01
20b		75	9.0	11.0	11.0	32.83	25.77	1910	191.4	7.64	143.6	25.9	2.09	268.4	1.95
a	220	77	7.0	11.5	11.5	31.83	24.99	2390	217.6	8.67	157.8	28.2	2.23	298.2	2.10
22b		79	9.0	11.5	11.5	36.24	28.45	2570	233.8	8.42	176	30.1	2.21	326.3	2.03
a	250	78	7.0	12.0	12.0	34.91	27.40	3370	270	9.82	176	30.6	2.24	322	2.07
25b		80	9.0	12.0	12.0	39.91	31.33	3530	282	9.41	196.4	32.7	2.22	353	1.98
c		82	11.0	12.0	12.0	44.91	35.25	3690	295	9.07	218	35.9	2.21	384	1.92
a	280	82	7.5	12.5	12.5	40.02	31.42	4760	339.5	10.90	217.9	35.7	2.33	388	2.10
28b		84	9.5	12.5	12.5	45.62	35.81	5130	365.6	10.59	241.5	37.9	2.33	428	2.02
c		86	11.5	12.5	12.5	51.22	40.21	5500	393	10.35	268	40.3	2.29	46.3	1.95
a	320	88	8.0	14.0	14.0	48.50	38.07	7600	475	12.5	304.7	46.5	2.51	552	2.24
32b		90	10.0	14.0	14.0	54.90	43.10	8140	509	12.2	335.6	49.2	2.47	593	2.16
c		92	12.0	14.0	14.0	61.30	48.12	8690	543	11.85	374	52.6	2.47	642.7	2.09
a	360	96	9.0	16.0	16.0	60.89	47.80	11900	659.7	13.96	455.0	63.5	2.73	818	2.44
36b		98	11.0	16.0	16, 0	68.09	53.45	12700	702.9	13.63	496.7	66.9	2.70	880	2.37
c		100	13.0	16.0	16.0	75.29	59.10	13400	746.1	13.36	536	70.0	2.67	948	2.34
a	400	100	10.3	18.0	18.0	75.04	58.91	17600	878.9	15.30	592.0	78.8	2.81	1070	2.49
40b		102	12.5	18.0	18.0	83.04	65.19	18600	932.2	14.98	640	82.5	2.78	1140	2.44
c		104	14.5	18.0	18.0	91.04	71.47	19700	985.6	14.71	687.8	86.2	2.75	1220	2.42

表 G-4　等边角钢

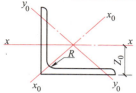

单角钢

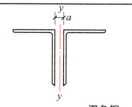

双角钢

角钢型号	圆角 R /mm	重心矩 Z0 /mm	截面面积 A /cm²	质量 q /(kg/m)	截面惯性矩 I_x /cm⁴	截面模量 $W_{x,max}$ /cm³	截面模量 $W_{x,min}$ /cm³	回转半径 i_x /cm	i_{x0} /cm	i_{y0} /cm	当a为下列数值的 i_y/cm 6mm	8mm	10mm	12mm	14mm
3 ∠20×4	3.5	6.0	1.13	0.89	0.40	0.66	0.29	0.59	0.75	0.39	1.08	1.17	1.25	1.34	1.43
4		6.4	1.46	1.15	0.50	0.78	0.36	0.58	0.73	0.38	1.11	1.19	1.28	1.37	1.46
3 ∠25×4	3.5	7.3	1.43	1.12	0.82	1.12	0.46	0.76	0.95	0.49	1.27	1.36	1.44	1.53	1.61
4		7.6	1.86	1.46	1.03	1.34	0.59	0.74	0.93	0.48	1.30	1.38	1.47	1.55	1.64
3 ∠30×4	4.5	8.5	1.75	1.37	1.46	1.72	0.68	0.91	1.15	0.59	1.47	1.55	1.63	1.71	1.80
4		8.9	2.28	1.79	1.84	2.08	0.87	0.90	1.13	0.58	1.49	1.57	1.65	1.74	1.82
3 ∠36×4	4.5	10.0	2.11	1.66	2.58	2.59	0.99	1.11	1.39	0.71	1.70	1.78	1.86	1.94	2.03
4		10.4	2.76	2.16	3.29	3.18	1.28	1.09	1.38	0.70	1.73	1.80	1.89	1.97	2.05
5		10.7	3.38	2.65	3.95	3.68	1.56	1.08	1.36	0.70	1.75	1.83	1.91	1.99	2.08
3 ∠40×4	5	10.9	2.36	1.85	3.59	3.28	1.23	1.23	1.55	0.79	1.86	1.94	2.01	2.09	2.18
4		10.3	3.09	1.42	4.60	4.05	1.60	1.22	1.54	0.79	1.88	1.96	2.04	2.12	2.20
5		11.7	3.79	2.98	5.53	4.72	1.96	1.21	1.52	0.78	1.90	1.98	2.06	2.14	2.23
3 ∠45×5	5	12.2	2.66	2.09	5.17	4.25	1.58	1.40	1.76	0.89	2.06	2.14	2.21	2.29	2.37
4		12.6	3.49	2.74	6.65	5.29	2.05	1.38	1.74	0.89	2.08	2.16	2.24	2.32	2.40
5		13.0	4.29	3.37	8.04	6.20	2.51	1.37	1.72	0.88	2.10	2.18	2.26	2.34	2.42
6		13.3	5.08	3.99	9.33	6.99	2.95	1.36	1.70	0.80	2.12	2.20	2.28	2.36	2.44
3 ∠50×5	5.5	13.4	2.97	2.33	7.18	5.36	1.96	1.55	1.96	1.00	2.26	2.33	2.41	2.48	2.56
4		13.8	3.90	3.06	9.26	6.70	2.56	1.54	1.94	0.99	2.28	2.36	2.43	2.51	2 59
5		14.2	4.80	3.77	11.21	7.90	3.13	1.53	1.92	0.98	2.30	2.38	2.45	2.53	2.61
6		14.6	5.69	4.46	13.05	8.95	3.68	1.52	1.91	0.98	2.32	2.40	2.48	2.56	2.64
3 ∠56×5	6	14.8	3.34	2.62	10.19	6.86	2.48	1.75	2.20	1.13	2.50	2.57	2.64	2.72	2.80
4		15.3	4.39	3.45	13.18	8.63	3.24	1.73	2.18	1.11	2.52	2.59	2.67	2.74	2.82
5		15.7	5.42	4.25	16.02	10.22	3.97	1.72	2.17	1.10	2.54	2.61	2.69	2.77	2.85
8		16.8	8.37	6.57	23.63	14.06	6.03	1.68	2.11	1.09	2.60	2.67	2.75	2.83	2.91
4 ∠63×6	7	17.0	4.98	3.91	19.03	11.22	4.13	1.96	2.46	1.26	2.79	2.87	2.94	3.02	3.09
5		17.4	6.14	4.82	23.17	13.33	5.08	1.94	2.45	1.25	2.82	2.89	2.96	3.04	3.12
6		17.8	7.29	5.72	27.12	15.26	6.00	1.93	2.43	1.24	2.83	2.91	2.98	3.06	3.14
8		18.5	9.51	7.47	34.45	18.59	7.75	1.90	2.40	1.23	2.87	2.95	3.03	3.10	3.18
10		19.3	11.66	9.15	41.09	21.34	9.39	1.88	2.36	1.22	2.91	2.99	3.07	3.15	3.23

（续）

角钢型号	圆角 R /mm	重心矩 Z_0 /mm	截面面积 A /cm²	质量 q /（kg/m）	截面惯性矩 I_x/cm⁴	$W_{x,max}$ /cm³	$W_{x,min}$ /cm³	i_x /cm	i_{x0} /cm	i_{y0} /cm	6mm	8mm	10mm	12mm	14mm
4		18.6	5.57	4.37	26.39	4.16	5.14	2.18	2.74	1.40	3.07	3.14	3.21	3.29	3.36
5		19.1	6.88	5.40	32.21	16.89	5.32	2.16	2.73	1.39	3.09	3.16	3.24	3.31	3.39
∠70×6	8	19.5	8.16	6.41	37.77	19.39	7.48	2.15	2.71	1.38	3.11	3.18	3.26	3.33	3.41
7		19.9	9.42	7.40	43.09	21.68	8.59	2.14	2.69	1.38	3.13	3.20	3.28	3.36	3.43
8		20.3	10.67	8.37	48.17	23.79	8.68	2.13	2.68	1.37	3.15	3.22	3.30	3.38	3.46
5		20.3	7.41	5.82	39.96	19.73	7.30	2.33	2.92	1.50	3.29	3.36	3.43	3.50	3.58
6		20.7	8.80	6.91	46.91	22.69	8.63	2.31	2.90	1.49	3.31	3.38	3.45	3.53	3.60
∠75×7	9	21.1	10.16	7.98	53.57	25.42	9.93	2.30	2.89	1.48	3.33	3.40	3.47	3.55	3.63
8		21.5	11.50	9.03	59.96	27.93	11.20	2.28	2.88	1.47	3.35	3.42	3.50	3.57	3.65
10		22.2	14.13	11.09	71.98	32.40	13.64	2.26	2.84	1.46	3.38	3.46	3.54	3.61	3.69
5		21.5	7.91	6.21	48.79	22.70	8.34	2.48	3.13	1.60	3.49	3.56	3.63	3.71	3.78
6		21.9	9.40	7.38	57.35	26.16	9.87	2.47	3.11	1.59	3.51	3.58	3.65	3.73	3.80
∠80×7	9	22.3	10.86	8.53	65.58	29.38	11.37	2.46	3.10	1.58	3.53	3.60	3.67	3.75	3.83
8		22.7	12.30	9.66	73.50	32.36	12.83	2.44	3.08	1.57	3.55	3.62	3.70	3.77	3.85
10		23.5	15.13	11.87	88.43	37.68	15.64	2.42	3.04	1.56	3.58	3.66	3.74	3.81	3.89
6		24.4	10.64	8.35	82.77	33.99	12.61	2.79	3.51	1.80	3.91	3.98	4.05	4.12	4.20
7		24.8	12.30	9.66	94.83	38.28	14.54	2.78	3.50	1.78	3.93	3.00	4.07	4.14	4.22
∠90×8	10	25.2	13.94	10.90	106.6	42.30	16.42	2.76	3.48	1.78	3.95	4.02	4.09	4.17	4.24
10		25.9	17.17	13.48	128.6	49.57	20.07	2.74	3.45	1.76	3.98	4.06	4.13	4.21	4.28
12		26.7	20.31	15.94	149.2	55.93	23.57	2.71	3.41	1.75	4.02	4.09	4.17	4.25	4.32
6		26.7	11.93	9.37	115.0	43.04	15.68	3.10	3.90	2.00	4.30	4.37	4.44	4.51	4.58
7		27.1	13.80	10.83	131.9	48.57	18.10	3.09	3.89	1.99	4.32	4.39	4.46	4.53	4.61
8		27.6	15.64	12.28	148.2	53.78	20.47	3.08	3.88	1.98	4.34	4.41	4.48	4.55	4.63
∠100×10	12	28.4	19.26	15.12	179.5	63.29	25.06	3.05	3.84	1.96	4.38	4.45	4.52	4.60	4.67
12		29.1	22.80	17.90	208.9	71.72	29.47	3.03	3.81	1.95	4.41	4.49	4.56	4.64	4.71
14		29.9	26.26	20.61	236.5	79.19	33.73	3.00	3.77	1.94	4.45	4.53	4.60	4.68	4.75
7		29.6	15.20	11.93	177.2	59.78	22.05	3.41	4.30	2.20	4.72	4.79	4.86	4.94	5.01
8		30.1	17.24	13.53	199.5	66.36	24.95	3.40	4.28	2.19	4.74	4.81	4.88	4.96	5.03
∠110×10	12	30.9	21.26	16.69	242.2	78.48	30.60	3.38	4.25	2.17	4.78	4.85	4.92	5.00	5.07
12		31.6	25.20	19.78	282.6	89.34	36.05	3.35	4.22	2.15	4.82	4.89	4.96	5.04	5.11
14		32.4	29.06	22.81	320.7	99.07	41.31	3.32	4.18	2.14	4.85	4.93	5.00	5.08	5.15
8		33.7	19.75	15.50	297.0	88.20	32.52	3.88	4.88	2.50	5.34	5.41	5.48	5.55	5.62
10		34.5	24.37	19.13	361.7	104.8	39.97	3.85	4.85	2.48	5.38	5.45	5.52	5.59	5.66
∠125×12	14	35.3	28.91	22.70	423.2	119.9	47.17	3.83	4.82	2.46	5.41	5.48	5.56	5.63	5.70
14		36.1	33.37	26.19	481.7	133.6	54.16	3.80	4.78	2.45	5.45	5.52	5.59	5.67	5.74

（续）

角钢型号	圆角 R /mm	重心矩 Z0 /mm	截面面积 A /cm²	质量 q /(kg/m)	截面惯性矩 Ix /cm⁴	截面模量 Wx,max /cm³	Wx,min /cm³	回转半径 ix /cm	ix0 /cm	iy0 /cm	当a为下列数值的 iy/cm 6mm	8mm	10mm	12mm	14mm
∠140×14 10	14	38.2	27.37	21.49	514.7	134.6	50.58	4.34	5.46	2.78	5.98	6.05	6.12	6.20	6.27
12		39.0	32.51	25.52	603.7	154.6	59.80	4.31	5.43	2.77	6.02	6.09	6.16	6.23	6.31
14		39.8	37.57	29.49	688.8	173.0	68.75	4.28	5.40	2.75	6.06	6.13	6.20	6.27	6.34
16		40.6	42.54	33.39	770.2	189.9	77.46	4.26	5.36	2.74	6.09	6.16	6.23	6.31	6.38
∠160×14 10	16	43.1	31.50	24.73	779.5	180.8	66.70	4.97	6.27	3.20	6.78	6.85	6.92	6.99	7.06
12		43.9	37.44	29.39	916.6	208.6	78.98	4.95	6.24	3.18	6.82	6.89	6.96	7.03	7.10
14		44.7	43.30	33.99	1048	234.4	90.95	4.92	6.20	3.16	6.86	6.93	7.00	7.07	7.14
16		45.5	49.07	38.52	1175	258.3	102.6	4.89	6.17	3.14	6.89	6.96	7.03	7.10	7.18
∠180×16 12	16	48.9	42.24	33.16	1321	270.0	100.8	5.59	7.05	3.58	7.63	7.70	7.77	7.84	7.91
14		49.7	48.90	38.38	1514	304.6	116.3	5.57	7.02	3.57	7.67	7.74	7.81	7.88	7.95
16		50.5	55.47	43.54	1701	336.9	131.4	5.54	6.98	3.55	7.70	7.77	7.84	7.91	7.98
18		51.3	61.95	48.63	1881	367.1	146.1	5.51	6.94	3.53	7.73	7.80	7.87	7.95	8.02
∠200×18 14	18	54.6	54.64	42.89	2104	385.1	144.7	6.20	7.82	3.98	8.47	8.54	8.61	8.67	8.75
16		55.4	62.01	48.68	2366	427.0	163.7	6.18	7.79	3.96	8.50	8.57	8.64	8.71	8.78
18		56.2	69.30	54.40	2621	466.5	182.2	6.15	7.75	3.94	8.53	8.60	8.67	8.75	8.82
20		56.9	76.50	60.06	2867	503.6	200.4	6.12	7.72	3.93	8.57	8.64	8.71	8.78	8.85
24		58.4	90.66	71.17	3338	571.5	235.8	6.07	7.64	3.90	8.63	8.71	8.78	8.85	8.92

表 G-5 不等边角钢

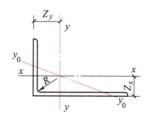

单角钢

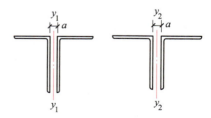

双角钢

角钢型号	圆角 R/mm	重心矩 Zx /mm	Zy /mm	截面面积 A/cm²	质量 q/ (kg/m)	回转半径 iy /cm	ix /cm	iy0 /cm	当a为下列数的 iy1/cm 6mm	8mm	10mm	12mm	当a为下列数的 iy2/cm 6mm	8mm	10mm	12mm
∠25×16×3 3	3.5	4.2	8.6	1.16	0.91	0.44	0.78	0.43	0.84	0.93	1.02	1.11	1.40	1.48	1.57	1.66
4		4.6	9.0	1.50	1.18	0.43	0.77	0.34	0.87	0.96	1.05	1.14	1.42	1.51	1.60	1.68
∠32×20×4 3	3.5	4.9	10.8	1.49	1.17	0.55	1.01	0.43	0.97	1.05	1.14	1.23	1.71	1.79	1.88	1.96
4		5.3	11.2	1.94	1.52	0.54	1.00	0.42	0.99	1.08	1.16	1.25	1.74	1.82	1.90	1.99

角钢型号	圆角 R/mm	重心矩 Z_x/mm	重心矩 Z_y/mm	截面面积 A/cm²	质量 q/(kg/m)	回转半径 i_y/cm	回转半径 i_x/cm	回转半径 i_{y0}/cm	当a为下列数的 i_{y1}/cm 6mm	8mm	10mm	12mm	当a为下列数的 i_{y2}/cm 6mm	8mm	10mm	12mm
∠40×25×3	4	5.9	13.2	1.89	1.48	0.70	1.28	0.54	1.13	1.21	1.30	1.38	2.07	2.14	2.23	2.31
4		6.3	13.7	2.47	1.94	0.69	1.36	0.54	1.16	1.24	1.32	1.41	2.09	2.17	2.25	2.34
3	5	6.4	14.7	2.15	1.69	0.79	1.44	0.61	1.23	1.31	1.39	1.47	2.28	2.36	2.44	2.52
∠45×28×4		6.8	15.1	2.81	2.20	0.78	1.42	0.60	1.25	1.33	1.41	1.50	2.31	2.39	2.47	2.55
3	5.5	7.3	16.0	2.43	1.91	0.91	1.60	0.70	1.37	1.45	1.53	1.61	2.49	2.56	2.65	2.72
∠50×32×4		7.7	16.5	3.18	2.49	0.90	1.59	0.69	1.40	1.47	1.55	1.64	2.51	2.59	2.67	2.75
3	6	8.0	17.8	2.74	2.15	1.03	1.80	0.79	1.51	1.59	1.66	1.74	2.75	2.82	2.90	2.98
∠56×36×4		8.5	18.2	3.59	2.82	1.02	1.79	0.78	1.53	1.61	1.69	1.77	2.77	2.85	2.93	3.01
5		8.8	18.7	4.42	3.47	1.01	1.77	0.78	1.56	1.63	1.71	1.79	2.80	2.88	2.96	3.04
4	7	9.2	20.4	4.06	3.19	1.14	2.02	0.88	1.66	1.74	1.81	1.89	3.09	3.16	3.24	3.32
∠63×40×5		9.5	22.8	4.99	3.92	1.12	2.00	0.87	1.68	1.76	1.84	1.92	3.11	3.19	3.27	3.35
6		9.9	21.2	5.91	4.64	1.11	1.96	0.86	1.71	1.78	1.86	1.94	3.13	3.21	3.29	3.37
7		10.3	21.5	6.80	5.34	1.10	1.98	0.86	1.73	1.81	1.89	1.97	3.16	3.24	3.32	3.40
4	7.5	10.2	22.4	4.55	3.57	1.29	2.26	0.98	1.84	1.91	1.99	2.07	3.39	3.46	3.54	3.62
5		10.6	22.8	5.61	4.40	1.28	2.23	0.98	1.86	1.94	2.01	2.09	3.41	3.49	3.57	3.64
∠70×45×6		11.0	23.2	6.64	5.22	1.26	2.21	0.98	1.88	1.96	2.04	2.11	3.44	3.51	3.59	3.67
7		11.3	23.6	7.66	6.01	1.25	2.20	0.97	1.90	1.98	2.06	2.14	3.46	3.54	3.61	3.69
5	8	11.7	24.0	6.13	4.81	1.44	2.39	1.10	2.06	2.13	2.20	2.28	3.60	3.68	3.76	3.83
6		12.1	24.4	7.26	5.47	1.42	2.38	1.08	2.08	2.15	2.23	2.30	3.63	3.70	3.78	3.86
∠75×50×8		12.9	25.2	9.47	7.43	1.40	2.35	1.07	2.12	2.19	2.27	2.35	3.67	3.75	3.83	3.91
10		13.6	26.0	11.6	9.10	1.38	2.33	1.06	2.16	2.24	2.31	2.40	3.71	3.79	3.87	3.95
5	8	11.4	26.0	6.38	5.00	1.42	2.56	1.10	2.02	2.09	2.17	2.24	3.88	3.95	4.03	4.10
6		11.8	26.5	7.56	5.93	1.41	2.56	1.08	2.04	2.11	2.19	2.27	3.90	3.98	4.05	4.13
∠80×50×7		12.1	26.9	8.72	6.85	1.39	2.54	1.08	2.06	2.13	2.21	2.29	3.92	4.00	4.08	4.16
8		12.5	27.3	9.87	7.75	1.38	2.52	1.07	2.08	2.15	2.23	2.31	3.94	4.02	4.10	4.18
5	9	12.5	29.1	7.21	5.66	1.59	2.90	1.23	2.22	2.29	2.36	2.44	4.32	4.39	4.47	4.55
6		12.9	29.5	8.56	6.72	1.58	2.88	1.22	2.24	2.31	2.39	2.46	4.34	4.42	4.50	4.57
∠90×56×7		13.3	30.0	9.88	7.76	1.57	2.86	1.22	2.26	2.33	2.41	2.49	4.37	4.44	4.52	4.60
8		13.6	30.4	11.2	8.78	1.56	2.85	1.21	2.28	2.35	2.43	2.51	4.39	4.47	4.54	4.62

（续）

角钢型号	圆角 R/mm	重心矩 Z_x /mm	Z_y /mm	截面面积 A/cm²	质量 q/(kg/m)	i_y /cm	i_x /cm	i_{y0} /cm	当a为下列数的 i_{y1}/cm 6mm	8mm	10mm	12mm	当a为下列数的 i_{y2}/cm 6mm	8mm	10mm	12mm
∠100×63×7 6		14.3	32.4	9.62	7.55	1.79	3.21	1.38	2.49	2.56	2.63	2.71	4.77	4.85	4.92	5.00
7		14.7	32.8	11.1	8.72	1.78	3.20	1.38	2.51	2.58	2.65	2.73	4.80	4.87	4.95	5.03
8		15.0	33.2	12.6	9.88	1.77	3.18	1.37	2.53	2.60	2.67	2.75	4.82	4.90	4.97	5.05
10		15.8	34.0	15.5	12.1	1.74	3.15	1.35	2.57	2.64	2.72	2.79	4.86	4.94	5.02	5.10
∠100×80×7 6	10	19.7	29.5	10.6	8.35	2.40	3.17	1.72	3.31	3.38	3.45	3.52	4.54	4.62	4.69	4.76
7		20.1	30.0	12.3	9.66	2.39	3.16	1.72	3.32	3.39	3.47	3.54	4.57	4.64	4.71	4.79
8		20.5	30.4	13.9	10.9	2.37	3.14	1.71	3.34	3.41	3.49	3.56	4.59	4.66	4.73	4.81
10		21.3	31.2	17.2	13.5	2.35	3.12	1.69	3.38	3.45	3.53	3.60	4.63	4.70	4.78	4.85
∠110×70×7 6		15.7	35.3	10.6	8.35	2.01	3.54	1.54	2.74	2.81	2.88	2.96	5.21	5.29	5.36	5.44
7		16.1	35.7	12.3	9.66	2.00	3.53	1.53	2.76	2.83	2.90	2.98	5.24	5.31	5.39	5.46
8		16.5	36.2	13.9	10.9	1.98	3.51	1.53	2.78	2.85	2.92	3.00	5.26	5.34	5.41	5.49
10		17.2	37.0	17.2	13.5	1.96	3.48	1.51	2.82	2.89	2.96	3.04	5.30	5.38	5.46	5.53
∠125×80×8 7	11	18.0	40.1	14.1	11.1	2.30	4.02	1.76	3.13	3.18	3.25	3.33	5.90	5.97	6.04	6.12
8		18.4	40.6	16.0	12.6	2.28	4.01	1.75	3.13	3.20	3.27	3.35	5.92	5.99	6.07	6.14
10		19.2	41.4	19.7	15.5	2.26	3.98	1.74	3.17	3.24	3.31	3.39	5.96	6.04	6.11	6.19
12		20.0	42.2	23.4	18.3	2.24	3.95	1.72	3.20	3.27	3.35	3.43	6.00	6.08	6.16	6.23
∠140×90×12 8	12	20.4	45.0	18.0	14.2	2.59	4.50	1.98	3.49	3.56	3.63	3.70	6.58	6.65	6.73	6.80
10		21.2	45.8	22.3	17.5	2.56	4.47	1.96	3.52	3.59	3.66	3.73	6.62	6.70	6.77	6.85
12		21.9	46.6	26.4	20.7	2.54	4.44	1.95	3.56	3.63	3.70	3.77	6.66	6.74	6.81	6.89
14		22.7	47.4	30.5	23.9	2.51	4.42	1.94	3.59	3.66	3.74	3.81	6.70	6.78	6.86	6.93
∠160×100×14 10	13	22.8	52.4	25.3	19.9	5.14	5.14	2.19	3.84	3.91	3.98	4.05	7.55	7.63	7.70	7.78
12		23.6	53.2	30.1	23.6	5.11	5.11	2.17	3.87	3.94	4.01	4.09	7.60	7.67	7.75	7.82
14		24.3	54.0	34.7	27.2	5.08	5.08	2.16	3.91	3.98	4.05	4.12	7.64	7.71	7.79	7.86
16		25.1	54.8	39.3	30.8	5.05	5.05	2.16	3.94	4.02	4.09	4.16	7.68	7.75	7.83	7.90
∠180×110×14 10	14	24.4	58.9	28.4	22.3	3.13	5.80	2.42	4.16	4.23	4.30	4.36	8.49	8.56	8.63	8.71
12		25.2	59.8	33.7	26.5	3.10	5.78	2.40	4.19	4.26	4.33	4.40	8.53	8.60	8.68	8.75
14		25.9	60.6	39.0	30.6	3.08	5.75	2.39	4.23	4.30	4.37	4.44	8.57	8.64	8.72	8.79
16		26.7	61.4	44.1	34.6	3.06	5.72	2.38	4.26	4.33	4.40	4.47	8.61	8.68	8.76	8.84
∠200×125×16 12	14	28.3	65.4	37.9	29.8	3.57	6.44	2.74	4.75	4.82	4.88	4.95	9.39	9.47	9.54	9.62
14		29.1	66.2	43.9	34.4	3.54	6.41	2.73	4.78	4.85	4.92	4.99	9.43	9.51	9.58	9.66
16		29.9	67.0	49.7	39.0	3.52	6.38	2.71	4.81	4.88	4.95	5.02	9.47	9.55	9.62	9.70
18		30.6	67.8	55.5	43.6	3.49	6.35	2.70	4.85	4.92	4.99	5.06	9.51	9.59	9.66	9.74

注：单个角钢的截面惯性矩，单个角钢的截面模量计算公式如下：

$$I_x = Ai_x^2，\quad I_y = Ai_y^2；\quad W_{x,\max} = I_x/z_x，\quad W_{x,\min} = I_x/(b-z_x)；\quad W_{y,\max} = I_y/z_y，\quad W_{y,\min} = I_y/(B-z_y)$$

表 G-6　热轧无缝钢管

I—截面惯性矩
W—截面模量
i—截面回转半径

d/mm	t/mm	A/cm²	q/(kg/m)	I/cm⁴	W/cm³	i/cm
32	2.5	2.32	1.82	2.54	1.59	1.05
	3.0	2.73	2.15	2.90	1.82	1.03
	3.5	3.13	2.46	3.23	2.02	1.02
	4.0	3.52	2.76	3.52	2.20	1.00
38	2.5	2.79	2.19	4.41	2.32	1.26
	3.0	3.30	2.59	5.09	2.68	1.24
	3.5	3.79	2.98	5.70	3.00	1.23
	4.0	4.27	3.35	6.26	3.29	1.21
42	2.5	3.10	2.44	6.07	2.89	1.40
	3.0	3.68	2.89	7.03	3.35	1.38
	3.5	4.23	3.32	7.91	3.77	1.37
	4.0	4.78	3.75	8.71	4.15	1.35
45	2.5	3.34	2.62	7.56	3.36	1.51
	3.0	3.96	3.11	8.77	3.90	1.49
	3.5	4.56	3.58	9.89	4.40	1.47
	4.0	5.15	4.04	10.93	4.86	1.46
50	2.5	3.73	2.93	10.55	4.22	1.68
	3.0	4.43	3.48	12.28	4.91	1.67
	3.5	5.11	4.01	13.90	5.56	1.65
	4.0	5.78	4.54	15.41	6.16	1.63
	4.5	6.43	5.05	16.81	6.72	1.62
	5.0	7.07	5.55	18.11	7.25	1.60
54	3.0	4.81	3.77	15.68	5.81	1.81
	3.5	5.55	4.36	17.79	6.59	1.79
	4.0	6.28	4.93	19.76	7.32	1.77
	4.5	7.00	5.49	21.61	8.00	1.76
	5.0	7.70	6.04	23.34	8.64	1.74
	5.5	8.38	6.58	24.96	9.24	1.73
	6.0	9.05	7.10	26.46	9.80	1.71
57	3.0	5.09	4.00	18.61	6.53	1.91
	3.5	5.88	4.62	21.14	7.42	1.90
	4.0	6.66	5.23	23.52	8.25	1.88
	4.5	7.42	5.83	25.76	9.04	1.86
	5.0	8.17	6.41	27.86	9.78	1.85
	5.5	8.90	6.99	29.84	10.47	1.83
	6.0	9.61	7.55	31.69	11.12	1.82

d/mm	t/mm	A/cm²	q/(kg/m)	I/cm⁴	W/cm³	i/cm
60	3.0	5.37	4.22	22.88	7.29	2.02
	3.5	6.21	4.88	24.88	8.29	2.00
	4.0	7.04	5.52	27.73	9.24	1.98
	4.5	7.85	6.16	30.41	10.14	1.97
	5.0	8.64	6.78	32.94	10.98	1.95
	5.5	9.42	7.39	35.32	11.77	1.94
	6.0	10.18	7.99	37.56	12.52	1.92
63.5	3.0	5.70	4.48	26.15	8.24	2.14
	3.5	6.60	5.18	29.79	9.38	2.12
	4.0	7.48	5.87	33.24	10.47	2.11
	4.5	8.34	6.55	36.50	11.50	2.09
	5.0	9.19	7.21	39.60	12.47	2.08
	5.5	10.02	7.87	42.52	13.39	2.06
	6.0	10.84	8.51	45.28	14.26	2.04
68	3.0	6.13	4.81	32.42	9.54	2.30
	3.5	7.09	5.57	36.99	10.88	2.28
	4.0	8.04	6.31	41.34	12.16	2.27
	4.5	8.98	7.05	45.47	13.37	2.25
	5.0	9.90	7.77	49.41	14.53	2.23
	5.5	10.80	8.48	53.14	15.63	2.22
	6.0	11.69	9.17	56.68	16.67	2.20
70	3.0	6.31	4.96	35.50	10.14	2.37
	3.5	7.31	5.74	40.53	11.58	2.35
	4.0	8.29	6.51	45.33	12.95	2.34
	4.5	9.26	7.27	49.89	14.26	2.32
	5.0	10.21	8.01	54.24	15.50	2.30
	5.5	11.14	8.75	58.38	16.68	2.29
	6.0	12.06	9.47	62.31	17.80	2.27
73	3.0	6.60	5.18	40.48	11.09	2.48
	3.5	7.64	6.00	46.26	12.67	2.46
	4.0	8.67	6.81	51.78	14.19	2.44
	4.5	9.68	7.60	57.04	15.63	2.43
	5.0	10.68	8.38	62.07	17.01	2.41
	5.5	11.66	9.16	66.87	18.32	2.39
	6.0	12.63	9.91	71.43	19.57	2.38

（续）

d/mm	t/mm	A/cm²	q (kg/m)	I/cm⁴	W/cm³	i/cm	d/mm	t/mm	A/cm²	q (kg/m)	I/cm⁴	W/cm³	i/cm
76	3.0	6.88	5.40	45.91	12.08	2.58	114	4.0	13.82	10.85	209.35	36.73	3.89
	3.5	7.97	6.26	52.50	13.82	2.57		4.5	15.48	12.15	232.41	40.77	3.87
	4.0	9.05	7.10	58.81	15.48	2.55		5.0	17.12	13.44	254.81	44.70	3.86
	4.5	10.11	7.93	64.85	17.07	2.53		5.5	18.75	14.72	276.58	48.52	3.84
	5.0	11.15	8.75	70.62	18.59	2.52		6.0	20.36	15.98	297.73	52.23	3.82
	5.5	12.18	9.56	76.14	20.04	2.50		6.5	21.95	17.23	318.26	55.84	3.81
	6.0	13.19	10.36	81.41	21.42	2.48		7.0	23.53	18.47	338.19	59.33	3.79
83	3.5	8.74	6.86	69.19	16.67	2.81		7.5	25.09	19.70	357.58	62.73	3.77
	4.0	9.93	7.79	77.64	18.71	2.80		8.0	26.64	20.91	376.30	66.02	3.76
	4.5	11.10	8.71	85.76	20.67	2.78	121	4.0	14.70	11.54	251.87	41.63	4.14
	5.0	12.25	9.62	93.56	22.54	2.76		4.5	16.47	12.93	279.83	46.25	4.12
	5.5	13.39	10.51	101.04	24.35	2.75		5.0	18.22	14.30	307.05	50.75	4.11
	6.0	14.51	11.39	108.22	26.08	2.73		5.5	19.96	15.67	333.54	55.13	4.09
	6.5	15.62	12.26	115.10	27.74	2.71		6.0	21.68	17.02	359.32	59.39	4.07
	7.0	16.71	13.12	121.69	29.32	2.70		6.5	23.38	18.35	384.40	63.54	4.05
89	3.5	9.40	7.38	86.05	19.34	3.03		7.0	25.07	19.68	408.80	67.57	4.04
	4.0	10.68	8.38	96.68	21.73	3.01		7.5	26.74	20.99	432.51	71.49	4.02
	4.5	11.95	9.38	106.92	24.03	2.99		8.0	28.40	22.29	455.57	75.30	4.01
	5.0	13.19	10.36	116.79	26.24	2.98	127	4.0	15.46	12.13	292.61	46.08	4.35
	5.5	14.43	11.33	126.29	28.38	2.96		4.5	17.32	13.59	325.29	51.23	4.33
	6.0	15.65	12.28	135.43	30.43	2.94		5.0	19.16	15.04	357.14	56.24	4.32
	6.5	16.85	13.22	144.22	32.41	2.93		5.5	20.99	16.48	388.19	61.13	4.30
	7.0	18.03	14.16	152.67	34.31	2.91		6.0	22.81	17.90	418.44	65.90	4.28
95	3.5	10.06	7.90	105.45	22.20	3.24		6.5	24.61	19.32	447.92	70.54	4.27
	4.0	11.44	8.98	118.60	24.97	3.22		7.0	26.39	20.72	476.63	75.06	4.25
	4.5	12.79	10.04	131.31	27.64	3.20		7.5	28.16	22.10	504.58	79.46	4.23
	5.0	14.14	11.10	143.58	30.23	3.19		8.0	29.91	23.48	531.80	83.75	4.22
	5.5	15.46	12.14	155.43	32.72	3.17	133	4.0	16.21	12.73	337.53	50.76	4.56
	6.0	16.78	13.17	166.86	35.13	3.15		4.5	18.17	14.26	375.42	56.45	4.55
	6.5	18.07	14.19	177.89	37.45	3.14		5.0	20.11	15.78	412.40	62.02	4.53
	7.0	19.35	15.19	188.51	39.69	3.12		5.5	22.03	17.29	448.50	67.44	4.51
102	3.5	10.83	8.50	131.52	25.79	3.48		6.0	23.94	18.79	483.72	72.74	4.50
	4.0	12.32	9.67	148.09	29.04	3.47		6.5	25.83	20.28	518.07	77.91	4.48
	4.5	13.78	10.82	164.14	32.18	3.45		7.0	27.71	21.75	551.58	82.94	4.46
	5.0	15.24	11.96	179.68	35.23	3.43		7.5	29.57	23.21	584.25	87.86	4.45
	5.5	16.67	13.09	194.72	38.18	3.42		8.0	31.42	24.66	616.11	92.65	4.43
	6.0	18.10	14.21	209.28	41.03	3.40							
	6.5	19.50	15.31	223.35	43.79	3.38							
	7.0	20.89	16.40	236.96	46.46	3.37							

（续）

尺寸		截面面积	质量 q/	截面特性			尺寸		截面面积	质量 q/	截面特性		
d/mm	t/mm	A/cm²	（kg/m）	I/cm⁴	W/cm³	i/cm	d/mm	t/mm	A/cm²	（kg/m）	I/cm⁴	W/cm³	i/cm
144	4.5	19.16	15.04	440.12	62.87	4.79	152	4.5	20.85	16.37	567.61	74.69	5.22
	5.0	21.21	16.65	483.76	69.11	4.78		5.0	23.09	18.13	624.43	82.16	5.20
	5.5	23.24	18.24	526.40	75.20	4.76		5.5	25.31	19.87	680.06	89.48	5.18
	6.0	25.26	19.83	568.06	81.15	4.74		6.0	27.52	21.60	734.52	96.65	5.17
	6.5	27.26	21.40	608.76	86.97	4.73		6.5	29.71	23.32	787.82	103.66	5.15
	7.0	29.25	22.96	648.51	92.64	4.71		7.0	31.89	25.03	839.99	110.52	5.13
	7.5	31.22	24.51	687.32	98.19	4.69		7.5	34.05	26.73	891.03	117.24	5.12
	8.0	33.18	26.04	725.21	103.60	4.68		8.0	36.19	28.41	940.97	123.81	5.10
	9.0	37.04	29.08	798.29	114.04	4.64		9.0	40.43	31.74	1037.59	136.53	5.07
	10	40.84	32.06	867.86	123.98	4.61		10	44.61	35.02	1129.99	148.68	5.03
146	4.5	20.00	15.70	501.16	68.65	5.01	159	4.5	21.84	17.15	652.27	82.05	5.46
	5.0	22.15	17.39	551.10	75.49	4.99		5.0	24.19	18.99	717.88	90.30	5.45
	5.5	24.28	19.06	599.95	82.19	4.97		5.5	26.52	20.82	782.18	98.39	5.43
	6.0	26.39	20.72	647.73	88.73	4.95		6.0	28.84	22.64	845.19	106.31	5.41
	6.5	28.49	22.36	694.44	95.13	4.94		6.5	31.14	24.45	906.92	114.08	5.40
	7.0	30.57	24.00	740.12	101.39	4.92		7.0	33.43	26.24	967.41	121.69	5.38
	7.5	32.63	25.62	784.77	107.50	4.90		7.5	35.70	28.02	1026.65	129.14	5.36
	8.0	34.68	27.23	828.41	113.48	4.89		8.0	37.95	29.79	1084.67	136.44	5.35
	9.0	38.74	30.41	912.71	125.03	4.85		9.0	42.41	33.29	1197.12	150.58	5.31
	10	42.73	33.54	993.16	136.05	4.82		10	46.81	36.75	1304.88	164.14	5.28

表 G-7 焊接钢管

I—截面惯性矩

W—截面模量

i—截面回转半径

尺寸		截面面积	质量 q/	截面特性			尺寸		截面面积	质量 q/	截面特性		
d/mm	t/mm	A/cm²	（kg/m）	I/cm⁴	W/cm³	i/cm	d/mm	t/mm	A/cm²	（kg/m）	I/cm⁴	W/cm³	i/cm
32	2.0	1.88	1.48	2.13	1.33	1.06	51	2.0	3.08	2.42	9.26	3.63	1.73
	2.5	2.32	1.82	2.54	1.59	1.05		2.5	3.81	2.99	11.23	4.40	1.72
38	2.0	2.26	1.78	3.68	1.93	1.27		3.0	4.52	3.55	13.08	5.13	1.70
	2.5	2.79	2.19	4.41	2.32	1.26		3.5	5.22	4.10	14.81	5.81	1.68
40	2.0	2.39	1.87	4.32	2.16	1.35	53	2.0	3.20	2.52	10.43	3.94	1.80
	2.5	2.95	2.31	5.20	2.60	1.33		2.5	3.97	3.11	12.67	4.78	1.79
42	2.0	2.51	1.97	5.04	2.40	1.42		3.0	4.71	3.70	14.78	5.58	1.77
	2.5	3.10	2.44	6.07	2.89	1.40		3.5	5.44	4.27	16.75	6.32	1.75
45	2.0	2.70	2.12	6.26	2.78	1.52	57	2.0	3.46	2.71	13.08	4.59	1.95
	2.5	3.34	2.62	7.56	3.36	1.51		2.5	4.28	3.36	15.93	5.59	1.93
	3.0	3.96	3.11	8.77	3.90	1.49		3.0	5.09	4.00	18.61	6.53	1.91
								3.5	5.88	4.62	21.14	7.42	1.90

（续）

d/mm	t/mm	A/cm²	q/(kg/m)	I/cm⁴	W/cm³	i/cm	d/mm	t/mm	A/cm²	q/(kg/m)	I/cm⁴	W/cm³	i/cm
60	2.0	3.64	2.86	15.34	5.11	2.05	108	3.0	9.90	7.77	136.49	25.28	3.71
	2.5	4.52	3.55	18.70	6.23	2.03		3.5	11.49	9.02	157.02	29.08	4.70
	3.0	5.37	4.22	21.88	7.29	2.02		4.0	13.07	10.26	176.95	32.77	3.68
	3.5	6.21	4.88	24.88	8.29	2.00	114	3.0	10.46	8.21	161.24	28.29	3.93
63.5	2.0	3.86	3.03	18.29	5.76	2.18		3.5	12.15	9.54	185.63	32.57	3.91
	2.5	4.79	3.76	22.32	7.03	2.16		4.0	13.82	10.85	209.35	36.73	3.89
	3.0	5.70	4.48	26.15	8.24	2.14		4.5	15.48	12.15	232.41	40.77	3.87
	3.5	6.60	5.18	29.79	9.38	2.12		5.0	17.12	13.44	254.81	44.70	3.86
70	2.0	4.27	3.35	24.72	7.06	2.41	121	3.0	11.12	8.73	193.69	32.01	4.17
	2.5	5.30	4.16	30.23	8.64	2.39		3.5	12.92	10.14	223.17	36.89	4.16
	3.0	6.31	4.96	35.50	10.14	2.37		4.0	14.70	11.54	251.87	41.63	4.14
	3.5	7.31	5.74	40.53	11.58	2.35	127	3.0	11.69	9.17	224.75	35.39	4.39
	4.5	9.26	7.27	49.89	14.26	2.32		3.5	13.58	10.66	259.11	40.80	4.37
76	2.0	4.65	3.65	31.85	8.38	2.62		4.0	15.46	12.13	292.61	46.08	4.35
	2.5	5.77	4.53	39.03	10.27	2.60		4.5	17.32	13.59	325.29	51.23	4.33
	3.0	6.88	5.40	45.91	12.08	2.58		5.0	19.16	15.04	357.14	56.24	4.32
	3.5	7.97	6.26	52.50	13.82	2.57	133	3.5	14.24	11.18	298.71	44.92	4.58
	4.0	9.05	7.10	58.81	15.48	2.55		4.0	16.21	12.73	337.53	50.76	4.56
	4.5	10.11	7.93	64.85	17.07	2.53		4.5	18.17	14.26	375.42	56.45	4.55
83	2.0	5.09	4.00	41.76	10.06	2.86		5.0	20.11	15.78	412.40	62.02	4.53
	2.5	6.32	4.96	51.26	12.35	2.85	140	3.5	15.01	11.78	349.79	49.97	4.83
	3.0	7.54	5.92	60.40	14.56	2.83		4.0	17.09	13.42	395.47	56.50	4.81
	3.5	8.74	6.86	69.19	16.67	2.81		4.5	19.16	15.04	440.12	62.87	4.79
	4.0	9.93	7.79	77.64	18.71	2.80		5.0	21.21	16.65	483.76	69.11	4.78
	4.5	11.10	8.71	85.76	20.67	2.78		5.5	23.24	18.24	526.40	75.20	4.76
89	2.0	5.47	4.29	51.75	11.63	3.08	152	3.5	16.33	12.82	450.35	59.26	5.25
	2.5	6.79	5.33	63.59	14.29	3.06		4.0	18.60	14.60	509.59	67.05	5.23
	3.0	8.11	6.36	75.02	16.86	3.04		4.5	20.85	16.37	567.61	74.69	5.22
	3.5	9.40	7.38	86.05	19.34	3.03		5.0	23.09	18.13	624.43	82.16	5.20
	4.0	10.68	8.38	96.68	21.73	3.01		5.5	25.31	19.87	680.06	89.48	5.18
	4.5	11.95	9.38	106.92	24.03	2.99	168	4.5	23.11	18.14	772.96	92.02	5.78
95	2.0	5.84	4.59	63.20	13.31	3.29		5.0	25.60	20.10	851.14	101.33	5.77
	2.5	7.26	5.70	77.76	16.37	3.27		5.5	28.08	22.04	927.85	110.46	5.75
	3.0	8.67	6.81	91.83	19.33	3.25		6.0	30.54	23.97	1003.12	119.42	5.73
	3.5	10.06	7.90	105.45	22.20	3.24		6.5	32.98	25.89	1076.95	128.21	5.71
102	2.0	6.28	4.93	78.57	15.41	3.54		7.0	35.41	27.79	1149.36	136.83	5.70
	2.5	7.81	6.13	96.77	18.97	3.52		7.5	37.82	29.69	1220.38	145.28	5.68
	3.0	9.33	7.32	114.42	22.43	3.50		8.0	40.21	31.57	1290.01	153.57	5.66
	3.5	10.83	8.50	131.52	25.79	3.48		9.0	44.96	35.29	1425.22	169.67	5.63
	4.0	12.32	9.67	148.09	29.04	3.47		10	49.64	38.97	1555.13	185.13	5.60
	4.5	13.78	10.82	164.14	32.18	3.45							
	5.0	15.24	11.96	179.68	35.23	3.43							

（续）

尺寸		截面面积	质量 q/	截面特性			尺寸		截面面积	质量 q/	截面特性		
d/mm	t/mm	A/cm²	(kg/m)	I/cm⁴	W/cm³	i/cm	d/mm	t/mm	A/cm²	(kg/m)	I/cm⁴	W/cm³	i/cm
180	5.0	27.49	21.58	1053.17	117.02	6.19	245	6.5	48.70	38.23	3465.46	282.89	8.44
	5.5	30.15	23.67	1148.79	127.64	6.17		7.0	52.34	41.08	3709.06	302.78	8.42
	6.0	32.80	25.75	1242.72	138.08	6.16		7.5	55.96	43.93	3949.52	322.41	8.40
	6.5	35.43	27.81	1335.00	148.33	6.14		8.0	59.56	46.76	4186.87	341.79	8.38
	7.0	38.04	29.87	1425.63	158.40	6.12		9.0	66.73	52.38	4652.32	379.78	8.35
	7.5	40.64	31.91	1514.64	168.29	6.10		10	73.83	57.95	5105.63	416.79	8.32
	8.0	43.23	33.93	1602.04	178.00	6.09		12	87.84	68.95	5976.67	487.89	8.25
	9.0	48.35	37.95	1772.12	196.90	6.05		14	101.60	79.76	6801.68	555.24	8.18
	10	53.41	41.92	1936.01	215.11	6.02		16	115.11	90.36	7582.30	618.96	8.12
	12	63.33	49.72	2245.84	249.54	5.95	273	6.5	54.42	42.72	4834.18	354.15	9.42
194	5.0	29.69	23.31	1326.54	136.76	6.68		7.0	58.50	45.92	5177.30	379.29	9.41
	5.5	32.57	25.57	1447.86	149.26	6.67		7.5	62.56	49.11	5516.47	404.14	9.39
	6.0	35.44	27.82	1567.21	161.57	6.65		8.0	66.60	52.28	5851.71	428.70	9.37
	6.5	38.29	30.06	1684.61	173.67	6.63		9.0	74.64	58.60	6510.56	476.96	9.34
	7.0	41.12	32.28	1800.08	185.57	6.62		10	82.62	64.86	7154.09	524.11	9.31
	7.5	43.94	34.50	1913.64	197.28	6.60		12	98.39	77.24	8396.14	615.10	9.24
	8.0	46.75	36.70	2025.31	208.79	6.58		14	113.91	89.42	9579.75	701.81	9.17
	9	52.31	41.06	2243.08	231.25	6.55		16	129.18	101.41	10706.79	784.38	9.10
	10	57.81	45.38	2453.55	252.94	6.51	299	7.5	68.68	53.92	7300.02	488.30	10.31
	12	68.61	53.86	2853.25	294.15	6.45		8.0	73.14	57.41	7747.42	518.22	10.29
203	6.0	37.13	29.15	1803.07	177.64	6.97		9.0	82.00	64.37	8628.09	577.13	10.26
	6.5	40.13	31.50	1938.81	191.02	6.95		10	90.79	71.27	9490.15	634.79	10.22
	7.0	43.10	33.84	2072.43	204.16	6.93		12	108.20	84.93	1159.52	746.46	10.16
	7.5	46.06	36.16	2203.94	217.14	6.92		14	125.35	98.40	2757.61	953.35	10.09
	8.0	49.01	38.47	2333.37	229.89	6.90		16	142.25	111.67	4286.48	955.62	10.02
	9.0	54.85	43.06	2586.08	254.79	6.87	325	7.5	74.81	58.73	9431.80	580.42	11.23
	10	60.63	47.60	2830.72	278.89	6.83		8.0	79.67	62.54	10013.92	616.24	11.21
	12	72.01	56.52	3296.49	324.78	6.77		9.0	89.35	70.14	11161.33	686.85	11.18
	14	83.13	65.25	3732.07	367.69	6.70		10	98.96	77.68	12286.52	756.09	11.14
219	6.0	40.15	31.52	2278.74	208.10	7.53		12	118.00	92.63	14471.45	890.55	11.07
	6.5	43.39	34.06	2451.64	223.89	7.52		14	136.78	107.38	16570.98	1019.75	11.01
	7.0	46.62	36.60	2622.04	239.46	7.50		16	155.32	121.93	18587.38	1143.84	10.94
	7.5	49.83	39.12	2789.96	254.79	7.48	351	8.0	86.21	67.67	12684.36	722.36	12.13
	8.0	53.03	41.63	2955.43	269.90	7.47		9.0	96.70	75.91	14147.55	806.13	12.10
	9.0	59.38	46.61	3279.12	299.46	7.43		10	107.13	84.10	15584.62	888.01	12.06
	10	65.66	51.54	3593.29	328.15	7.40		12	127.80	100.32	18381.63	1047.39	11.99
	12	78.04	61.26	4193.81	383.00	7.33		14	148.22	116.35	21077.86	1201.02	11.93
	14	90.16	70.78	4758.50	434.57	7.26		16	168.39	132.19	23675.75	1349.35	11.86
	16	102.04	80.10	5288.81	483.00	7.20							

表 G-8 方形空心型钢

I—截面惯性矩
W—截面模量
i—回转半径
I_t、W_t—扭转常数
r—圆弧半径

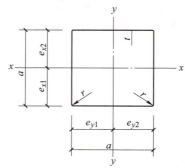

尺寸		截面面积	质量	型钢重心		截面特性				
						x-x＝y-y			扭转常数	
a/mm	t/mm	A/cm²	q /(kg/m)	e_{x1}＝e_{x2}（cm）	e_{y1}＝e_{y2}（cm）	L_{xy}/cm⁴	W_{xy}/cm³	i_{xy}/cm	I_t/cm⁴	W_t/cm³
20	1.6	1.111	0.873	1.0	1.0	0.607	0.607	0.739	1.025	1.067
20	2.0	1.336	1.050	1.0	1.0	0.691	0.691	0.719	1.197	1.265
25	1.2	1.105	0.868	1.25	1.25	1.025	0.820	0.963	1.655	1.352
25	1.5	1.325	1.062	1.25	1.25	1.216	0.973	0.948	1.998	1.643
25	2.0	1.736	1.363	1.25	1.25	1.482	1.186	0.923	2.502	2.085
30	1.2	1.345	1.057	1.5	1.5	1.833	1.222	1.167	2.925	1.983
30	1.6	1.751	1.376	1.5	1.5	2.308	1.538	1.147	3.756	2.565
30	2.0	2.136	1.678	1.5	1.5	2.721	1.814	1.128	4.511	3.105
30	2.5	2.589	2.032	1.5	1.5	3.154	2.102	1.103	5.347	3.720
30	2.6	2.675	2.102	1.5	1.5	3.230	2.153	1.098	5.499	3.836
30	3.25	3.205	2.518	1.5	1.5	3.643	2.428	1.066	6.369	4.518
40	1.2	1.825	1.434	2.0	2.0	4.532	2.266	1.575	7.125	3.606
40	1.6	2.391	1.879	2.0	2.0	5.794	2.897	1.556	9.247	4.702
40	2.0	2.936	2.307	2.0	2.0	6.939	3.469	1.537	11.238	5.745
40	2.5	3.589	2.817	2.0	2.0	8.213	4.106	1.512	13.539	6.970
40	2.6	3.715	2.919	2.0	2.0	8.447	4.223	1.507	13.974	7.205
40	3.0	4.208	3.303	2.0	2.0	9.320	4.660	1.488	15.628	8.109
40	4.0	5.347	4.199	2.0	2.0	11.064	5.532	1.438	19.152	10.120
50	2.0	3.736	2.936	2.5	2.5	14.146	5.658	1.945	22.575	9.185
50	2.5	4.589	3.602	2.5	2.5	16.941	6.776	1.921	27.436	11.220
50	2.6	4.755	3.736	2.5	2.5	17.467	6.987	1.916	28.369	11.615
50	3.0	5.408	4.245	2.5	2.5	19.463	7.785	1.897	31.972	13.149
50	3.2	5.726	4.499	2.5	2.5	20.397	8.159	1.887	33.694	13.890
50	4.0	6.947	5.454	2.5	2.5	23.725	9.490	1.847	40.047	16.680
50	5.0	8.356	6.567	2.5	2.5	27.012	10.804	1.797	46.760	19.767

（续）

尺寸		截面面积	质量	型钢重心		截面特性				
						x-x = y-y			扭转常数	
a/mm	t/mm	A/cm²	q /（kg/m）	e_{x1} = e_{x2}（cm）	e_{y1} = e_{y2}（cm）	L_{xy}/cm⁴	W_{xy}/cm³	i_{xy}/cm	I_t/cm⁴	W_t/cm³
60	2.0	4.536	3.564	3.0	3.0	25.141	8.380	2.354	39.725	13.425
60	2.5	5.589	4.387	3.0	3.0	30.340	10.113	2.329	48.539	16.470
60	2.6	5.795	4.554	3.0	3.0	31.330	10.443	2.325	50.247	17.064
60	3.0	6.608	5.187	3.0	3.0	35.130	11.710	2.505	56.892	19.389
60	4.0	8.547	6.710	3.0	3.0	43.539	14.513	2.256	72.188	24.840
60	5.0	10.356	8.129	3.0	3.0	50.486	16.822	2.207	85.560	29.767
70	2.0	5.336	4.193	3.5	3.5	40.724	11.635	2.762	63.886	18.465
70	2.6	6.835	5.371	3.5	3.5	51.075	14.593	2.733	81.165	23.554
70	3.2	8.286	6.511	3.5	3.5	60.612	17.317	2.704	97.549	28.431
70	4.0	10.147	7.966	3.5	3.5	72.108	20.602	2.665	117.975	34.690
70	5.0	12.356	9.699	3.5	3.5	84.602	24.172	2.616	141.183	41.767
80	2.0	6.132	4.819	4.0	4.0	61.697	15.424	3.170	86.258	24.305
80	2.6	7.875	6.188	4.0	4.0	77.743	19.435	3.141	122.686	31.084
80	3.2	9.566	7.517	4.0	4.0	92.708	23.177	3.113	147.953	37.622
80	4.0	11.747	9.222	4.0	4.0	111.031	27.757	3.074	179.808	45.960
80	5.0	14.356	11.269	4.0	4.0	131.414	32.853	3.025	216.628	55.767
80	6.0	16.832	13.227	4.0	4.0	149.121	37.280	2.976	250.050	64.877
90	2.0	6.936	5.450	4.5	4.5	88.857	19.746	3.579	138.042	30.945
90	2.6	8.915	7.005	4.5	4.5	112.373	24.971	3.550	176.367	39.653
90	3.2	10.846	8.523	4.5	4.5	134.501	29.889	3.521	213.234	48.092
90	4.0	13.347	10.478	4.5	4.5	161.907	35.979	3.482	260.088	58.920
90	5.0	16.356	12.839	4.5	4.5	192.903	42.867	3.434	314.896	71.767
100	2.6	9.955	7.823	5.0	5.0	156.006	31.201	3.958	243.770	49.263
100	3.2	12.126	9.529	5.0	5.0	187.274	37.454	3.929	295.313	59.842
100	4.0	14.947	11.734	5.0	5.0	226.337	45.267	3.891	361.213	73.480
100	5.0	18.356	14.409	5.0	5.0	271.071	54.1214	3.842	438.986	89.767
100	8.0	27.791	21.838	5.0	5.0	379.601	75.920	3.695	640.756	133.446
115	2.6	11.515	9.048	5.75	5.75	240.609	41.845	4.571	374.015	65.627
115	3.2	14.406	11.037	5.75	5.75	289.817	50.403	4.542	454.126	79.868
115	4.0	17.347	13.630	5.75	5.75	351.897	61.199	4.503	557.238	98.320
115	5.0	21.356	16.782	5.75	5.75	423.969	73.733	4.455	680.099	120.517
120	3.2	14.686	11.540	6.0	6.0	330.874	55.145	4.746	517.542	87.183
120	4.0	18.147	14.246	6.0	6.0	402.260	67.043	4.708	635.603	107.400
120	5.0	22.356	17.549	6.0	6.0	485.441	80.906	4.659	776.632	131.767
130	4.0	20.547	16.146	6.76	6.75	581.681	86.175	5.320	913.966	137.040

表 G-9　矩形空心型钢

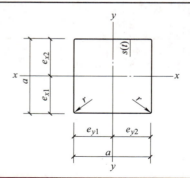

I—截面惯性矩
W—截面模量
i—回转半径
r—圆弧半径

| 尺寸 | | | 截面面积 | 质量 | 截面特性 | | | | | | 扭转常数 | |
| | | | | | x-x | | | y-y | | | | |
a/mm	b/mm	$s=r$ (mm)	A/cm²	q/(kg/m)	I_x/cm⁴	W_x/cm³	i_x/cm	I_y/cm⁴	W_y/cm³	i_y/cm	I_t/cm⁴	W_t/cm³
30	15	1.5	1.202	0.945	0.424	0.566	0.594	1.281	0.845	1.023	1.083	1.141
30	20	2.5	2.089	1.642	1.150	1.150	0.741	2.206	1.470	1.022	2.634	2.345
40	20	1.2	1.345	1.057	0.992	0.992	0.828	2.725	1.362	1.423	2.260	1.743
40	20	1.6	1.751	1.376	1.150	1.150	0.810	3.433	1.716	1.400	2.877	2.245
40	20	2.0	2.136	1.678	1.342	1.342	0.792	4.048	2.024	1.376	3.424	2.705
50	25	15	2.102	1.650	6.653	2.661	1.779	2.253	1.802	1.035	5.519	3.406
50	30	1.6	2.391	1.879	3.600	2.400	1.226	7.955	3.182	1.823	8.031	4.382
50	30	2.0	2.936	2.307	4.291	2.861	1.208	9.535	3.814	1.801	9.727	5.345
50	30	2.5	3.589	2.817	11.296	4.518	1.774	5.050	3.366	1.186	11.666	6.470
50	30	3.0	4.208	3.303	12.827	5.130	1.745	5.696	3.797	1.163	15.401	7.950
50	30	3.2	4.446	3.494	5.925	3.950	1.154	13.377	5.351	1.734	14.307	7.900
50	30	4.0	5.347	4.198	15.239	6.095	1.688	6.682	4.455	1.117	16.244	9.320
50	32	2.0	3.016	2.370	4.986	3.116	1.285	9.996	3.998	1.820	10.879	5.729
50	35	2.5	3.839	3.017	7.272	4.155	1.376	12.707	5.083	1.819	15.277	7.658
60	30	2.5	4.089	3.209	17.933	5.799	2.094	5.998	3.998	1.211	16.054	7.845
60	30	3.0	4.808	3.774	20.496	6.832	2.064	6.794	4.529	1.188	17.335	9.129
60	40	1.6	3.031	2.382	8.154	4.077	1.640	15.221	5.073	2.240	16.911	7.160
60	40	2.0	3.736	2.936	9.830	4.915	1.621	18.410	6.136	2.219	20.652	8.785
60	40	2.5	4.589	3.602	22.069	7.356	2.192	11.734	5.867	1.599	25.045	10.720
60	40	3.0	5.408	4.245	25.374	8.458	2.166	13.436	6.718	1.576	19.121	12.549
60	40	3.2	5.726	4.499	14.062	7.031	1.567	26.601	8.867	2.155	30.661	13.250
60	40	4.0	6.947	5.454	30.974	10.324	2.111	16.269	8.134	1.530	36.298	15.880
70	50	2.5	5.589	4.195	22.587	9.035	2.010	38.011	10.860	2.607	45.637	15.970
70	50	3.0	6.608	5.187	44.046	12.584	2.581	26.099	10.439	1.987	53.426	18.789
70	50	4.0	8.547	6.710	54.663	15.618	2.528	32.210	12.884	1.941	67.613	24.040
70	50	5.0	10.356	8.129	63.435	18.124	2.474	37.179	14.871	1.894	79.908	28.767

（续）

尺寸			截面面积	质量	截面特性							扭转常数	
					x-x			y-y					
a/mm	b/mm	$s=r$ (mm)	A/cm^2	q/ (kg/m)	I_x /cm^4	W_x /cm^3	i_x/cm	I_y/cm^4	W_y/cm^3	i_y/cm	I_t/cm^4	W_t/cm^3
80	40	2.0	4.536	3.564	12.720	6.360	1.674	37.355	9.338	2.869	30.820	11.825
80	40	2.5	5.589	4.387	45.103	11.275	2.840	15.255	7.627	1.652	37.467	14.470
80	40	2.6	5.795	4.554	15.733	7.866	1.647	46.579	11.644	2.835	38.744	14.984
80	40	3.0	6.608	5.187	52.246	13.061	2.811	17.552	8.776	1.629	43.680	16.989
80	40	4.0	8.547	6.111	64.780	165.195	2.752	21.474	10.737	1.585	54.787	21.640
80	40	5.0	10.356	8.129	75.080	18.770	2.692	24.567	12.283	1.540	64.110	25.767
80	60	3.0	7.808	6.129	70.042	17.510	2.995	44.886	14.962	2.397	88.111	26.229
90	40	2.5	6.089	4.785	17.015	8.507	1.671	60.686	13.485	3.156	43.880	16.345
90	50	2.0	5.336	4.193	23.367	9.346	2.092	57.876	12.861	3.293	53.924	16.865
90	50	2.6	6.835	5.371	29.162	11.665	2.065	72.640	16.142	3.259	67.464	21.474
90	50	3.0	7.808	6.129	81.845	18.187	2.237	32.735	13.094	2.047	76.433	24.429
90	50	4.0	10.14	7.966	102.696	22.821	3.181	40.695	16.278	2.002	97.162	31.400
90	50	5.0	12.356	9.699	120.570	26.793	3.123	47.345	18.938	1.957	115.436	37.767
100	50	3.0	8.408	6.600	106.451	21.290	3.558	36.053	14.121	2.070	88.311	27.249
100	60	2.0	7.126	4.822	38.602	12.867	2.508	84.585	16.917	3.712	84.002	22.705
100	60	2.0	7.875	6.188	48.474	16.158	2.480	106.663	21.332	3.680	106.816	29.004
120	50	2.0	6.536	5.136	30.283	12.113	2.152	117.992	19.665	4.248	78.307	22.625
120	60	2.0	6.936	5.450	45.333	15.111	2.556	131.918	21.986	4.360	107.792	27.345
120	60	3.2	10.846	8.523	67.940	22.646	2.502	199.876	33.312	4.292	165.215	42.332
120	60	4.0	13.347	10.478	240.724	40.120	4.246	81.235	27.078	2.466	200.407	51.720
120	60	5.0	16.356	12.839	286.941	47.823	4.188	95.968	31.989	2.422	240.869	62.767
120	80	2.6	9.955	7.823	108.906	27.226	3.307	202.757	33.792	4.512	223.620	47.183
120	80	3.2	12.126	9.529	130.478	32.619	3.280	243.542	40.590	4.481	270.587	57.282
120	80	4.0	14.947	11.734	294.569	49.094	4.439	157.281	39.320	3.243	330.438	70.280
120	80	5.0	18.356	14.409	353.108	58.851	4.385	187.747	46.936	3.198	400.735	95.767
120	80	6.0	21.632	16.981	405.998	67.666	4.332	214.977	53.744	3.152	465.940	100.397
120	80	8.0	27.791	21.838	260.314	65.078	3.060	495.591	82.598	4.222	580.769	127.046
120	100	8.0	30.991	24.353	447.484	89.496	3.799	596.114	99.352	4.385	856.089	162.886
140	90	3.2	14.046	11.037	194.803	42.289	3.724	384.007	54.858	5.228	409.778	75.868
140	90	4.0	17.347	13.631	235.920	52.426	3.687	466.585	66.655	5.186	502.004	93.320
140	90	5.0	21.356	16.782	283.320	62.960	3.642	562.606	80.372	5.132	611.389	114.267
150	100	3.2	15.326	12.043	262.263	52.452	4.136	488.184	65.091	5.643	538.150	90.818

附录 H　部分习题参考答案

第 2 章

一、填空题

1. 提高，下降，下降

2. 伸长率，断面收缩率，伸长率，$5d_0$，$10d_0$，伸长值和原标距比值，$\delta 5 > \delta 10$。

3. 提高，下降，下降，下降，下降

4. 屈服强度，$235N/mm^2$，质量等级为 A 级，脱氧方法为沸腾钢

5. 塑性、冲击韧性、疲劳强度和抗锈性，脆，热脆性，塑性、冲击韧性、冷弯性能和焊接性能，脆，冷脆性

二、选择题

1. D　2. A　3. D　4. B　5. A

第 3 章

二、计算题

1.【解】采用 Q235 钢板，E43 系列焊条，焊条电弧焊，角焊缝强度 $f_w^f = 160N/mm^2$

（1）双侧焊缝情况

$$N = h_e \sum l_w f_w^f = [0.7 \times 6 \times 4 \times (200 - 2 \times 6) \times 160]N \approx 505.3kN$$

（2）三面围焊情况

正面角焊缝承担的力为

$$N' = \beta_f h_e \sum l_{w1} f_w^f = (2 \times 1.22 \times 0.7 \times 6 \times 300 \times 160)N \approx 491.9kN$$

侧面角焊缝承担的力为

$$N'' = h_e \sum l_{w2} f_w^f = [4 \times 0.7 \times 6 \times (200 - 6) \times 160]N = 521.5kN$$

焊缝能承担的总力为

$$N = N' + N'' = (491.9 + 521.5)kN = 1013.4kN$$

2.【解】10.9 级摩擦型高强度螺栓连接，接触面喷硬质石英砂，查表 3-13，摩擦系数 $\mu = 0.45$。

单个螺栓所需抵抗的剪力　$N_v = 310kN/10 = 31kN$

螺栓群同时承受弯剪作用，截面承受弯矩为

$$M = 310 \times 0.25kN \cdot m = 77.5kN \cdot m$$

最外排螺栓拉力为

$$N_t = \frac{M y_{max}}{\sum y_i^2} = \frac{77.5 \times 10^6 \times 180}{2 \times 2 \times (90^2 + 180^2)}N \approx 86.1kN$$

摩擦型高强度螺栓连接

$$N_v^b = 0.9 n_f \mu P = 0.9 \times 1 \times 0.45P = 0.405P$$

$$N_t^b = 0.8P$$

需满足　　$\dfrac{N_v}{N_v^b} + \dfrac{N_t}{N_t^b} \leqslant 1$，解之得 $P \geqslant 184.1\text{kN}$

3.【解】由《标准》可查得

$$f_t^b = 500\text{N/mm}^2,\quad f_v^b = 310\text{N/mm}^2,\quad f_c^b = 590\text{N/mm}^2$$

$$N_v^b = n_v \frac{\pi d^2}{4} f_v^b = \left(1 \times \frac{\pi \times 22^2}{4} \times 310\right)\text{N} \approx 117.84\text{kN}$$

$$N_c^b = d \sum t \cdot f_c^b = (22 \times 16 \times 590)\text{N} = 207.68\text{kN}$$

$$N_t^b = \frac{\pi d_e^2}{4} f_t^b = (303.4 \times 500)\text{N} = 151.7\text{kN}$$

N_2 有 x，y 两个方向分力

根据式（3-74），得

$$\sqrt{\left(\frac{N_v}{N_v^b}\right)^2 + \left(\frac{N_t}{N_t^b}\right)^2} = \sqrt{\left(\frac{150\sin30°}{4 \times 117.84}\right)^2 + \left(\frac{N_1 + 150\cos30°}{4 \times 151.7}\right)^2} \leqslant 1$$

$$N_1 \leqslant 469.1\text{kN}$$

验算承压

$$N_v = \frac{150\sin30°}{4}\text{kN} = 18.75\text{kN} < \frac{N_c^b}{1.2} = 173.1\text{kN} \quad （满足要求）$$

第 4 章

一、填空题

1. 分支失稳不先于构件的整体稳定失稳

2. 钢号、面类型、长细比

3. 净截面破坏，毛截面屈服

4. 混凝土强度等级

三、计算题

1.【解】柱在两个方向的计算长度 $l_{0x} = 600\text{cm}$，$l_{0y} = 300\text{cm}$。由于截面已经给出，故不需要初选截面，直接进行截面验算：

1）因截面无孔洞削弱，可不必验算强度。

2）因轧制工字钢的翼缘和腹板均较厚，可不验算局部稳定。

3）进行整体稳定验算和刚度验算。

$$\lambda_x = \frac{l_{0x}}{i_y} = \frac{600}{22.0} \approx 27.3 \leqslant [\lambda] = 150$$

$$\lambda_y = \frac{l_{0y}}{i_y} = \frac{300}{3.18} \approx 94.3 \leqslant [\lambda] = 150$$

λ_y 远大于 λ_x，故由 λ_x 查附录 C 得 $\varphi = 0.591$。

$$\frac{N}{\varphi A} = \frac{1600 \times 10^3}{0.591 \times 135 \times 10^2}\text{N/mm}^2 \approx 200.5\text{N/mm}^2 < f = 205\text{N/mm}^2$$

即该柱的整体稳定性和刚度均满足条件。

2. 【解】确定长细比 $l_{0x} = 6m$，$l_{0y} = 3m$。

$$\lambda_x = \frac{l_{0x}}{i_x} = \frac{600}{10.8} \approx 55.6$$

$$\lambda_y = \frac{l_{0y}}{i_y} = \frac{300}{6.29} \approx 47.7$$

构件属于轧制截面，查表 4-4，对 x 轴属于 b 类截面，对 y 轴属于 c 类截面，查附录 C 中表 C-3 及表 C-4，可得 $\varphi_x = 0.83$，$\varphi_y = 0.79$。

$$\frac{N}{\varphi A} = \frac{1500 \times 10^3}{0.79 \times 92.18 \times 10^2} N/mm^2 \approx 206 N/mm^2$$

3. 【解】$A = (2 \times 35 \times 1.2 + 35 \times 0.6) cm^2 = 105 cm^2$

$$A_n = (A - 4 \times 2.2 \times 1.2) cm^2 = 94.44 cm^2$$

$$I_x = \left[\frac{1}{12} \times (37.4^3 \times 35 - 35^3 \times 34.4) \right] cm^4 \approx 29673 cm^4$$

$$I_y = \left(2 \times \frac{1}{12} \times 1.2 \times 35^3 \right) cm^4 \approx 8575 cm^4$$

$$i_x = \sqrt{I_x/A} \approx 16.81 cm$$

$$i_y = \sqrt{I_y/A} \approx 9.04 cm$$

$$\lambda_x = \frac{l_{0x}}{i_x} = \frac{10000}{168.1} \approx 59.5$$

$$\lambda_y = \frac{l_{0y}}{i_y} = \frac{5000}{90.4} \approx 55.3$$

$$\sigma = \frac{N}{A_n} = \frac{1500 \times 10^3}{94.44 \times 10^2} N/mm^2 \approx 158.83 N/mm^2 < 215 N/mm^2 (满足要求)$$

第 5 章

二、计算题

1. 【解】翼缘宽厚比为

$$b_1/t = \frac{b - t_w}{2t} = \frac{200 - 11}{2 \times 17} \approx 5.6 < 13\sqrt{\frac{235}{f_y}}$$

属于 S3 截面，塑性发展系数 $\gamma_x = 1.05$。
最大正应力

$$\sigma = \frac{M_x}{\gamma_x W_x} = \frac{440 \times 10^6}{1.05 \times 2610 \times 10^3} N/mm^2 \approx 160.6 N/mm^2 < f = 215 N/mm^2$$

2. 【解】起重机为重级工作制起重机，$\psi = 1.35$。

$$l_z = a + 5h_y + 2h_R = (50 + 5 \times 25 + 2 \times 150) mm = 475 mm$$

$$\sigma_c = \frac{\psi F}{l_z t_w} = \frac{1.35 \times 355 \times 10^3}{475 \times 14} N/mm^2 \approx 72.1 N/mm^2 < f = 310 N/mm^2$$

计算点正应力

$$\sigma = \frac{M}{I_x}y = \frac{4932 \times 10^6 \times 850}{2.433 \times 10^{10}}\text{N/mm}^2 \approx 172.3\text{N/mm}^2$$

计算点剪应力

$$S_1 = \left[500 \times 25 \times (850 + 12.5)\right]\text{mm}^3 \approx 1.078 \times 10^7\text{mm}^3$$

$$\tau = \frac{VS_1}{It_w} = \frac{316 \times 10^3 \times 1.078 \times 10^7}{2.433 \times 10^{10} \times 14}\text{N/mm}^2 \approx 10\text{N/mm}^2$$

计算点的折算应力，取 $\beta_1 = 1.1$，则

$$\sqrt{\sigma^2 + \sigma_c^2 - \sigma\sigma_c + 3\tau^2} = \sqrt{172.3^2 + 72.1^2 - 172.3 \times 72.1 + 3 \times 10^2}\text{N/mm}^2 \approx 150.9\text{N/mm}^2$$

$$< (1.1 \times 310)\text{N/mm}^2 = 341\text{N/mm}^2$$

3.【解】（1）截面属性计算

$$A = (200 \times 10 \times 2 + 250 \times 6)\text{mm}^2 = 5500\text{mm}^2$$

$$I_x = \left[\frac{1}{12} \times 200 \times 270^3 - \frac{1}{12} \times (200 - 6) \times 250^3\right]\text{mm}^4 \approx 7.54 \times 10^7\text{mm}^4$$

$$W_x = I_x/(h/2) = (7.54 \times 10^7/135)\text{mm}^3 = 5.59 \times 10^5\text{mm}^3$$

$$I_y = \left(2 \times \frac{1}{12} \times 10 \times 200^3 + \frac{1}{12} \times 250 \times 6^3\right)\text{mm}^4 \approx 1.33 \times 10^7\text{mm}^4$$

$$i_x = \sqrt{\frac{I_x}{A}} \approx 117.1 \qquad i_y = \sqrt{\frac{I_y}{A}} \approx 49.2$$

（2）整体稳定计算

$$\xi = \frac{l_1 t_1}{b_1 h} = \frac{4000 \times 10}{200 \times 270} \approx 0.74 < 2.0$$

查附录 F 中表 F-1，$\beta_b = 0.73 + 0.18\xi \approx 0.86$。

$\lambda_y = \dfrac{4000}{49.2} \approx 81.3$，　双轴对称截面 $\eta_b = 0$。

$$\varphi_b = \beta_b \frac{4320}{\lambda_y^2} \cdot \frac{Ah}{W_x}\left(\sqrt{1 + \left(\frac{\lambda_y t_1}{4.4h}\right)^2} + \eta_b\right)\left(\frac{235}{f_y}\right)^2$$

$$= 0.86 \times \frac{4320}{81.3^2} \times \frac{5500 \times 270}{5.58 \times 10^5} \times \left(\sqrt{1 + \left(\frac{81.3 \times 10}{4.4 \times 270}\right)^2} + 0\right) \times \left(\frac{235}{235}\right)^2 \approx 1.81 > 0.6$$

$$\varphi_b' = 1.07 - \frac{0.282}{1.81} \approx 0.91$$

由 $\dfrac{M}{\varphi_b' W_x} = \dfrac{4000F}{0.91 \times 5.58 \times 10^5} \leqslant f = 215\text{N/mm}^2$ 得，$F = 27.2\text{kN}$。

第 6 章

一、填空题

1. 1.05

2. 塑性铰，边缘屈服

3. 长细比

4. 截面边缘纤维屈服

5. 压溃理论

二、选择题

1. A 2. C 3. A 4. D 5. C

四、计算题

1. 【解】型钢 I45a 的截面几何特性：$A = 10240\text{mm}^2$，$i_x = 177.4\text{mm}$，$W_x = 1.43 \times 10^6 \text{mm}^3$。

（1）内力计算（杆 1/3 处为最不利截面）　轴向拉力变量设为 N。

最大弯矩（不计杆自重）：$M_{x,\max} = 0.25N \times 2000 = 500N$

（2）截面强度　静力荷载作用拉弯杆，$\gamma_x = 1.05$；截面无削弱，$A_n = A = 10240\text{mm}^2$，$W_{nx} = W_x = 1.43 \times 10^6 \text{mm}^3$；截面下侧拉力最大，故仅需验算截面下侧。

$$\frac{N}{A_n} + \frac{M_{x,\max}}{\gamma_x W_{nx}} = \frac{N}{10240\text{mm}^2} + \frac{500}{1.05 \times 1.43 \times 10^6} \text{N/mm}^2 \leqslant 215\text{N/mm}^2$$

得 $N \leqslant 500\text{kN}$，故最大轴向拉力设计值 $N = 500\text{kN}$。

2.

【解】（1）截面强度验算

$$M_x = \left[\frac{1}{8} \times (6 + 0.279 \times 1.2) \times 6^2 \right] \text{kN} \cdot \text{m} \approx 28.5\text{kN} \cdot \text{m}$$

$$\frac{N}{A_n} + \frac{M_x}{\gamma_x W_{nx}} = \left(\frac{650 \times 10^3}{35.5 \times 10^2} + \frac{28.5 \times 10^6}{1.05 \times 237 \times 10^3} \right) \text{N/mm}^2 \approx 297.6\text{N/mm}^2 < f = 310\text{N/mm}^2$$

强度满足要求。

（2）刚度验算

$$\lambda_x = \frac{l_{0x}}{i_x} = \frac{600}{8.15} \approx 73.6 < [\lambda] = 350$$

$$\lambda_y = \frac{l_{0y}}{i_y} = \frac{600}{2.12} \approx 283 < [\lambda] = 350$$

拉弯构件刚度满足要求。

参 考 文 献

［1］中华人民共和国住房和城乡建设部．钢结构设计标准：GB 50017—2017［S］．北京：中国建筑工业出版社，2018.

［2］中华人民共和国住房和城乡建设部．建筑结构可靠性设计统一标准：GB 50068—2018［S］．北京：中国建筑工业出版社，2018.

［3］中华人民共和国住房和城乡建设部．建筑结构荷载规范：GB 50009—2012［S］．北京：中国建筑工业出版社，2012.

［4］中华人民共和国住房和城乡建设部．钢结构工程施工质量验收标准：GB 50205—2020．北京：中国计划出版社，2020.

［5］中华人民共和国建设部．冷弯薄壁型钢结构技术规范：GB 50018—2002［S］．北京：中国计划出版社，2002.

［6］中华人民共和国住房和城乡建设部．高层民用建筑钢结构技术规程：JGJ 99—2015［S］．北京：中国建筑工业出版社，2015.

［7］陈绍蕃，顾强．钢结构（上册）：钢结构基础［M］.4 版．北京：中国建筑工业出版社，2018.

［8］李帼昌，张曰果，赵赤云．钢结构设计原理［M］．北京：中国建筑工业出版社，2019.

［9］陈骥．钢结构稳定理论与设计［M］．北京：科学出版社，2011.

［10］沈祖炎，陈以一，陈扬骥，等．钢结构基本原理［M］.3 版．北京：中国建筑工业出版社，2018.

［11］刘声扬．钢结构：原理与设计［M］.3 版．武汉：武汉理工大学出版社，2019.

［12］但泽义．钢结构设计手册：上册［M］.4 版．北京：中国建筑工业出版社，2019.

［13］但泽义．钢结构设计手册：下册［M］.4 版．北京：中国建筑工业出版社，2019.

［14］兰定筠．一级注册结构工程师专业考试模块化应试指南［M］．北京：中国建筑工业出版社，2018.

［15］兰定筠．一、二级注册结构工程师专业考试应试技巧与题解［M］.11 版．北京：中国建筑工业出版社，2019.